高等数学新理念教程

(上 册)

从福仲 编著

科学出版社

北 京

内 容 简 介

本书依据《理工类本科高等数学课程教学基本要求》写作而成，适用于高等院校理工类非数学专业高等数学课程教学.

与传统“高等数学”教材编写不同，本书重构了高等数学课程知识体系，对极限部分，从多元函数开始讲述，极限的定义采用集合的观点，增加定义的直观性；在微分学部分，从多元函数开始讲述，使微分学的概念更易于理解；在积分学部分，首先给出了空间流形上积分的定义，便于读者对各类积分概念形成统一认识，减少了教学中不必要的重复. 对于其他内容，我们也进行了必要的简化.

本书将现代数学的基本思想融入到高等数学的教学内容中. 希望通过本书使高等数学的教学达到起点高、易于学习、缩短学时的目的. 本书分上、下两册，上册包括空间解析几何与向量代数、极限与连续、微分学三部分；下册包括积分学、微分方程初步、无穷级数三部分.

本书可作为高等院校理工类非数学专业高等数学课程用书，也可作为新工科背景下高等数学教学实践的尝试用书以及大学数学教师的参考用书.

图书在版编目(CIP)数据

高等数学新理念教程：全2册/从福仲编著. —北京：科学出版社，2018. 6 (2024.7 重印)

ISBN 978-7-03-057497-8

Ⅰ. ①高… Ⅱ. ①从… Ⅲ. ①高等数学-教材 Ⅳ. ①O13

中国版本图书馆 CIP 数据核字 (2018) 第 107901 号

责任编辑：张中兴 梁 清 孙翠勤／责任校对：彭珍珍
责任印制：吴兆东／封面设计：迷底书装

科 学 出 版 社 出版
北京东黄城根北街 16 号
邮政编码：100717
http://www.sciencep.com

天津市新科印刷有限公司印刷

科学出版社发行 各地新华书店经销

*

2018 年 6 月第 一 版 开本：720×1000 1/16
2024 年 7 月第八次印刷 印张：26 3/4
字数：537 000

定价：98.00 元（上下册）

(如有印装质量问题，我社负责调换)

重印说明

时光荏苒, 本教材已经历了四轮的教学实践. 这几年里, 以本教材为核心的教学改革在空军航空大学数学课程中持续推进, 改革成果先后获得军队级教学成果二等奖、吉林省教学成果三等奖. 本教材得到了军内同行的关注, 在飞行职业高等教育中发挥了重要的作用.

笔者尽可能在教材编写过程中春风化雨地融入课程思政内涵, 在设计上强调整体观和全局观, 注重哲学思想的数学诠释. 为实现内涵式课程思政的目的, 笔者团队在教学实践中根据高等数学知识点提炼总结了《高等数学知识点与哲学概念对照表》, 出版了伴学辅导思维导图版《高等数学学习指南》. 可以说这是空军航空大学高等数学教学团队为办好人民满意的教育, 全面贯彻党的教育方针, 落实立德树人根本任务, 所做的教改尝试.

基于以上思考, 此次重印, 主要对本教材内容做了如下调整:

一、对教学过程中发现的小问题进行订正;

二、作为附录在书末增加《高等数学知识点与哲学概念对照表》, 供读者参考;

三、增加二维码, 扫码可学习《高等数学学习指南》高清的思维导图.

为此次重印调整做出贡献的是空军航空大学数学教研室的教师和科学出版社的张中兴编辑, 作者在此一并致谢.

从福仲

2023 年 6 月 6 日

前　言

传统“高等数学”上册是一元函数部分, 下册是多元函数部分. 极限与连续、微分学、积分学三部分内容的编排方式是循着从一元函数到多元函数、从低维到高维的顺序. 这种处理方式尽管有很多优点, 但也存在着不足: 在内容上, 将极限和连续、微分学和积分学人为地割裂为一元和多元两部分, 导致知识碎片化; 在教学上, 概念和性质在讲授中重复费时. 另外, 进入 21 世纪, 随着知识体量爆炸式增长, 更多前沿的、专业的知识 (点) 需要迁移到本科教育中, 更加剧了本科教学学时的紧张局面. 如何在保持传统高等数学知识内涵的前提下, 克服上述不足, 着眼于高等数学的高效教学是本书写作的主要目的.

本书分上、下两册, 上册主要内容包括解析几何与向量代数、极限与连续、微分学, 下册包括积分学、微分方程初步、无穷级数. 本书具有以下特点:

1. 立足高起点, 注重现代数学基本思想的渗透. 本书的写作, 力图通过教学使学生在较高起点掌握高等数学的思想和理念. 例如, 第 1 章引入了向量轮换积的概念, 从对称的角度加深学生对混合积轮换对称性质的理解, 增强对混合积计算公式的记忆; 第 2 章和第 3 章介绍极限和连续的定义时, 利用集合论的描述方式, 将拓扑学的思想渗透到概念中, 增加了概念在理解上的直观性; 第 6 章通过描述性建立空间流形的相关概念, 在此基础上, 通过求空间流形质量问题引入积分的统一定义, 即空间流形上的积分.

2. 概念求统一, 克服知识点在传授过程中的碎片化现象. 我们对极限与连续、微分学、积分学三部分, 分别在概念上进行统一处理, 使学生初次接触这些概念时, 能从一般性上把握, 形成统一认识. 具体地, 极限和连续从多元函数开始, 一元函数作为特例, 有效避免了传统教材中一元函数和多元函数在极限和连续概念的定义叙述上由于形式的不统一而造成的理解困惑; 微分学从偏导数开始, 导数作为偏导数的特例; 积分学从流形上积分开始, 根据流形的维数将积分分为线积分、面积分和体积分.

3. 讲授求高效, 尝试对传统高等数学的知识体系进行优化重组. 通过概念的统一处理, 使相关的性质和计算法则在写作上不拖沓、不重复, 一气呵成. 例如, 在微分学部分, 首先给出偏导数的定义和偏导数计算的运算法则, 在概念上, 从多元到一元, 在计算上从一元到多元, 使学生在较短的时间内形成对微分学基本概念的全面理解和掌握. 在积分学部分, 我们统一在流形上积分部分, 介绍了积分的性质和运算法则; 在介绍流形上积分的分割、作和、取极限的定义后, 通过例题适时抽象出微元法, 为后面关于线积分、面积分、体积分和积分应用等知识的传授提供方便；对于两类曲线积分和两类曲面积分, 我们重点强调对弧长的曲线积分和对面积的曲面积分, 而把对坐标的积分作为一种被积函数在表达上含有隐式变量的线积分和面积分. 这些无疑提高了教学效率和教学效果.

4. 强调概念内涵, 发挥高等数学作为后续课程基本工具的潜质. 本书介绍场论的基本概念, 将格林公式、斯托克斯公式、高斯公式按从低维到高维的顺序统一编排在 “积分间关系” 一章中, 力求从数学上揭示流形上积分和流形边界上积分的关系, 从物理上使学生对格林公式、斯托克斯公式、高斯公式有更深刻的理解.

本书的写作始于 2013 年, 历时 4 年, 多次修改完善. 在写作过程中得到中国人民解放军空军航空大学数学教研室的大力支持和帮助, 在此表示衷心的感谢!

我们希望本书的出版, 能为新工科背景下创新高等数学教学理念提供某种可以参考的思路. 欢迎广大读者不吝赐教和批评指正.

从福仲

2017 年 12 月 25 日

目　　录

第1章　空间解析几何与向量代数

初等数学的研究对象是常量和匀变量, 高等数学的研究对象是变量和非匀变量. 与初等数学相比, 高等数学具有高度的抽象性、严密的逻辑性和广泛的应用性.

空间解析几何是从初等数学到高等数学的自然过渡, 是平面解析几何的延伸. 本章主要任务是建立空间直角坐标系和空间点与三元有序数组之间的对应关系; 讨论平面与直线、二次曲面等一些常见的空间几何图形的数学表示及其性质. 空间向量及其运算也是本章重点介绍的内容.

1.1　空间直角坐标系

在空间中任取一点 O, 过点 O 作三条互相垂直的数轴, 使得它们的原点都在 O 点处, 并且具有相同的长度单位, 依次记为 x**轴**(横轴)、y**轴**(纵轴)、z**轴**(竖轴), 坐标轴的正方向要求依 x 轴、y 轴、z 轴的顺序形成右手螺旋系 (图 1-1). 这样, 三者就构成一个**空间直角坐标系**, 称为 $Oxyz$ 坐标系, 点 O 称为坐标原点.

三条坐标轴中的任意两条可以确定一个平面, 称为**坐标平面**(简称坐标面). 例如, x 轴与 y 轴所确定的坐标面为 xOy 面. 三个坐标面把空间分成八个部分, 每部分叫做**卦限**. 含有正向 x 轴、正向 y 轴、正向 z 轴的卦限叫做第一卦限, 含有负向 x 轴、正向 y 轴、正向 z 轴的卦限叫做第二卦限, 等等.

设 M 为空间一已知点. 过 M 作三个平面分别垂直于 x 轴、y 轴和 z 轴, 与坐标轴的交点依次记为 P,Q 和 R(图 1-2), 这三点在 x 轴、y 轴、z 轴上的坐标依次为 x,y,z. 于是, 空间的一点 M 就唯一地确定了一个三元有序数组 x,y,z. 这组数

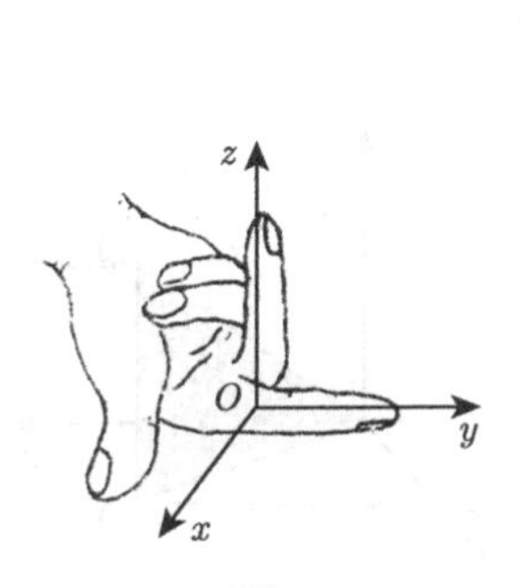

图 1-1

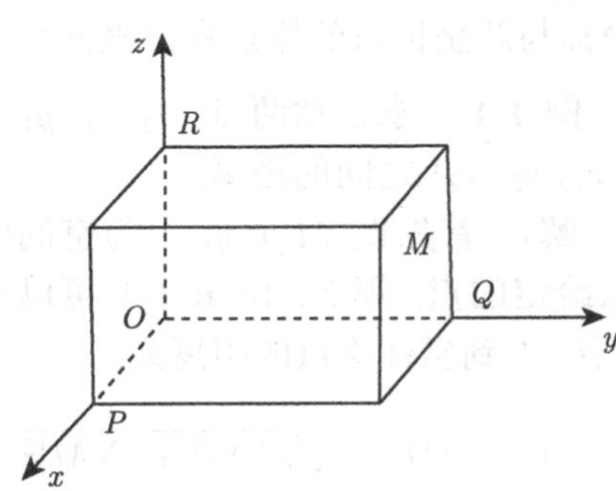

图 1-2

x, y, z 就叫做点 M 的**坐标**, 记作 $M(x,y,z)$, 并依次称 x,y 和 z 为点 M 的横坐标、纵坐标和竖坐标.

反过来, 若任给一个三元有序数组 x,y,z, 我们就可以在 x 轴、y 轴、z 轴上各找到一点, 依次记为 P,Q,R, 使得它们在相应坐标轴上的坐标依次是 x,y,z, 再过点 P,Q,R 分别作与它们所在坐标轴相垂直的平面, 这三个互相垂直的平面必交于空间中唯一的一点, 记作 M. 那么, 点 M 的坐标就是 (x,y,z). 这样, 任给一个三元有序数组, 必有空间唯一的点与之对应.

总之, 在空间直角坐标系下, 空间中点与三元有序数组 (x,y,z) 之间有一一对应的关系.

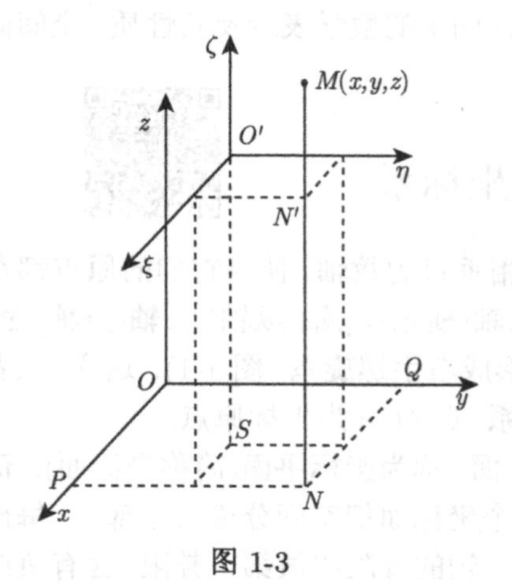

图 1-3

为了方便, 首先将平面坐标系平移变换概念推广到空间直角坐标系上. 所谓平移, 是指移动坐标系的原点而不改变坐标轴的方向和长度单位. 设有坐标系 $Oxyz$ 和新坐标系 $O'\xi\eta\zeta$, x 轴平行于 $O'\xi$ 轴, y 轴平行于 $O'\eta$ 轴, z 轴平行于 $O'\zeta$ 轴. 新坐标系的原点 O' 在旧坐标系的坐标为 (a,b,c). 又设点 M 在旧坐标系上的坐标为 (x,y,z). 现在, 求 M 在新坐标系上的坐标 (ξ,η,ζ). 如图 1-3 所示, 显然,

$$NM = NN' + N'M = SO' + N'M.$$

所以, $z = c + \zeta$. 同理, $x = a + \xi$, $y = b + \eta$. 于是,

$$\xi = x - a, \quad \eta = y - b, \quad \zeta = z - c. \tag{1.1}$$

这就是说, 在坐标平移情况下, 一个点在新坐标系下的坐标等于该点在旧坐标系下的坐标与新坐标系的原点在旧坐标系下的坐标之差.

例 1.1　求任意两点 $M_1(x_1, y_1, z_1)$ 和 $M_2(x_2, y_2, z_2)$ 之间的距离.

解　首先设 $M(x,y,z)$ 为空间中一个任意给定的点, 那么, 由图 1-4 可以立即看出, 点 M 到坐标原点的距离为

$$d = |OM| = \sqrt{|ON|^2 + |NM|^2}$$
$$= \sqrt{|OP|^2 + |PN|^2 + |NM|^2},$$

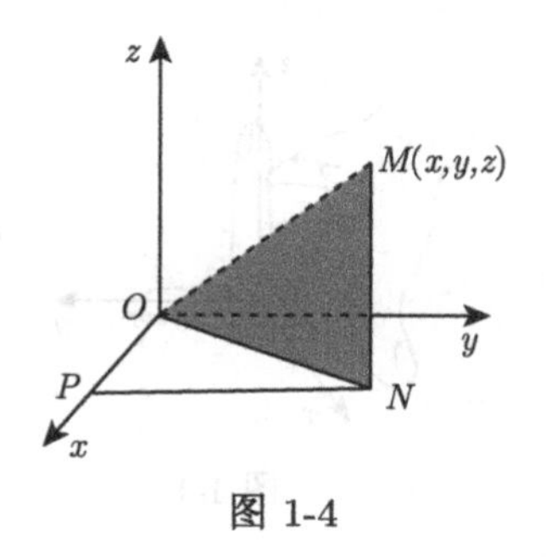

图 1-4

即

$$d=\sqrt{x^2+y^2+z^2}.$$

为了计算 $M_1(x_1,y_1,z_1)$ 和 $M_2(x_2,y_2,z_2)$ 之间的距离, 把点 $M_1(x_1,y_1,z_1)$ 取为新坐标系的原点, 作坐标平移, 那么, 由坐标平移变换公式 (1.1), 得 M_2 在新坐标系下的坐标可表示为

$$\xi=x_2-x_1,\quad \eta=y_2-y_1,\quad \zeta=z_2-z_1. \tag{1.2}$$

再由 (1.1) 式知从点 M_2 到新坐标系的原点 M_1 的距离

$$|M_1M_2|=\sqrt{\xi^2+\eta^2+\zeta^2}=\sqrt{(x_2-x_1)^2+(y_2-y_1)^2+(z_2-z_1)^2}.$$

例 1.2 在 z 轴上求一点 M, 使得它与两个定点 $A(-4,1,7)$ 和 $B(3,5,-2)$ 的距离相等.

解 因所求点在 z 轴上, 不妨设该点为 $M(0,0,z)$, 则

$$|MA|=|MB|.$$

因此,

$$\sqrt{4^2+(-1)^2+(z-7)^2}=\sqrt{(-3)^2+(-5)^2+(z+2)^2}.$$

解得 $z=\dfrac{14}{9}$. 于是, 所求的点为 $M\left(0,0,\dfrac{14}{9}\right)$.

习 题 1.1

1. 在空间直角坐标系中, 确定出下列各点的位置:

$A(2,3,1)$; $B(-2,3,-1)$; $C(-1,3,2)$; $D(1,-3,2)$; $E(1,1,-1)$;

$F(-1,-1,1)$; $M(0,0,5)$; $N(0,-3,0)$; $P(3,4,0)$; $Q(0,4,3)$.

2. 已给点 $P(-1,2,3)$, 求它在各坐标面上的垂足坐标及在各坐标轴上的垂足坐标.

3. 求点 $Q(a,b,c)$ 关于各坐标面、各坐标轴和坐标原点的对称点坐标.

4. 求出点 $M(x,y,z)$ 到各坐标轴及各坐标面的距离公式.

5. 试证以三点 $A(4,1,9)$, $B(10,-1,6)$, $C(2,4,3)$ 为顶点的三角形是等腰直角三角形.

6. 在 yOz 平面上, 求与三已知点 $A(3,1,2)$, $B(4,-2,-2)$ 和 $C(0,5,1)$ 等距离的点的坐标.

1.2 向量及其几何运算

1.2.1 向量的概念

常见的物理量可分为两类: 一类量只有数值大小而无方向, 例如, 物体的体积、

密度、温度等, 统称为**标量**或**数量**; 另一类量不仅有数值大小, 而且还有方向, 例如, 位移、速度、磁场强度等, 统称为**向量**或**矢量**.

几何上, 可以用有向线段来表示向量, 即对线段赋予方向后表示向量. 例如, 在空间中任取一点 A, 作线段 AB, 使 AB 的长度等于给定向量的大小, 从 A 到 B 的方向与给定向量的方向相同, 那么, 这个有向线段就表示给定的向量, 记作 $\overrightarrow{AB}$, 其中 A, B 分别叫做这个向量的起点和终点. 一个向量, 有时用黑体字母 $\boldsymbol{a}, \boldsymbol{b}, \boldsymbol{c}$ 表示, 也可用上面加箭头的字母 $\vec{a}, \vec{b}, \vec{c}$ 来表示.

向量的大小叫做向量的**模**. 向量 $\overrightarrow{AB}, \boldsymbol{a}, \vec{a}$ 的模依次记作 $|\overrightarrow{AB}|, |\boldsymbol{a}|, |\vec{a}|$. 模等于 1 的向量叫做**单位向量**. 模等于零的向量叫做**零向量**, 记作 $\mathbf{0}$ 或 $\vec{0}$. 零向量的方向可以看作是任意的. 在直角坐标系中, 如果以坐标原点 O 为始点, 向一个点 M 引出向量 $\overrightarrow{OM}$, 那么这个向量叫做点 M 对点 O 的**向径**或**矢径**.

若两个向量 $\boldsymbol{a}$ 和 $\boldsymbol{b}$ 具有同一方向和同样的大小 (模), 则我们说这两个向量是**相等**的, 记为 $\boldsymbol{a} = \boldsymbol{b}$. 按此定义, 凡是平移后能完全重合的所有有向线段都表示同一个向量. 就是说, 向量在空间中的实际位置可以随意指定.

1.2.2　向量的加减法

一般地, 给定两个点 A 和 C, 从 A 点至 C 点的运动可以有多种方式. 例如, 可以沿向量 $\overrightarrow{AC}$ 来直接完成; 也可以通过另外一个固定点 B, 先沿向量 $\overrightarrow{AB}$ 运动到 B, 再沿向量 $\overrightarrow{BC}$ 运动到 C, 两者是等价的 (图 1-5). 据此, 可以将普通的加法概念扩展到向量上, 定义 $\overrightarrow{AC} = \overrightarrow{AB} + \overrightarrow{BC}$.

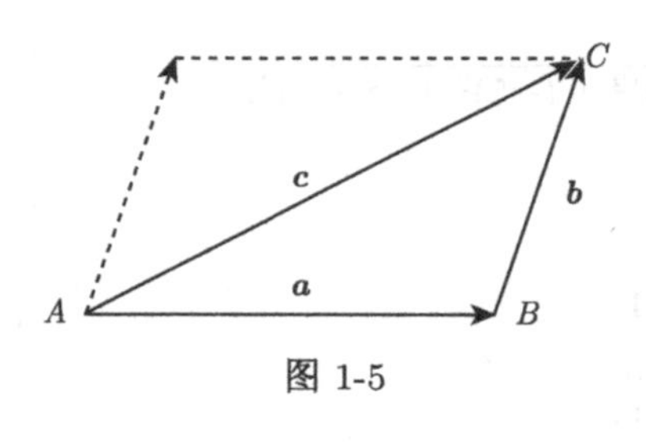

图 1-5

设 $\boldsymbol{a}$ 和 $\boldsymbol{b}$ 是两个向量. 按如下方式定义一种运算, 称为 $\boldsymbol{a}$ 和 $\boldsymbol{b}$ 的加法. 作向量 $\boldsymbol{a} = \overrightarrow{AB}$. 以 $\overrightarrow{AB}$ 的终点作为起点, 再作向量 $\overrightarrow{BC} = \boldsymbol{b}$, 连接 A 和 C, 得到向量 $\overrightarrow{AC} = \boldsymbol{c}$, 则向量 $\boldsymbol{c}$ 称为向量 $\boldsymbol{a}$ 与向量 $\boldsymbol{b}$ 的和, 记作

$$\boldsymbol{c} = \boldsymbol{a} + \boldsymbol{b}. \tag{2.1}$$

向量的上述求和方法, 叫做向量加法的**三角形法则**. 等价地, 也可以以向量 $\boldsymbol{a}$ 和 $\boldsymbol{b}$ 为邻边作一个平行四边形, 用平行四边形的一条对角线来表示 $\boldsymbol{a} + \boldsymbol{b}$(图 1-5). 这种方法叫做向量加法的**平行四边形法则**.

应当注意, 在 (2.1) 式中, 允许向量 $\boldsymbol{a}$ 和 $\boldsymbol{b}$ 有零向量的情形, 以及 $\boldsymbol{a}$ 与 $\boldsymbol{b}$ 方向一致或方向相反的情形. 如果两向量 $\boldsymbol{a}$ 与 $\boldsymbol{b}$ 在同一直线上, 那么, 规定它们的和是这样一个向量: 当 $\boldsymbol{a}$ 与 $\boldsymbol{b}$ 的方向相同时, 和向量的方向与原来两向量的方向相同, 其模等于两向量模的和; 当 $\boldsymbol{a}$ 与 $\boldsymbol{b}$ 的方向相反时, 和向量的方向与较长的向量的方

向相同, 而模等于两向量的模的差的绝对值;

如果 $\boldsymbol{b}=\mathbf{0}$, 那么, 规定 $\boldsymbol{a}+\mathbf{0}=\boldsymbol{a}$.

根据向量加法定义和图 1-6, 容易看出向量加法符合下列运算规律:

(1) **交换律** $\boldsymbol{a}+\boldsymbol{b}=\boldsymbol{b}+\boldsymbol{a}$;

(2) **结合律** $(\boldsymbol{a}+\boldsymbol{b})+\boldsymbol{c}=\boldsymbol{a}+(\boldsymbol{b}+\boldsymbol{c})=\boldsymbol{a}+\boldsymbol{b}+\boldsymbol{c}$.

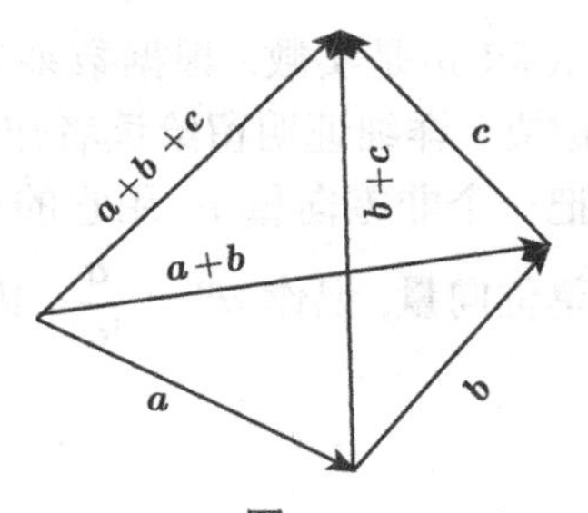

图 1-6

推广向量加法的三角形法则, 可以得到求 n 个向量 $\boldsymbol{a}_1,\boldsymbol{a}_2,\cdots,\boldsymbol{a}_n$ 的和向量的方法: 依次把 $\boldsymbol{a}_i$ 的终点作为 $\boldsymbol{a}_{i+1}$ 的起点, 相继作出向量 $\boldsymbol{a}_1$, $\boldsymbol{a}_2,\cdots,\boldsymbol{a}_n$, 则由 $\boldsymbol{a}_1$ 的起点到 $\boldsymbol{a}_n$ 的终点的有向线段就是 $\boldsymbol{a}_1,\boldsymbol{a}_2,\cdots,\boldsymbol{a}_n$ 的和向量 (图 1-7).

设 $\boldsymbol{a}$ 为一向量. 与 $\boldsymbol{a}$ 的模相同而方向相反的向量叫做 $\boldsymbol{a}$ 的**负向量**, 记作 $-\boldsymbol{a}$. 由此, 规定两个向量 $\boldsymbol{a}$ 与 $\boldsymbol{b}$ 的差为

$$\boldsymbol{a}-\boldsymbol{b}=\boldsymbol{a}+(-\boldsymbol{b}).$$

由图 1-8 可见, $\boldsymbol{a}-\boldsymbol{b}$ 可以这样得到: 将 $\boldsymbol{a}$ 和 $\boldsymbol{b}$ 的起点放在一起, 以 $\boldsymbol{b}$ 的终点为起点, 以 $\boldsymbol{a}$ 的终点为终点的向量就是 $\boldsymbol{a}-\boldsymbol{b}$ 这个向量.

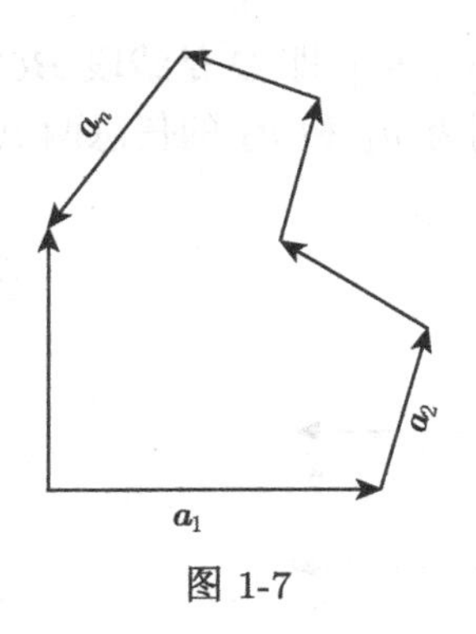

图 1-7

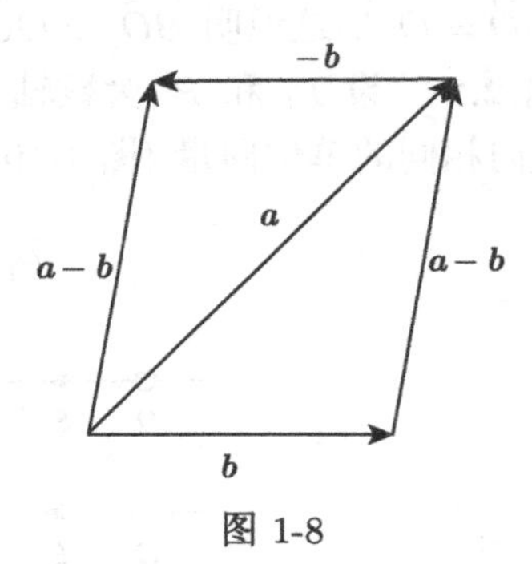

图 1-8

1.2.3 数乘向量

实数 λ 和向量 $\boldsymbol{a}$ 的乘积 $\lambda\boldsymbol{a}$ 定义为一个向量, 它的模为 $|\lambda\boldsymbol{a}|=|\lambda||\boldsymbol{a}|$, 其方向, 当 $\lambda>0$ 时与 $\boldsymbol{a}$ 相同; 当 $\lambda<0$ 时与 $\boldsymbol{a}$ 相反.

特别地, $0\boldsymbol{a}=\mathbf{0}$, $1\boldsymbol{a}=\boldsymbol{a}$, $(-1)\boldsymbol{a}=-\boldsymbol{a}$.

向量和数的乘法满足以下运算规律:

(1) **结合律** $\lambda(\mu\boldsymbol{a})=\mu(\lambda\boldsymbol{a})=(\lambda\mu)\boldsymbol{a}$;

(2) **分配律** $(\lambda+\mu)\boldsymbol{a}=\lambda\boldsymbol{a}+\mu\boldsymbol{a}$; $\lambda(\boldsymbol{a}+\boldsymbol{b})=\lambda\boldsymbol{a}+\lambda\boldsymbol{b}$.

这里 λ 和 μ 是实数. 根据数乘向量的定义和向量的加法法则, 容易证明这些运算规律成立. 详细证明留给读者作为练习.

把一个非零向量 $\boldsymbol{a}$, 用它的模的倒数与它本身作数乘, 就得到一个和它方向相同的单位向量, 记作 $\boldsymbol{a}^0 = \dfrac{\boldsymbol{a}}{|\boldsymbol{a}|}$. 因此,

$$\boldsymbol{a} = |\boldsymbol{a}|\boldsymbol{a}^0. \tag{2.2}$$

利用向量的这种表示法, 我们把一个向量分成代表模和方向的两部分. 这便于讨论和运算.

例 2.1　证明平行四边形的对角线互相平分.

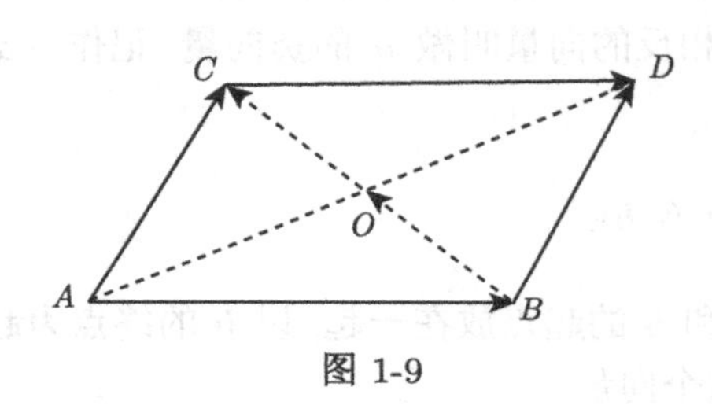

图 1-9

证　如图 1-9, 取 AD 的中点 O, 连接 B 和 O, O 和 C. 只需证明 $\overrightarrow{BO} = \overrightarrow{OC}$. 由于 BD 和 AC 平行且 $|BD| = |AC|$, 故 $\overrightarrow{BD} = \overrightarrow{AC}$. 由此得到

$$\overrightarrow{BO} = \overrightarrow{BD} + \overrightarrow{DO},$$
$$\overrightarrow{OC} = \overrightarrow{AC} + \overrightarrow{OA} = \overrightarrow{BD} + \overrightarrow{DO}.$$

从而 $\overrightarrow{BO} = \overrightarrow{OC}$. 这说明 $\overrightarrow{BO}$ 和 $\overrightarrow{OC}$ 同向且 $|\overrightarrow{BO}| = |\overrightarrow{OC}|$, 即 O 是线段 BC 的中点.

例 2.2　设 P_1 和 P_2 为数轴 Ou 上坐标分别为 u_1 和 u_2 的任意两点, $\boldsymbol{\xi}$ 为与 u 轴正向相同的单位向量 (图 1-10). 验证

$$\overrightarrow{P_1P_2} = (u_2 - u_1)\boldsymbol{\xi}. \tag{2.3}$$

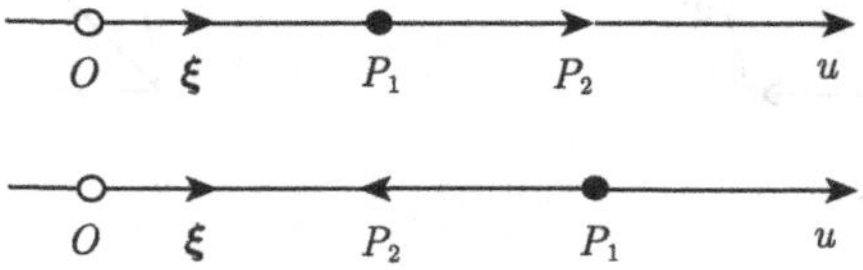

O　ξ　P_1　P_2　u

O　ξ　P_2　P_1　u

图 1-10

证　由于

$$|\overrightarrow{P_1P_2}| = |u_1 - u_2| = \begin{cases} u_2 - u_1, & u_2 > u_1, \\ 0, & u_2 = u_1, \\ u_1 - u_2, & u_2 < u_1, \end{cases}$$

根据 (2.2) 式, 当 $\overrightarrow{P_1P_2}$ 和 $\boldsymbol{\xi}$ 方向相同时, 有

$$\overrightarrow{P_1P_2} = |\overrightarrow{P_1P_2}|\boldsymbol{\xi} = (u_2 - u_1)\boldsymbol{\xi};$$

当 $\overrightarrow{P_1P_2}$ 和 $\boldsymbol{\xi}$ 方向相反时, 有

$$\overrightarrow{P_1P_2} = -|\overrightarrow{P_1P_2}|\boldsymbol{\xi} = -(u_1 - u_2)\boldsymbol{\xi} = (u_2 - u_1)\boldsymbol{\xi}.$$

从而, 对于数轴 Ou 上的任意两点 P_1 和 P_2, 总有

$$\overrightarrow{P_1P_2} = (u_2 - u_1)\boldsymbol{\xi}.$$

在 1.3 节中, 我们将利用 (2.3) 式导出向量的坐标表达式, 这些表达式在向量的代数运算中起着重要作用.

习 题 1.2

1. $\boldsymbol{a}, \boldsymbol{b}$ 满足什么关系时, 下式成立:

(1) $|\boldsymbol{a}+\boldsymbol{b}| = |\boldsymbol{a}| + |\boldsymbol{b}|$; (2) $|\boldsymbol{a}+\boldsymbol{b}| = ||\boldsymbol{a}| - |\boldsymbol{b}||$; (3) $|\boldsymbol{a}+\boldsymbol{b}| = |\boldsymbol{a}-\boldsymbol{b}|$.

2. 设 $\boldsymbol{u} = \boldsymbol{a} - \boldsymbol{b} + 2\boldsymbol{c}$, $\boldsymbol{v} = -\boldsymbol{a} + 3\boldsymbol{b} - \boldsymbol{c}$. 试用 $\boldsymbol{a}, \boldsymbol{b}, \boldsymbol{c}$ 表示 $2\boldsymbol{u} - 3\boldsymbol{v}$.

3. 如果平面上一个四边形的对角线互相平分, 试用向量方法证明它是平行四边形.

4. 设 D, E, F 分别为 ΔABC 的三条边的中点, 证明: $\overrightarrow{AD} + \overrightarrow{BE} + \overrightarrow{CF} = \mathbf{0}$.

5. 把 ΔABC 的 BC 边五等分, 分点依次为 D_1, D_2, D_3, D_4, 再把各分点与点 A 连接. 设 $\overrightarrow{AB} = \boldsymbol{c}$, $\overrightarrow{BC} = \boldsymbol{a}$, 试用 $\boldsymbol{a}$ 和 $\boldsymbol{c}$ 表示向量 $\overrightarrow{D_1A}$, $\overrightarrow{D_2A}$, $\overrightarrow{D_3A}$, $\overrightarrow{D_4A}$.

6. 用向量方法证明: 三角形两边中点的连线平行于第三边, 且其长度为第三边的一半.

1.3 向量的坐标与代数运算

在 1.1 节中, 利用空间直角坐标系, 我们建立了空间点与三元有序数组之间的一一对应关系, 为研究空间几何对象的性质提供了条件. 类似地, 为了方便研究向量性质, 我们需要建立向量的坐标, 导出向量的代数运算法则.

1.3.1 向径的坐标及其方向余弦

以下设 $\boldsymbol{i}, \boldsymbol{j}, \boldsymbol{k}$ 分别表示沿 x 轴、y 轴、z 轴正向的单位向量, 并称它们为坐标系的基本向量.

设有向径 $\overrightarrow{OM}$, M 点的坐标为 (x, y, z); P, Q, R, S 的坐标分别为 $(x, 0, 0)$, $(0, y, 0), (0, 0, z), (x, y, 0)$. 那么, 由例 2.2, 得

$$\overrightarrow{OP} = x\boldsymbol{i}, \quad \overrightarrow{PS} = \overrightarrow{OQ} = y\boldsymbol{j}, \quad \overrightarrow{SM} = \overrightarrow{OR} = z\boldsymbol{k}.$$

因此, 根据三角形法则得到 (图 1-11(a))

$$\overrightarrow{OM} = \overrightarrow{OP} + \overrightarrow{PS} + \overrightarrow{SM} = x\boldsymbol{i} + y\boldsymbol{j} + z\boldsymbol{k},$$

即

$$\boldsymbol{r} = x\boldsymbol{i} + y\boldsymbol{j} + z\boldsymbol{k}, \tag{3.1}$$

其中 $\boldsymbol{r}$ 表示向径 $\overrightarrow{OM}$.

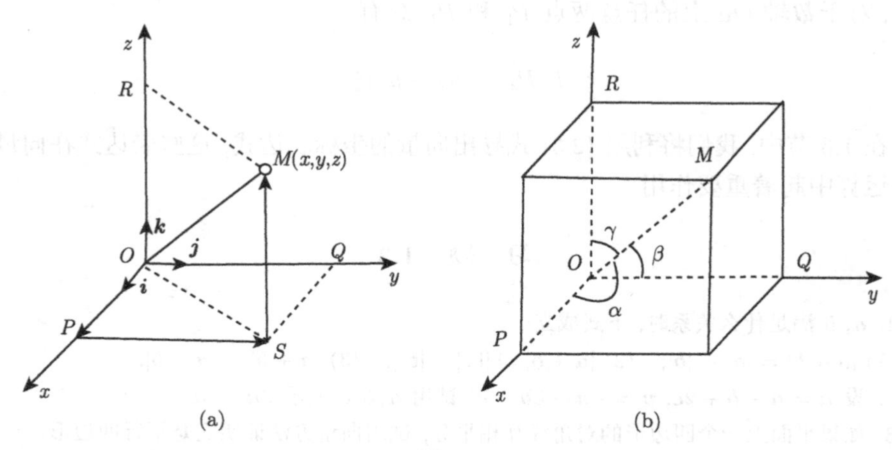

图 1-11

由于点 M 与三元有序数组 (x,y,z) 之间有一一对应关系, 所以, 向径 $\boldsymbol{r}$ (即 $\overrightarrow{OM}$) 与 (x,y,z) 一一对应. 称 (3.1) 式为向径按基本向量的分解式, $x\boldsymbol{i},y\boldsymbol{j},z\boldsymbol{k}$ 称为向径 $\boldsymbol{r}$ 在三个坐标轴上的分向量. 这时, 点 M 的坐标 (x,y,z) 又叫做向径 $\boldsymbol{r}$ 的**坐标**, 记成

$$\boldsymbol{r} = \{x,y,z\}.$$

进一步假设, 向径 $\boldsymbol{r} = \{x,y,z\}$ 与坐标轴 Ox,Oy,Oz 的正向的夹角依次为 α,β,γ, $0 \leqslant \alpha \leqslant \pi$, $0 \leqslant \beta \leqslant \pi$, $0 \leqslant \gamma \leqslant \pi$. 那么, 由图 1-11(b) 立即可以看出

$$x = |\boldsymbol{r}|\cos\alpha, \quad y = |\boldsymbol{r}|\cos\beta, \quad z = |\boldsymbol{r}|\cos\gamma, \quad |\boldsymbol{r}| = \sqrt{x^2+y^2+z^2}.$$

故

$$\begin{cases} \cos\alpha = \dfrac{x}{\sqrt{x^2+y^2+z^2}}, \\ \cos\beta = \dfrac{y}{\sqrt{x^2+y^2+z^2}}, \\ \cos\gamma = \dfrac{z}{\sqrt{x^2+y^2+z^2}}. \end{cases} \tag{3.2}$$

于是,

$$\cos^2\alpha + \cos^2\beta + \cos^2\gamma = 1, \tag{3.3}$$

且

$$\{\cos\alpha, \cos\beta, \cos\gamma\} = \frac{\boldsymbol{r}}{|\boldsymbol{r}|}. \tag{3.4}$$

所以, $\{\cos\alpha, \cos\beta, \cos\gamma\}$ 是与向径 $\boldsymbol{r}$ 同向的单位向量. 称 α, β, γ 为向径 $\boldsymbol{r}$ 的**方向角**, $\cos\alpha, \cos\beta, \cos\gamma$ 为 $\boldsymbol{r}$ 的**方向余弦**.

1.3.2 向量的坐标与代数运算的坐标公式

设有以 $M_0(x_0, y_0, z_0)$ 为始点、$M(x, y, z)$ 为终点的向量 $\overrightarrow{M_0M}$ (图 1-12). 根据向量加法的交换律和结合律以及 (3.1) 式, 得到

$$\begin{aligned}\overrightarrow{M_0M} &= \overrightarrow{OM} - \overrightarrow{OM_0} \\ &= (x\boldsymbol{i} + y\boldsymbol{j} + z\boldsymbol{k}) - (x_0\boldsymbol{i} + y_0\boldsymbol{j} + z_0\boldsymbol{k}) \\ &= (x - x_0)\boldsymbol{i} + (y - y_0)\boldsymbol{j} + (z - z_0)\boldsymbol{k},\end{aligned}$$

即

$$\boldsymbol{a} = (x - x_0)\boldsymbol{i} + (y - y_0)\boldsymbol{j} + (z - z_0)\boldsymbol{k}, \tag{3.5}$$

其中 $\boldsymbol{a} = \overrightarrow{M_0M}$. 公式 (3.5) 称为向量 $\boldsymbol{a}$ 按基向量**分解式**, $(x - x_0)\boldsymbol{i}, (y - y_0)\boldsymbol{j}, (z - z_0)\boldsymbol{k}$ 为 $\boldsymbol{a}$ 在三个坐标轴上的分向量, 并把表达式 $\boldsymbol{a} = \{x - x_0, y - y_0, z - z_0\}$ 叫做向量 $\boldsymbol{a}$ 的坐标表达式.

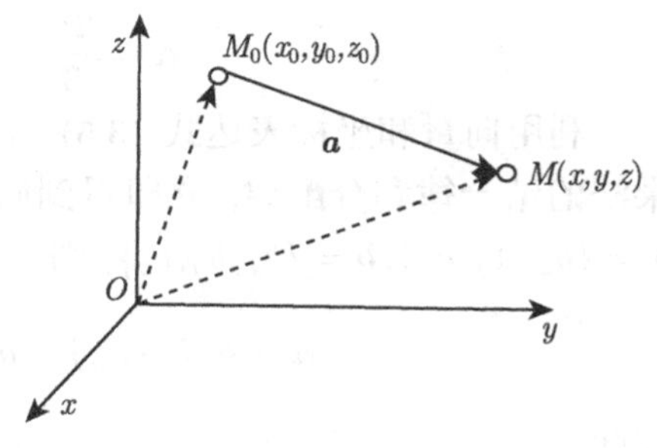

图 1-12

设向量 $\boldsymbol{a}$ 与三个坐标轴 Ox 轴、Oy 轴、Oz 轴的夹角依次为 α, β, γ. 作坐标平移变换, 使得新坐标系的原点和 $\boldsymbol{a}$ 的起点 $M_0(x_0, y_0, z_0)$ 重合, 且

$$\xi = x - x_0, \quad \eta = y - y_0, \quad \zeta = z - z_0.$$

那么, $\overrightarrow{M_0M}$ 在新坐标系下成为一个向径. 因此, 由 (3.2) 式得

$$\begin{cases}\cos\alpha = \dfrac{\xi}{\sqrt{\xi^2 + \eta^2 + \zeta^2}} = \dfrac{x - x_0}{\sqrt{(x - x_0)^2 + (y - y_0)^2 + (z - z_0)^2}}, \\ \cos\beta = \dfrac{\eta}{\sqrt{\xi^2 + \eta^2 + \zeta^2}} = \dfrac{y - y_0}{\sqrt{(x - x_0)^2 + (y - y_0)^2 + (z - z_0)^2}}, \\ \cos\gamma = \dfrac{\zeta}{\sqrt{\xi^2 + \eta^2 + \zeta^2}} = \dfrac{z - z_0}{\sqrt{(x - x_0)^2 + (y - y_0)^2 + (z - z_0)^2}}.\end{cases} \tag{3.6}$$

于是,

$$\cos^2\alpha + \cos^2\beta + \cos^2\gamma = 1, \tag{3.7}$$

$$\{\cos\alpha,\cos\beta,\cos\gamma\}=\frac{\boldsymbol{a}}{|\boldsymbol{a}|}. \tag{3.8}$$

所以, $\{\cos\alpha,\cos\beta,\cos\gamma\}$ 是与向量 $\boldsymbol{a}$ 同方向的单位向量. 称 α,β,γ 为向量 $\boldsymbol{a}$ 的**方向角**, $\cos\alpha,\cos\beta,\cos\gamma$ 为 $\boldsymbol{a}$ 的**方向余弦**. 这里用到了向量 $\boldsymbol{a}=\{x-x_0,y-y_0,z-z_0\}$ 的模的表达式

$$|\boldsymbol{a}|=\sqrt{(x-x_0)^2+(y-y_0)^2+(z-z_0)^2}. \tag{3.9}$$

例 3.1　已知两点 $M_1(2,2,\sqrt{2})$, $M_2(1,3,0)$. 计算向量 $\overrightarrow{M_1M_2}$ 的模、方向余弦和方向角.

解　因为

$$\overrightarrow{M_1M_2}=\{1-2,3-2,0-\sqrt{2}\}=\{-1,1,-\sqrt{2}\},$$

所以,

$$\left|\overrightarrow{M_1M_2}\right|=\sqrt{(-1)^2+1^2+(\sqrt{2})^2}=\sqrt{4}=2;$$

$$\cos\alpha=-\frac{1}{2},\quad \cos\beta=\frac{1}{2},\quad \cos\gamma=-\frac{\sqrt{2}}{2};$$

$$\alpha=\frac{2\pi}{3},\quad \beta=\frac{\pi}{3},\quad \gamma=\frac{3\pi}{4}.$$

利用向量和坐标表达式 (3.5)、向量加法的交换律和结合律, 以及向量与数量乘法的结合律和分配律, 立即得到向量加、减法和数乘向量的代数运算法则. 设 $\boldsymbol{a}=\{a_x,a_y,a_z\},\boldsymbol{b}=\{b_x,b_y,b_z\}$, 则

$$\boldsymbol{a}=a_x\boldsymbol{i}+a_y\boldsymbol{j}+a_z\boldsymbol{k},\quad \boldsymbol{b}=b_x\boldsymbol{i}+b_y\boldsymbol{j}+b_z\boldsymbol{k}.$$

因此,

$$\boldsymbol{a}\pm\boldsymbol{b}=(a_x\pm b_x)\boldsymbol{i}+(a_y\pm b_y)\boldsymbol{j}+(a_z\pm b_z)\boldsymbol{k}=\{a_x\pm b_x,a_y\pm b_y,a_z\pm b_z\},$$

$$\lambda\boldsymbol{a}=\lambda(a_x\boldsymbol{i}+a_y\boldsymbol{j}+a_z\boldsymbol{k})=(\lambda a_x)\boldsymbol{i}+(\lambda a_y)\boldsymbol{j}+(\lambda a_z)\boldsymbol{k}=\{\lambda a_x,\lambda a_y,\lambda a_z\},$$

这里 λ 为数量. 由此可见, 向量的加减法及数乘运算相当于向量的各个坐标分别进行相应的运算.

例 3.2 (线段的定比分点问题)　已知两点 $A(x_1,y_1,z_1),B(x_2,y_2,z_2)$. 试在线段 AB 上求一点 M, 使得两线段长度之比满足 $\dfrac{|AM|}{|MB|}=\lambda,\ \lambda>0$.

解　设 M 点的坐标为 (x,y,z). 由于 A,M,B 都在一直线上, 则有 $\overrightarrow{AM}=\lambda\overrightarrow{MB}$. 又因为 $\overrightarrow{AM}=\{x-x_1,y-y_1,z-z_1\}$, $\overrightarrow{MB}=\{x_2-x,y_2-y,z_2-z\}$, 因此,

$$\{x-x_1,y-y_1,z-z_1\}=\lambda\{x_2-x,y_2-y,z_2-z\},$$

即

$$x - x_1 = \lambda(x_2 - x), \quad y - y_1 = \lambda(y_2 - y), \quad z - z_1 = \lambda(z_2 - z).$$

这样, 我们得到

$$x = \frac{x_1 + \lambda x_2}{1+\lambda}, \quad y = \frac{y_1 + \lambda y_2}{1+\lambda}, \quad z = \frac{z_1 + \lambda z_2}{1+\lambda}.$$

若 $\lambda = 1$, 就得到线段中点的坐标公式

$$x = \frac{x_1 + x_2}{2}, \quad y = \frac{y_1 + y_2}{2}, \quad z = \frac{z_1 + z_2}{2}.$$

例 3.3 已知两点 $A(4,0,5)$ 和 $B(7,1,3)$. 求与 $\overrightarrow{AB}$ 方向相同的单位向量.

解 因为 $\overrightarrow{AB} = \{7-4, 1-0, 3-5\} = \{3,1,-2\}$, 故

$$|\overrightarrow{AB}| = \sqrt{3^2 + 1^2 + (-2)^2} = \sqrt{14}.$$

若记 $\boldsymbol{a}^0$ 是与 $\overrightarrow{AB}$ 方向相同的单位向量, 那么,

$$\boldsymbol{a}^0 = \frac{\overrightarrow{AB}}{|\overrightarrow{AB}|} = \frac{1}{\sqrt{14}}\{3,1,-2\}.$$

习 题 1.3

1. 已知两点 $M_1(0,1,2)$ 和 $M_2(1,-1,0)$, 用坐标表达式表示向量 $\overrightarrow{OM_1}, \overrightarrow{M_1M_2}$ 及 $-2\overrightarrow{M_1M_2}$, 并计算 $|\overrightarrow{OM_1}|$ 和 $|\overrightarrow{M_1M_2}|$.

2. 已知 $\boldsymbol{a} = \{6,1,-1\}$, $\boldsymbol{b} = \{1,2,0\}$. 试求: (1) $\boldsymbol{a} + 2\boldsymbol{b}$; (2) $2\boldsymbol{a} - 3\boldsymbol{b}$.

3. 已知两点 $M_1(4,\sqrt{2},1)$ 和 $M_2(3,0,2)$, 计算向量 $\overrightarrow{M_1M_2}$ 的模、方向余弦和方向角.

4. 设向量的方向余弦分别满足 (1) $\cos\alpha = 0$; (2) $\cos\beta = 1$; (3) $\cos\alpha = \cos\beta = 0$. 这些向量与坐标轴或坐标面的关系如何?

5. 分别求出向量 $\boldsymbol{a} = \boldsymbol{i} + \boldsymbol{j} + \boldsymbol{k}$ 及 $\boldsymbol{b} = -2\boldsymbol{i} - \boldsymbol{j} + 2\boldsymbol{k}$ 的模, 并分别用单位向量 $\boldsymbol{a}^0, \boldsymbol{b}^0$ 表示向量 $\boldsymbol{a}, \boldsymbol{b}$.

6. 求平行于向量 $\boldsymbol{a} = 2\boldsymbol{i} + 2\boldsymbol{j} - \boldsymbol{k}$ 的单位向量.

7. 一向量的模为 2, 方向角 α, β, γ 满足下列条件, 分别求出这一向量:

(1) $\alpha = 60^\circ$, $\beta = 120^\circ$; (2) $\alpha = \beta = \gamma$; (3) $\alpha = \beta = \dfrac{\gamma}{2}$.

1.4 向量的数量积、向量积与混合积

1.4.1 向量的数量积

一个物体在外力 $\boldsymbol{F}$ 的作用下, 移动一段位移 $\boldsymbol{S}$, 则力 $\boldsymbol{F}$ 所做的功为

$$W = |\boldsymbol{F}||\boldsymbol{S}|\cos\theta,$$

其中 θ 为 $\boldsymbol{F}$ 与 $\boldsymbol{S}$ 之间的夹角 (图 1-13).

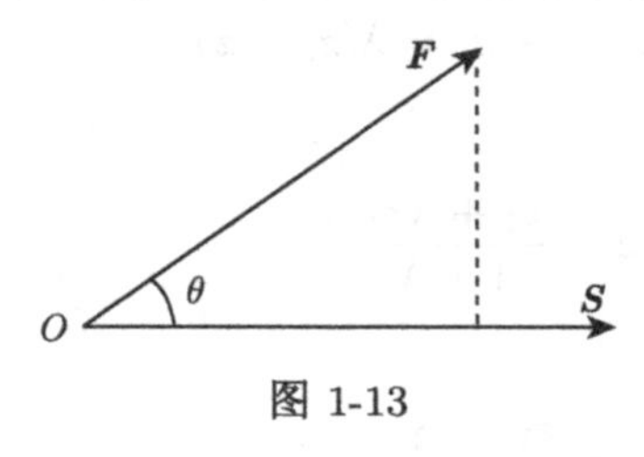

图 1-13

在实际问题中, 人们经常会遇到两个向量之间类似于上面的运算. 一般地, 我们引入如下的定义.

定义 4.1 给定两个向量 $\boldsymbol{a}$ 与 $\boldsymbol{b}$, 定义 $|\boldsymbol{a}|\ |\boldsymbol{b}|\cos\theta$ 为向量 $\boldsymbol{a}$ 与 $\boldsymbol{b}$ 的数量积, 记作 $\boldsymbol{a}\cdot\boldsymbol{b}$, 即

$$\boldsymbol{a}\cdot\boldsymbol{b}=|\boldsymbol{a}||\boldsymbol{b}|\cos\theta. \tag{4.1}$$

式中 θ, $0\leqslant\theta\leqslant\pi$ 为 $\boldsymbol{a}$ 与 $\boldsymbol{b}$ 的夹角, 有时, 也记作 $\theta=(\widehat{\boldsymbol{a},\boldsymbol{b}})$.

由数量积的定义容易知道

(1) $\boldsymbol{a}\cdot\boldsymbol{a}=|\boldsymbol{a}|^2$;

(2) $\boldsymbol{a}\perp\boldsymbol{b}\Leftrightarrow\boldsymbol{a}\cdot\boldsymbol{b}=0$.

下面来推导向量数量积的坐标表达式. 设有非零向量 $\boldsymbol{a}=\{a_x,a_y,a_z\},\boldsymbol{b}=\{b_x,b_y,b_z\}$. 由余弦定理, 有

$$|\boldsymbol{a}-\boldsymbol{b}|^2=|\boldsymbol{a}|^2+|\boldsymbol{b}|^2-2|\boldsymbol{a}||\boldsymbol{b}|\cos\theta.$$

于是,

$$\begin{aligned}\boldsymbol{a}\cdot\boldsymbol{b}&=|\boldsymbol{a}||\boldsymbol{b}|\cos\theta\\&=\frac{1}{2}(|\boldsymbol{a}|^2+|\boldsymbol{b}|^2-|\boldsymbol{a}-\boldsymbol{b}|^2)\\&=\frac{1}{2}((a_x^2+a_y^2+a_z^2)+(b_x^2+b_y^2+b_z^2)-(a_x-b_x)^2-(a_y-b_y)^2-(a_z-b_z)^2)\\&=a_xb_x+a_yb_y+a_zb_z,\end{aligned}$$

即

$$\boldsymbol{a}\cdot\boldsymbol{b}=a_xb_x+a_yb_y+a_zb_z. \tag{4.2}$$

这说明两个向量的数量积等于它们的对应坐标乘积之和 .

根据数量积的定义和 (4.2) 式, 立即推出

$$\cos\theta=\frac{\boldsymbol{a}\cdot\boldsymbol{b}}{|\boldsymbol{a}||\boldsymbol{b}|}=\frac{a_xb_x+a_yb_y+a_zb_z}{\sqrt{a_x^2+a_y^2+a_z^2}\sqrt{b_x^2+b_y^2+b_z^2}}, \tag{4.3}$$

$$\boldsymbol{a}\perp\boldsymbol{b}\Leftrightarrow a_xb_x+a_yb_y+a_zb_z=0. \tag{4.4}$$

我们也可以得到数量积的下列运算规律:

(1) **交换律** $\boldsymbol{a}\cdot\boldsymbol{b}=\boldsymbol{b}\cdot\boldsymbol{a}$;

(2) **分配律** $(\boldsymbol{a}+\boldsymbol{b})\cdot\boldsymbol{c}=\boldsymbol{a}\cdot\boldsymbol{c}+\boldsymbol{b}\cdot\boldsymbol{c}$;

(3) **结合律** $(\lambda\boldsymbol{a})\cdot\boldsymbol{b}=\boldsymbol{a}\cdot(\lambda\boldsymbol{b})=\lambda(\boldsymbol{a}\cdot\boldsymbol{b}),\lambda$ 为数量.

例 4.1 证明三角形的三条高线交于一点.

证 如图 1-14, 设 $CE\perp AB$, $AD\perp BC$, CE 和 AD 交点为 O, 并记 $\overrightarrow{BC}=\boldsymbol{a}$, $\overrightarrow{CA}=\boldsymbol{b}$, $\overrightarrow{AB}=\boldsymbol{c}$. 我们只需证明, $\boldsymbol{b}\perp\overrightarrow{BO}$. 注意到

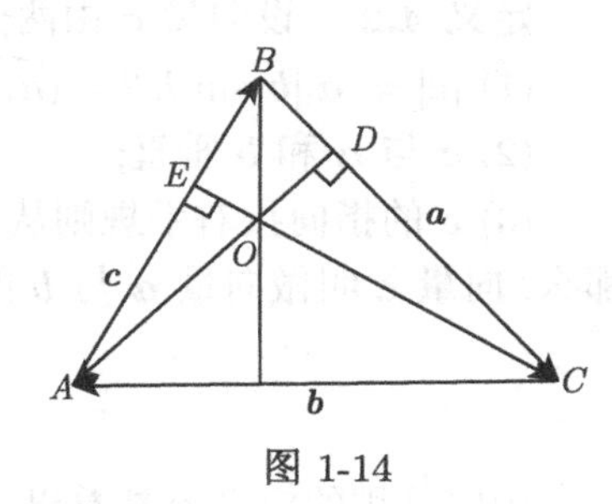

图 1-14

$$\overrightarrow{CO}=\overrightarrow{CB}+\overrightarrow{BO}=\overrightarrow{BO}-\boldsymbol{a},$$
$$\overrightarrow{AO}=\overrightarrow{AB}+\overrightarrow{BO}=\overrightarrow{BO}+\boldsymbol{c},$$

以及 $\overrightarrow{CO}\perp\boldsymbol{c}$ 和 $\overrightarrow{AO}\perp\boldsymbol{a}$. 于是,

$$0=\overrightarrow{CO}\cdot\boldsymbol{c}=\overrightarrow{BO}\cdot\boldsymbol{c}-\boldsymbol{a}\cdot\boldsymbol{c},$$
$$0=\overrightarrow{AO}\cdot\boldsymbol{a}=\overrightarrow{BO}\cdot\boldsymbol{a}+\boldsymbol{a}\cdot\boldsymbol{c}.$$

上述两式相加得到

$$0=\overrightarrow{BO}\cdot(\boldsymbol{c}+\boldsymbol{a})=-\overrightarrow{BO}\cdot\boldsymbol{b},$$

即 $\boldsymbol{b}\perp\overrightarrow{BO}$.

1.4.2 向量的向量积

设 O 为一根杠杆 L 的支点, 有一个力 $\boldsymbol{F}$ 作用于该杠杆上 P 点处, $\boldsymbol{F}$ 与 $\overrightarrow{OP}$ 的夹角为 θ (图 1-15). 由力学知道, 力 $\boldsymbol{F}$ 对支点 O 的力矩是一向量 $\boldsymbol{M}$, 它的模

$$|\boldsymbol{M}|=|\overrightarrow{OQ}||\boldsymbol{F}|=|\overrightarrow{OP}||\boldsymbol{F}|\sin\theta,$$

$\boldsymbol{M}$ 的方向垂直于 $\overrightarrow{OP}$ 与 $\boldsymbol{F}$ 所决定的平面, $\boldsymbol{M}$ 的指向是按右手规则来确定的 (图 1-16).

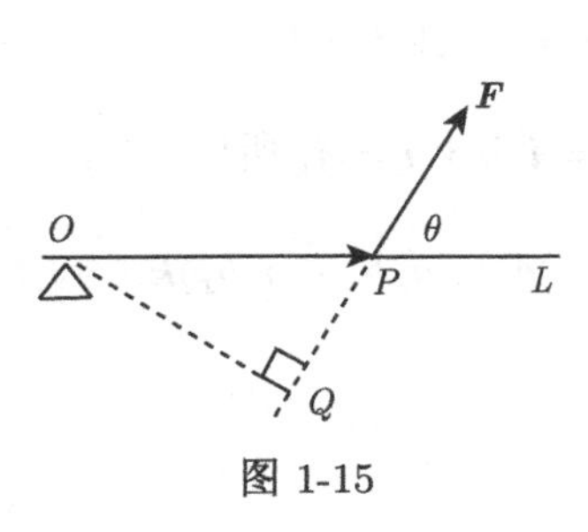

图 1-15

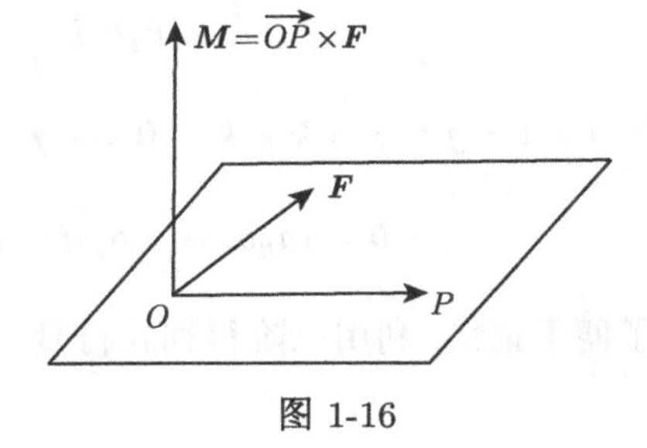

图 1-16

这种由两个已知向量按上面的规则来确定另一个向量的情况，在经典力学和其他物理问题中经常遇到. 为了揭示这类问题的本质，人们抽象出两个向量的向量积概念.

定义 4.2 设向量 $\boldsymbol{c}$ 由两个向量 $\boldsymbol{a}$ 与 $\boldsymbol{b}$ 按下列方式给出:

(1) $|\boldsymbol{c}|=|\boldsymbol{a}||\boldsymbol{b}|\sin\theta, \theta=(\widehat{\boldsymbol{a},\boldsymbol{b}}), 0\leqslant\theta\leqslant\pi$;

(2) $\boldsymbol{c}$ 与 $\boldsymbol{a}$ 和 $\boldsymbol{b}$ 垂直;

(3) $\boldsymbol{c}$ 的指向按右手规则从 $\boldsymbol{a}$ 转向 $\boldsymbol{b}$ 来确定,

那么, 向量 $\boldsymbol{c}$ 叫做向量 $\boldsymbol{a}$ 与 $\boldsymbol{b}$ 的向量积, 记作 $\boldsymbol{a}\times\boldsymbol{b}$, 即

$$\boldsymbol{c}=\boldsymbol{a}\times\boldsymbol{b}.$$

由向量积的定义容易看出,

(1) $|\boldsymbol{a}\times\boldsymbol{b}|$ 等于以 $\boldsymbol{a}$ 和 $\boldsymbol{b}$ 为邻边的平行四边形的面积;

(2) $\boldsymbol{a}\times\boldsymbol{a}=\boldsymbol{0}$;

(3) $\boldsymbol{a}/\!/\boldsymbol{b}\Leftrightarrow\boldsymbol{a}\times\boldsymbol{b}=\boldsymbol{0}$.

向量积符合下列运算规律:

(1) **反交换律** $\boldsymbol{a}\times\boldsymbol{b}=-\boldsymbol{b}\times\boldsymbol{a}$.

这是因为 $|\boldsymbol{a}\times\boldsymbol{b}|=|\boldsymbol{b}\times\boldsymbol{a}|=|\boldsymbol{a}||\boldsymbol{b}|\sin(\widehat{\boldsymbol{a},\boldsymbol{b}})$, 而 $\boldsymbol{b}\times\boldsymbol{a}$ 的指向是按右手规则 $\boldsymbol{b}$ 转向 $\boldsymbol{a}$ 来确定的, 它恰好与 $\boldsymbol{a}\times\boldsymbol{b}$ 的方向相反.

(2) **分配律** $(\boldsymbol{a}+\boldsymbol{b})\times\boldsymbol{c}=\boldsymbol{a}\times\boldsymbol{c}+\boldsymbol{b}\times\boldsymbol{c}$;

(3) **结合律** $(\lambda\boldsymbol{a})\times\boldsymbol{b}=\boldsymbol{a}\times(\lambda\boldsymbol{b})=\lambda(\boldsymbol{a}\times\boldsymbol{b}), \lambda$ 为常数.

这两个规律的证明是比较复杂的, 我们省去它们的证明.

现在来推导向量积的坐标表达式. 设 $\boldsymbol{a}=a_x\boldsymbol{i}+a_y\boldsymbol{j}+a_z\boldsymbol{k}, \boldsymbol{b}=b_x\boldsymbol{i}+b_y\boldsymbol{j}+b_z\boldsymbol{k}$, 则

$$\begin{aligned}\boldsymbol{a}\times\boldsymbol{b}&=(a_x\boldsymbol{i}+a_y\boldsymbol{j}+a_z\boldsymbol{k})\times(b_x\boldsymbol{i}+b_y\boldsymbol{j}+b_z\boldsymbol{k})\\&=a_xb_x\boldsymbol{i}\times\boldsymbol{i}+a_xb_y\boldsymbol{i}\times\boldsymbol{j}+a_xb_z\boldsymbol{i}\times\boldsymbol{k}\\&\quad+a_yb_x\boldsymbol{j}\times\boldsymbol{i}+a_yb_y\boldsymbol{j}\times\boldsymbol{j}+a_yb_z\boldsymbol{j}\times\boldsymbol{k}\\&\quad+a_zb_x\boldsymbol{k}\times\boldsymbol{i}+a_zb_y\boldsymbol{k}\times\boldsymbol{j}+a_zb_z\boldsymbol{k}\times\boldsymbol{k}.\end{aligned}$$

由于 $\boldsymbol{i}\times\boldsymbol{i}=\boldsymbol{j}\times\boldsymbol{j}=\boldsymbol{k}\times\boldsymbol{k}=\boldsymbol{0}, \boldsymbol{i}\times\boldsymbol{j}=\boldsymbol{k}, \boldsymbol{j}\times\boldsymbol{k}=\boldsymbol{i}, \boldsymbol{k}\times\boldsymbol{i}=\boldsymbol{j}$, 所以

$$\boldsymbol{a}\times\boldsymbol{b}=(a_yb_z-a_zb_y)\boldsymbol{i}+(a_zb_x-a_xb_z)\boldsymbol{j}+(a_xb_y-a_yb_x)\boldsymbol{k}.$$

为了便于记忆, 利用三阶行列式符号, 上式可写

$$\boldsymbol{a}\times\boldsymbol{b}=\begin{vmatrix}\boldsymbol{i} & \boldsymbol{j} & \boldsymbol{k}\\ a_x & a_y & a_z\\ b_x & b_y & b_z\end{vmatrix}$$

$$=(a_yb_z-a_zb_y)\boldsymbol{i}+(a_zb_x-a_xb_z)\boldsymbol{j}+(a_xb_y-a_yb_x)\boldsymbol{k}. \tag{4.5}$$

由此可以看出, 若 $\boldsymbol{a}$ 与 $\boldsymbol{b}$ 平行, 则

$$a_yb_z-a_zb_y=0,\quad a_zb_x-a_xb_z=0,\quad a_xb_y-a_yb_x=0$$

或

$$\frac{a_x}{b_x}=\frac{a_y}{b_y}=\frac{a_z}{b_z}. \tag{4.6}$$

在 (4.6) 式中, 如果分母为零, 则相应的分子也为零.

例 4.2 设 $\boldsymbol{a}=\{2,1,-1\},\boldsymbol{b}=\{1,-1,2\}$. 计算 $\boldsymbol{a}\times\boldsymbol{b}$.

解 由题意得

$$\boldsymbol{a}\times\boldsymbol{b}=\begin{vmatrix}\boldsymbol{i} & \boldsymbol{j} & \boldsymbol{k}\\ 2 & 1 & -1\\ 1 & -1 & 2\end{vmatrix}=\boldsymbol{i}-5\boldsymbol{j}-3\boldsymbol{k}.$$

例 4.3 求以 $A(1,0,3)$, $B(0,1,3)$ 和原点为顶点的三角形面积.

解 因为 $\overrightarrow{OA}=\boldsymbol{i}+3\boldsymbol{k}$, $\overrightarrow{OB}=\boldsymbol{j}+3\boldsymbol{k}$, 所以,

$$\overrightarrow{OA}\times\overrightarrow{OB}=\begin{vmatrix}\boldsymbol{i} & \boldsymbol{j} & \boldsymbol{k}\\ 1 & 0 & 3\\ 0 & 1 & 3\end{vmatrix}=-3\boldsymbol{i}-3\boldsymbol{j}+\boldsymbol{k}.$$

因此, 由向量积的定义便知

$$S_{\triangle ABC}=\frac{1}{2}|\overrightarrow{OA}\times\overrightarrow{OB}|=\frac{1}{2}\sqrt{(-3)^2+(-3)^2+1^2}=\frac{1}{2}\sqrt{19}.$$

1.4.3 向量的轮换积与混合积

定义 4.3 依次给定三个向量 $\boldsymbol{a},\boldsymbol{b},\boldsymbol{c}$. 称 $a_xb_yc_z+a_yb_zc_x+a_zb_xc_y$ 为向量 $\boldsymbol{a},\boldsymbol{b},\boldsymbol{c}$ 关于坐标的轮换积, 简称**轮换积**, 记作 $(\boldsymbol{abc})$.

由向量轮换积的定义

$$\begin{aligned}(\boldsymbol{bca})&=b_xc_ya_z+b_yc_za_x+b_zc_xa_y\\&=a_xb_yc_z+a_yb_zc_x+a_zb_xc_y=(\boldsymbol{abc}).\end{aligned} \tag{4.7}$$

因此,

$$(\boldsymbol{abc}) = (\boldsymbol{bca}) = (\boldsymbol{cab}). \tag{4.8}$$

定义 4.4　给定三个向量 $\boldsymbol{a}, \boldsymbol{b}, \boldsymbol{c}$. 称 $(\boldsymbol{a} \times \boldsymbol{b}) \cdot \boldsymbol{c}$ 为向量 $\boldsymbol{a}, \boldsymbol{b}, \boldsymbol{c}$ 的**混合积**, 记作 $[\boldsymbol{abc}]$.

下面我们来推导混合积的坐标表示式. 设 $\boldsymbol{a} = a_x\boldsymbol{i} + a_y\boldsymbol{j} + a_z\boldsymbol{k}, \boldsymbol{b} = b_x\boldsymbol{i} + b_y\boldsymbol{j} + b_z\boldsymbol{k}, \boldsymbol{c} = c_x\boldsymbol{i} + c_y\boldsymbol{j} + c_z\boldsymbol{k}$. 根据 (4.5) 式, 有

$$\begin{aligned}
(\boldsymbol{a} \times \boldsymbol{b}) \cdot \boldsymbol{c} &= \begin{vmatrix} \boldsymbol{i} & \boldsymbol{j} & \boldsymbol{k} \\ a_x & a_y & a_z \\ b_x & b_y & b_z \end{vmatrix} \cdot \boldsymbol{c} \\
&= \{a_yb_z - a_zb_y, a_zb_x - a_xb_z, a_xb_y - a_yb_x\} \cdot \boldsymbol{c} \\
&= (a_yb_z - a_zb_y)c_x + (a_zb_x - a_xb_z)c_y + (a_xb_y - a_yb_x)c_z \\
&= (a_xb_yc_z + a_yb_zc_x + a_zb_xc_y) - (a_zb_yc_x + a_yb_xc_z + a_xb_zc_y) \\
&= (\boldsymbol{abc}) - (\boldsymbol{cba}).
\end{aligned} \tag{4.9}$$

这表明, 三个向量 $\boldsymbol{a}, \boldsymbol{b}, \boldsymbol{c}$ 的混合积等于 $\boldsymbol{a}, \boldsymbol{b}, \boldsymbol{c}$ 的轮换积减去 $\boldsymbol{c}, \boldsymbol{b}, \boldsymbol{a}$ 的轮换积. 根据 (4.8) 式和混合积的定义,

$$[\boldsymbol{abc}] = [\boldsymbol{bca}] = [\boldsymbol{cab}], \tag{4.10}$$

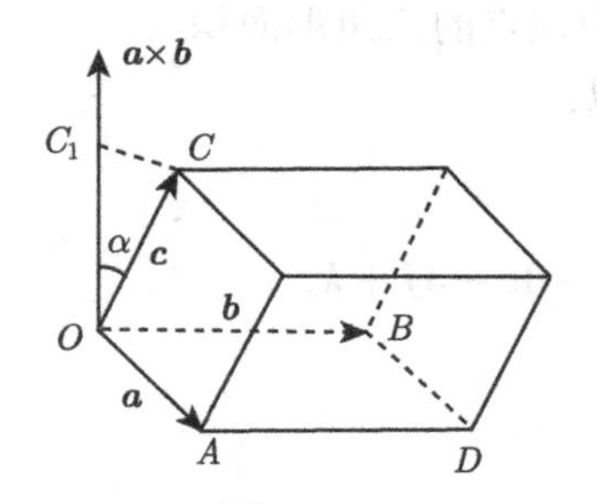

图 1-17

即, 向量的混合积具有轮换对称性.

我们接着讨论混合积 $[\boldsymbol{abc}]$ 的几何意义. 如图 1-17, 以向量 $\boldsymbol{a}, \boldsymbol{b}, \boldsymbol{c}$ 为棱做一个平行六面体, 并记 $\boldsymbol{a} = \overrightarrow{OA}, \boldsymbol{b} = \overrightarrow{OB}, \boldsymbol{c} = \overrightarrow{OC}$. 注意到

$$(\boldsymbol{a} \times \boldsymbol{b}) \cdot \boldsymbol{c} = |\boldsymbol{a} \times \boldsymbol{b}||\boldsymbol{c}| \cos(\widehat{\boldsymbol{a} \times \boldsymbol{b}, \boldsymbol{c}}).$$

在上式的右端中, $|\boldsymbol{a} \times \boldsymbol{b}|$ 表示以向量 $\boldsymbol{a}, \boldsymbol{b}$ 为邻边的平行四边形的面积; $(\widehat{\boldsymbol{a} \times \boldsymbol{b}, \boldsymbol{c}})$ 表示两个向量之间的夹角; $|\boldsymbol{c}| \cos(\widehat{\boldsymbol{a} \times \boldsymbol{b}, \boldsymbol{c}})$ 表示这样一个数, 它的绝对值是平行六面体的垂直于底面的高. 因此, $[\boldsymbol{abc}]$ 表示以向量 $\boldsymbol{a}, \boldsymbol{b}, \boldsymbol{c}$ 为棱的平行六面体体积的代数值. 当 $\boldsymbol{a}, \boldsymbol{b}, \boldsymbol{c}$ 构成右手系时, $[\boldsymbol{abc}]$ 取正值; 当 $\boldsymbol{a}, \boldsymbol{b}, \boldsymbol{c}$ 构成左手系时, $[\boldsymbol{abc}]$ 取负值.

若 $[\boldsymbol{abc}] = 0$, 则以 $\boldsymbol{a}, \boldsymbol{b}, \boldsymbol{c}$ 为棱的平行六面体的体积为零, 从而得到向量 $\boldsymbol{a}, \boldsymbol{b}, \boldsymbol{c}$ 在一个平面上; 反过来, 若三个向量 $\boldsymbol{a}, \boldsymbol{b}, \boldsymbol{c}$ 共面, 则 $(\widehat{\boldsymbol{a} \times \boldsymbol{b}, \boldsymbol{c}}) = \dfrac{\pi}{2}$, 从而 $[\boldsymbol{abc}] = 0$. 因此, 三个向量 $\boldsymbol{a}, \boldsymbol{b}, \boldsymbol{c}$ 共面的充分必要条件是 $[\boldsymbol{abc}] = 0$, 即向量 $\boldsymbol{a}, \boldsymbol{b}, \boldsymbol{c}$ 的轮换积与向量 $\boldsymbol{c}, \boldsymbol{b}, \boldsymbol{a}$ 的轮换积相等.

例 4.4 求以 $A(1,1,0)$, $B(0,1,1)$, $C(1,0,1)$ 和 $D(1,1,1)$ 为顶点的平行四面体 $ABCD$ 的体积.

解 由立体几何知道, 四面体的体积 V 等于以向量 $\overrightarrow{AB}$, $\overrightarrow{AC}$, $\overrightarrow{AD}$ 为棱长的平行六面体体积的六分之一, 即

$$V=\frac{1}{6}|[\overrightarrow{AB}\ \overrightarrow{AC}\ \overrightarrow{AD}]|.$$

由于

$$\begin{aligned}\overrightarrow{AB}&=\{-1,0,1\},\\ \overrightarrow{AC}&=\{0,-1,1\},\\ \overrightarrow{AD}&=\{0,0,1\},\end{aligned}$$

所以,

$$(\overrightarrow{AB}\ \overrightarrow{AC}\ \overrightarrow{AD})=1,\quad (\overrightarrow{AD}\ \overrightarrow{AC}\ \overrightarrow{AB})=0.$$

于是,

$$V=\frac{1}{6}|(\overrightarrow{AB}\ \overrightarrow{AC}\ \overrightarrow{AD})-(\overrightarrow{AD}\ \overrightarrow{AC}\ \overrightarrow{AB})|=\frac{1}{6}.$$

习 题 1.4

1. 下列推断是否正确?

(1) 如果 $\boldsymbol{c}\cdot\boldsymbol{b}=\boldsymbol{a}\cdot\boldsymbol{c}$, 且 $\boldsymbol{c}\neq\boldsymbol{0}$, 则 $\boldsymbol{a}=\boldsymbol{b}$;

(2) 如果 $\boldsymbol{c}\times\boldsymbol{b}=\boldsymbol{a}\times\boldsymbol{c}$, 且 $\boldsymbol{c}\neq\boldsymbol{0}$, 则 $\boldsymbol{a}=\boldsymbol{b}$.

2. 已知 $|\boldsymbol{a}|=3,|\boldsymbol{b}|=2,(\widehat{\boldsymbol{a},\boldsymbol{b}})=\frac{\pi}{3}$, 求 $(3\boldsymbol{a}+2\boldsymbol{b})\cdot(2\boldsymbol{a}-5\boldsymbol{b})$.

3. 设 $\boldsymbol{a}=3\boldsymbol{i}-\boldsymbol{j}-2\boldsymbol{k},\boldsymbol{b}=\boldsymbol{i}+2\boldsymbol{j}-\boldsymbol{k}$, 计算 $(-2\boldsymbol{a})\cdot(3\boldsymbol{b})$ 及 $\boldsymbol{a}\times 2\boldsymbol{b}$.

4. 设 $\boldsymbol{a}=\boldsymbol{i}+2\boldsymbol{j}-\boldsymbol{k},\boldsymbol{b}=-\boldsymbol{i}+\boldsymbol{j}$, 计算 $\boldsymbol{a}\cdot\boldsymbol{b}$ 及 $\boldsymbol{a}\times\boldsymbol{b}$, 并求 $\cos(\widehat{\boldsymbol{a},\boldsymbol{b}})$ 和 $\sin(\widehat{\boldsymbol{a},\boldsymbol{b}})$.

5. 设 $\boldsymbol{a}=\boldsymbol{i}+\boldsymbol{j}-4\boldsymbol{k},\boldsymbol{b}=2\boldsymbol{i}-2\boldsymbol{j}+\boldsymbol{k}$, 求: (1) $\boldsymbol{a}\cdot\boldsymbol{b}$; (2) $\boldsymbol{a}^0,\boldsymbol{b}^0$; (3) 同时垂直于 $\boldsymbol{a},\boldsymbol{b}$ 的单位向量 $\boldsymbol{c}$.

6. 设重量为 100 千克的物体从点 $M_1(3,1,8)$ 沿直线移动到点 $M_2(1,4,2)$, 计算重力所做的功 (长度单位为米).

7. 证明向量 $\boldsymbol{a}=\boldsymbol{i}-2\boldsymbol{j}+\boldsymbol{k}$ 和向量 $\boldsymbol{b}=3\boldsymbol{i}+\boldsymbol{j}-\boldsymbol{k}$ 互相垂直.

8. 已知向量 $\boldsymbol{a}=\alpha\boldsymbol{i}+5\boldsymbol{j}-\boldsymbol{k}$ 和向量 $\boldsymbol{b}=3\boldsymbol{i}+\boldsymbol{j}-\beta\boldsymbol{k}$ 平行. 求系数 α,β.

9. 已知三角形的顶点 $A(1,1,-1)$, $B(2,1,0)$, $C(0,0,2)$. 求 (1) $\cos A$; (2) $\triangle ABC$ 的面积.

10. 已知 $\overrightarrow{AB}=\boldsymbol{a}-3\boldsymbol{b}$, $\overrightarrow{AD}=\boldsymbol{a}-2\boldsymbol{b}$, 其中 $|\boldsymbol{a}|=5,|\boldsymbol{b}|=3$, $(\widehat{\boldsymbol{a},\boldsymbol{b}})=\frac{\pi}{6}$. 求平行四边形 $ABCD$ 的面积 S.

11. 设三个非零向量 $\boldsymbol{a},\boldsymbol{b},\boldsymbol{c}$ 等长, 且两两相互垂直. 求证: $\boldsymbol{d}=\boldsymbol{a}+\boldsymbol{b}+\boldsymbol{c}$ 与 $\boldsymbol{a},\boldsymbol{b},\boldsymbol{c}$ 的夹角相等.

12. 设 $\boldsymbol{a},\boldsymbol{b},\boldsymbol{c}$ 是满足条件 $\boldsymbol{a}+\boldsymbol{b}+\boldsymbol{c}=\boldsymbol{0}$ 的单位向量. 试求 $\boldsymbol{a}\cdot\boldsymbol{b}+\boldsymbol{b}\cdot\boldsymbol{c}+\boldsymbol{c}\cdot\boldsymbol{a}$ 的值.

13. 已知向量 $\boldsymbol{a}=2\boldsymbol{i}-3\boldsymbol{j}+\boldsymbol{k},\boldsymbol{b}=\boldsymbol{i}-\boldsymbol{j}+3\boldsymbol{k}$ 和 $\boldsymbol{c}=\boldsymbol{i}-2\boldsymbol{j}$. 计算

(1) $(\boldsymbol{a}\cdot\boldsymbol{b})\boldsymbol{c}-(\boldsymbol{a}\cdot\boldsymbol{c})\boldsymbol{b}$;　(2) $[\boldsymbol{abc}]$.

14. 应用向量方法证明不等式

$$\sqrt{a_1^2+a_2^2+a_3^2}\sqrt{b_1^2+b_2^2+b_3^2}\geqslant|a_1b_1+a_2b_2+a_3b_3|,$$

其中 a_1, a_2, a_3, b_1, b_2, b_3 为任意常数, 并指出等号成立的条件.

1.5　平面及其方程

1.5.1　平面的方程

设 π 为空间中的一平面. 如果一非零向量 $\boldsymbol{n}$ 垂直于平面 π, 则称 $\boldsymbol{n}$ 为平面 π 的**法向量**. 当然, 只要 $\boldsymbol{n}$ 是平面的法向量, $\lambda\boldsymbol{n}$, $\lambda\neq0$ 也是它的法向量.

从立体几何知道, 过空间一点可以作而且只能作一个垂直于已知直线的平面. 因此, 若已知空间的一个定点 $M_0(x_0,y_0,z_0)$ 和一个非零向量 $\boldsymbol{n}=\{A,B,C\}$, 则点 M_0 和法向量 $\boldsymbol{n}$ 就唯一确定一平面 π.

事实上, 设 $M(x,y,z)$ 为平面 π 上任一点, 那么向量 $\overrightarrow{M_0M}=\{x-x_0,\ y-y_0,\ z-z_0\}$ 必与向量 $\boldsymbol{n}$ 垂直, 从而

$$\boldsymbol{n}\cdot\overrightarrow{M_0M}=0,$$

即

$$A(x-x_0)+B(y-y_0)+C(z-z_0)=0. \tag{5.1}$$

这表明, 平面 π 上任一点的坐标 (x,y,z) 满足 (5.1) 式.

反之, 如果 $M(x,y,z)$ 不在平面 π 上, 那么向量 $\overrightarrow{M_0M}$ 与法向量不垂直, 从而 $\boldsymbol{n}\cdot\overrightarrow{M_0M}\neq0$, 即不在平面 π 上的点 M 的坐标 $(x,\ y,\ z)$ 不满足方程 (5.1). 这样, 方程 (5.1) 就叫做平面 π 的方程, 而平面 π 称为方程 (5.1) 的图形. 由于方程 (5.1) 是由平面 π 上的已知点 M_0 和法向量 $\boldsymbol{n}$ 得到的, 所以又把方程 (5.1) 叫做平面 π 的**点法式方程**.

在方程 (5.1) 中, 若令 $D=-Ax_0-By_0-Cz_0$, 则 (5.1) 式可改写成

$$Ax+By+Cz+D=0,$$

它是 x,y,z 的一次方程. 这说明, 任何一个平面都可以用三元一次方程来表示.

反过来, 设有三元一次方程

$$Ax+By+Cz+D=0. \tag{5.2}$$

任取满足该方程的一组数 x_0, y_0, z_0, 即

$$Ax_0 + By_0 + Cz_0 + D = 0.$$

把上述两等式相减, 得

$$A(x - x_0) + B(y - y_0) + C(z - z_0) = 0. \tag{5.3}$$

根据点法式方程 (5.1) 的几何意义可知, 方程 (5.3) 表示通过点 $M_0(x_0, y_0, z_0)$ 且以 $\boldsymbol{n} = \{A, B, C\}$ 为法向量的平面方程. 因此, 任一三元一次方程 (5.2) 总代表一个平面.

总结以上的讨论, 我们得到, 空间中一几何图形是平面, 必须而且只需该图形的方程是三元一次方程

$$Ax + By + Cz + D = 0.$$

称 (5.2) 式为平面的**一般式方程**, 其中一次项的系数就是该平面的一个法向量 $\boldsymbol{n}$ 的坐标, 即 $\boldsymbol{n} = \{A, B, C\}$.

在方程 (5.2) 中, 如果 $ABCD \neq 0$, 那么容易将它化成

$$\frac{x}{a} + \frac{y}{b} + \frac{z}{c} = 1. \tag{5.4}$$

容易看出, 该方程所表示的平面在 x, y, z 轴上的截距恰好为 a, b, c. 称 (5.4) 式为平面的**截距式方程**.

例 5.1 求过点 $(2, -3, 0)$, 且以 $\boldsymbol{n} = \{1, -2, 3\}$ 为法向量的平面方程.

解 由公式 (5.1), 所求平面的方程为

$$(x - 2) - 2(y + 3) + 3z = 0,$$

即

$$x - 2y + 3z - 8 = 0.$$

例 5.2 求过三点 $M_1(2, -1, 4)$, $M_2(-1, 3, -2)$ 和 $M_3(0, 2, 3)$ 的平面方程.

解 先找出这平面的法向量 $\boldsymbol{n}$. 由于 $\boldsymbol{n}$ 与向量 $\overrightarrow{M_1M_2}$ 和 $\overrightarrow{M_1M_3}$ 都垂直, 因此, 可取法向量为

$$\begin{aligned}\boldsymbol{n} &= \overrightarrow{M_1M_2} \times \overrightarrow{M_1M_3} = \{-3, 4, -6\} \times \{-2, 3, -1\} \\ &= \begin{vmatrix} \boldsymbol{i} & \boldsymbol{j} & \boldsymbol{k} \\ -3 & 4 & -6 \\ -2 & 3 & -1 \end{vmatrix} = 14\boldsymbol{i} + 9\boldsymbol{j} - \boldsymbol{k}.\end{aligned}$$

从而由 (5.1) 式, 得所求平面方程为

$$14(x-2)+9(y+1)-(z-4)=0,$$

即

$$14x+9y-z-15=0.$$

1.5.2　两平面的夹角

两平面法向量的夹角称为两平面的**夹角**.

设有平面 π_1: $A_1x+B_1y+C_1z+D_1=0$ 和平面 π_2: $A_2x+B_2y+C_2z+D_2=0$. 下面来计算这两平面的夹角.

由于平面 π_1 和平面 π_2 的法向量分别为 $\boldsymbol{n}_1=\{A_1,B_1,C_1\}$ 和 $\boldsymbol{n}_2=\{A_2,B_2,C_2\}$. 按两向量夹角的余弦公式, 平面 π_1 和平面 π_2 的夹角 θ 可由

$$\cos\theta=\frac{A_1A_2+B_1B_2+C_1C_2}{\sqrt{A_1^2+B_1^2+C_1^2}\sqrt{A_2^2+B_2^2+C_2^2}} \tag{5.5}$$

来确定. 由此进一步得到

$$\pi_1\perp\pi_2 \Leftrightarrow A_1A_2+B_1B_2+C_1C_2=0;$$

$$\pi_1//\pi_2 \Leftrightarrow \frac{A_1}{A_2}=\frac{B_1}{B_2}=\frac{C_1}{C_2}.$$

例 5.3　求两平面 $x-y+2z-6=0$ 和 $2x+y+z-5=0$ 的夹角.

解　由公式 (5.5) 得

$$\cos(\widehat{\boldsymbol{n}_1,\boldsymbol{n}_2})=\frac{1\times 2+(-1)\times 1+2\times 1}{\sqrt{1^2+(-1)^2+2^2}\cdot\sqrt{2^2+1^2+1^2}}=\frac{1}{2}.$$

因此, 两平面夹角为 $\dfrac{\pi}{3}$.

例 5.4　一平面通过两点 $M_1(1,1,1)$ 和 $M_2(0,1,-1)$ 且垂直于平面 $x+y+z=0$. 求它的方程.

解　设所求平面的法向量为 $\boldsymbol{n}$, 则由题意, $\boldsymbol{n}$ 不仅与向量 $\overrightarrow{M_1M_2}$ 垂直, 而且与已知平面的法向量 $\boldsymbol{n}_1=\{1,1,1\}$ 垂直. 因此,

$$\boldsymbol{n}=\boldsymbol{n}_1\times\overrightarrow{M_1M_2}=\begin{vmatrix}\boldsymbol{i} & \boldsymbol{j} & \boldsymbol{k}\\ 1 & 1 & 1\\ -1 & 0 & -2\end{vmatrix}=-2\boldsymbol{i}+\boldsymbol{j}+\boldsymbol{k}.$$

这样, 得到所求平面方程为

$$-2(x-1)+(y-1)+(z-1)=0,$$

即

$$2x - y - z = 0.$$

1.5.3 点到平面的距离

我们先来定义一个向量在数轴上的投影. 设空间中有一点 A 和数轴 $\boldsymbol{u}$, 通过点 A 作垂直于数轴 $\boldsymbol{u}$ 的平面 π, 那么平面 π 与数轴 $\boldsymbol{u}$ 的交点 A' 叫做点 A 在数轴 $\boldsymbol{u}$ 上的**投影**. 已知 $\overrightarrow{AB}$ 的始点 A 和终点 B, 在数轴 $\boldsymbol{u}$ 上的投影分别为 A', B'(图 1-18), 而 A', B' 在 $\boldsymbol{u}$ 轴上的坐标分别为 u_A, u_B. 那么, 把 $u_B - u_A$ 叫做向量 $\overrightarrow{AB}$ 在 $\boldsymbol{u}$ 轴上的**投影**, 记作 $\mathrm{Prj}_{\boldsymbol{u}}\overrightarrow{AB}$, 即

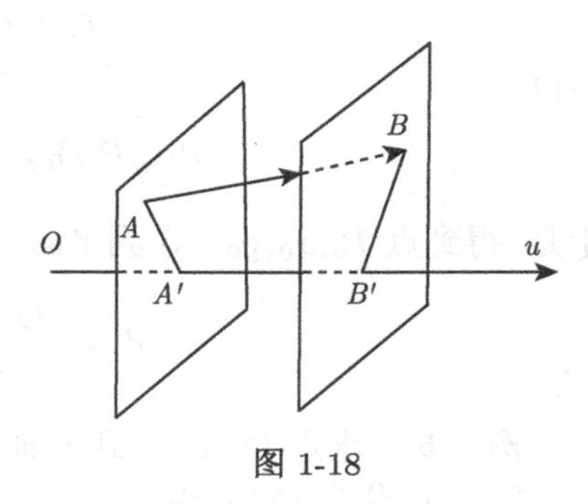

图 1-18

$$\mathrm{Prj}_{\boldsymbol{u}}\overrightarrow{AB} = u_B - u_A.$$

根据数量积的定义, 容易看出

$$\mathrm{Prj}_{\boldsymbol{u}}\overrightarrow{AB} = |\overrightarrow{AB}|\cos\theta = \overrightarrow{AB}\cdot\boldsymbol{u}^0, \tag{5.6}$$

其中 $\boldsymbol{u}^0$ 是与数轴正向一致的单位向量.

现在我们研究平面 $Ax+By+Cz+D=0$ 外一点 $P_0(x_0, y_0, z_0)$ 到该平面的距离. 在平面上任取一点 $P_1(x_1, y_1, z_1)$, 作一法向量 $\boldsymbol{n}$, 则所求的距离为

$$d = |\mathrm{Prj}_{\boldsymbol{n}}\overrightarrow{P_1P_0}|,$$

见图 1-19. 设 $\boldsymbol{n}^0$ 是与向量 $\boldsymbol{n}$ 方向一致的单位向量. 那么, 由 (5.6) 式得到

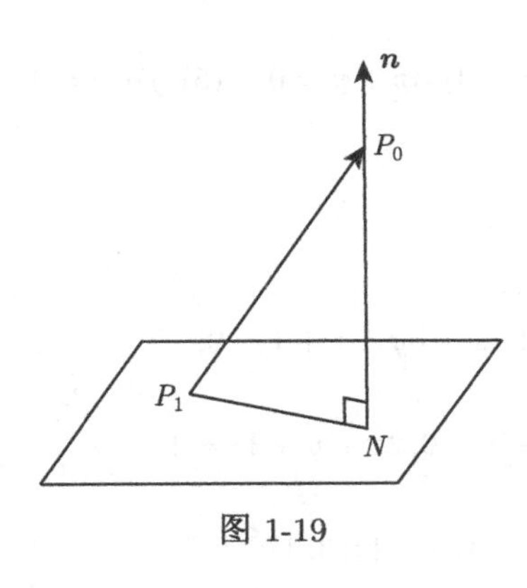

图 1-19

$$\mathrm{Prj}_{\boldsymbol{n}}\overrightarrow{P_1P_0} = \overrightarrow{P_1P_0}\cdot\boldsymbol{n}^0.$$

而

$$\boldsymbol{n}^0 = \left\{\frac{A}{\sqrt{A^2+B^2+C^2}}, \frac{B}{\sqrt{A^2+B^2+C^2}}, \frac{C}{\sqrt{A^2+B^2+C^2}}\right\},$$

$$\overrightarrow{P_1P_0} = \{x_0 - x_1, y_0 - y_1, z_0 - z_1\},$$

所以

$$\mathrm{Prj}_{\boldsymbol{n}}\overrightarrow{P_1P_0} = \frac{A(x_0 - x_1)}{\sqrt{A^2+B^2+C^2}} + \frac{B(y_0 - y_1)}{\sqrt{A^2+B^2+C^2}} + \frac{C(z_0 - z_1)}{\sqrt{A^2+B^2+C^2}}$$

$$= \frac{Ax_0 + By_0 + Cz_0 - (Ax_1 + By_1 + Cz_1)}{\sqrt{A^2 + B^2 + C^2}}.$$

注意到

$$Ax_1 + By_1 + Cz_1 + D = 0,$$

所以,

$$\mathrm{Prj}_{\boldsymbol{n}} \overrightarrow{P_1 P_0} = \frac{Ax_0 + By_0 + Cz_0 + D}{\sqrt{A^2 + B^2 + C^2}}.$$

于是, 得到点 $P_0(x_0, y_0, z_0)$ 到平面 $Ax + By + Cz + D = 0$ 的距离为

$$d = \frac{|Ax_0 + By_0 + Cz_0 + D|}{\sqrt{A^2 + B^2 + C^2}}. \tag{5.7}$$

例 5.5 求点 (2, 1, 1) 到平面 $x + y - z + 1 = 0$ 的距离.

解 由公式 (5.7), 得

$$d = \frac{|2 + 1 - 1 + 1|}{\sqrt{1^2 + 1^2 + (-1)^2}} = \sqrt{3}.$$

习 题 1.5

1. 指出下列各平面的特点, 并画图.

(1) $x = 0$; (2) $3y - 1 = 0$; (3) $2x - 3y - 6 = 0$; (4) $3x + y = 0$; (5) $y + z = 1$.

2. 求下列平面的方程:

(1) 过点 $M_0(1, 2, 3)$, 法向量 $\boldsymbol{n} = \{1, 1, 1\}$;

(2) 过点 $A(1, 3, 5), B(6, -1, 4), C(4, 2, 1)$;

(3) 过点 $M_0(-1, -5, 4)$, 平行于平面 $3x - 2y + 6 = 0$;

(4) 过点 $A(3, -1, 4)$ 和 $B(1, 0, -3)$, 且垂直于平面 $2x + 5y + z + 1 = 0$;

(5) 过点 $M_0(4, -1, 6)$ 和 y 轴;

(6) 过原点 $O(0, 0, 0)$, 且垂直于两平面 $x - y + z + 1 = 0, 2x + y - 3z = 1$;

(7) 过点 $M_0(4, 1, 1)$, 垂直于 y 轴;

(8) 过点 $M_0(-2, -1, 3)$, 平行于两向量 $\boldsymbol{a} = \{-1, 2, 3\}, \boldsymbol{b} = \{1, 3, 4\}$;

(9) 垂直平分过原点和 $M_0(1, 2, 3)$ 的连线;

(10) 在三个坐标轴上的截距分别为 $-1, 2, 3$.

3. 求通过两点 $(0, 4, -3), (6, -4, 3)$, 且三个坐标轴上截距之和为零的平面方程.

4. 求三平面 $x + 3y + z = 1, 2x - y - z = 0, -x + 2y + 2z = 3$ 的交点.

5. 求平面 $2x - 2y + z + 5 = 0$ 与各坐标平面的夹角的余弦.

6. 求下列各对平面的夹角:

(1) $2x - y + z - 7 = 0, x + y + 2z - 11 = 0$;

(2) $2x + y - 2z - 4 = 0, 3x + 6y - 2z - 12 = 0$.

7. 求点 $(1,2,1)$ 到平面 $x+2y+2z-10=0$ 的距离.

8. 在 z 轴上求出与两平面 $12x+9y+20z-19=0$ 和 $16x-12y+15z-9=0$ 等距离的点.

9. 设一平面在三坐标轴上的截距为 a,b,c. 求证: $\frac{1}{p^2}=\frac{1}{a^2}+\frac{1}{b^2}+\frac{1}{c^2}$, 其中 p 为原点到平面的距离.

1.6 直线及其方程

1.6.1 空间直线的方程

首先注意到, 任何一条空间直线 L, 都可以看作通过该直线的两个不重合平面 π_1 和 π_2 的交线. 设过空间直线 L 的两个平面 $\pi_1: A_1x+B_1y+C_1z+D_1=0$, $\pi_2: A_2x+B_2y+C_2z+D_2=0$, 满足法向量 $\boldsymbol{n}_1$ 和 $\boldsymbol{n}_2$ 不平行. 则 L 上的任何点的坐标应满足方程组

$$\begin{cases}A_1x+B_1y+C_1z+D_1=0,\\A_2x+B_2y+C_2z+D_2=0.\end{cases}\tag{6.1}$$

反之, 如果点 M 不在直线 L 上, 那么它不可能同时在不相同的平面 π_1 和 π_2 上. 所以, 它的坐标不能满足方程组 (6.1). 因此, 直线 L 可以用方程组 (6.1) 来表示. 方程组 (6.1) 叫做空间直线的**一般式方程**.

根据向量的向量积定义, 向量

$$\boldsymbol{s}=\{A_1,B_1,C_1\}\times\{A_2,B_2,C_2\}$$

是一个与直线 L 平行的向量. 如果 $M_0(x_0,y_0,z_0)$ 是直线 L 上的一个给定点, 那么直线 L 的位置就由 M_0 和 $\boldsymbol{n}_1\times\boldsymbol{n}_2$ 完全确定了. 假设 $M(x,y,z)$ 是直线 L 上的任一点, 且 $\boldsymbol{s}=\{m,n,p\}$, 那么, $\overrightarrow{M_0M}=\{x-x_0,y-y_0,z-z_0\}$ 和 $\{m,n,p\}$ 平行, 进而它们的对应坐标成比例,

$$\frac{x-x_0}{m}=\frac{y-y_0}{n}=\frac{z-z_0}{p}.\tag{6.2}$$

反之, 若点 M 不在直线 L 上, 那么由于 $\overrightarrow{M_0M}$ 与 $\boldsymbol{s}$ 不平行, 两个向量的对应坐标就不成比例. 因此, 方程组 (6.2) 是直线 L 的方程. (6.2) 式叫做直线 L 的**点向式方程**, 向量 $\boldsymbol{s}$ 叫做 L 的**方向向量**, 方向向量的坐标 m,n,p 叫做直线的一组**方向数**.

在 (6.2) 式中, 若设

$$\frac{x-x_0}{m}=\frac{y-y_0}{n}=\frac{z-z_0}{p}=t,$$

其中 t 是随 $\{x,y,z\}$ 而变化的, 叫做参数, 那么,

$$\begin{cases} x = x_0 + mt, \\ y = y_0 + nt, \\ z = z_0 + pt. \end{cases} \tag{6.3}$$

方程组 (6.3) 叫做直线 L 的**参数式方程**.

例 6.1　试用点向式方程和参数式方程来表示直线

$$\begin{cases} x + y + z + 1 = 0, \\ 2x - y + 3z + 4 = 0. \end{cases}$$

解　任取 $x_0 = 1$, 代入直线方程后, 解得 $y_0 = 0$, $z_0 = -2$. 这样, 找到这直线上的一点 $M_0(1,0,-2)$.

由于 $\boldsymbol{n}_1 = \{1,1,1\}, \boldsymbol{n}_2 = \{2,-1,3\}$, 所以, 方向向量

$$\boldsymbol{s} = \boldsymbol{n}_1 \times \boldsymbol{n}_2 = \begin{vmatrix} \boldsymbol{i} & \boldsymbol{j} & \boldsymbol{k} \\ 1 & 1 & 1 \\ 2 & -1 & 3 \end{vmatrix} = 4\boldsymbol{i} - \boldsymbol{j} - 3\boldsymbol{k}.$$

因此, 直线的点向式方程为

$$\frac{x-1}{4} = \frac{y}{-1} = \frac{z+2}{-3}.$$

令 $\dfrac{x-1}{4} = \dfrac{y}{-1} = \dfrac{z+2}{-3} = t$, 得到直线的参数方程为

$$\begin{cases} x = 4t + 1, \\ y = -t, \\ z = -3t - 2. \end{cases}$$

1.6.2　两直线的夹角

两直线的方向向量的夹角叫做两直线的**夹角**. 设有直线 L_1

$$\frac{x - x_1}{m_1} = \frac{y - y_1}{n_1} = \frac{z - z_1}{p_1}$$

和直线 L_2

$$\frac{x - x_2}{m_2} = \frac{y - y_2}{n_2} = \frac{z - z_2}{p_2}.$$

那么, 直线 L_1 和 L_2 的方向向量分别为

$$\boldsymbol{s}_1 = \{m_1, n_1, p_1\}, \quad \boldsymbol{s}_2 = \{m_2, n_2, p_2\}.$$

因此, L_1 和 L_2 的夹角 θ 可由

$$\cos\theta = |\cos(\widehat{\boldsymbol{s}_1, \boldsymbol{s}_2})| = \frac{|m_1m_2 + n_1n_2 + p_1p_2|}{\sqrt{m_1^2 + n_1^2 + p_1^2} \cdot \sqrt{m_2^2 + n_2^2 + p_2^2}} \tag{6.4}$$

来确定.

由此进一步推出如下结论:

$$L_1 \perp L_2 \Leftrightarrow m_1m_2 + n_1n_2 + p_1p_2 = 0;$$

$$L_1 // L_2 \Leftrightarrow \frac{m_1}{m_2} = \frac{n_1}{n_2} = \frac{p_1}{p_2}.$$

例 6.2 求直线 L_1: $\dfrac{x-1}{1} = \dfrac{y}{-4} = \dfrac{z+3}{1}$ 和直线L_2: $\dfrac{x}{2} = \dfrac{y+2}{-2} = \dfrac{z}{-1}$ 的夹角.

解 显然, $\boldsymbol{s}_1 = \{1, -4, 1\}$, $\boldsymbol{s}_2 = \{2, -2, -1\}$. 故由 (6.4) 式得到

$$\cos\theta = \frac{|1 \times 2 + (-4) \times (-2) + 1 \times (-1)|}{\sqrt{1^2 + (-4)^2 + 1^2} \cdot \sqrt{2^2 + (-2)^2 + (-1)^2}} = \frac{\sqrt{2}}{2}.$$

所以, $\theta = \dfrac{\pi}{4}$.

1.6.3 直线与平面的夹角

直线和它在平面上的投影直线所做成的两邻角中的任何一个, 均可定义为直线与平面的夹角 θ, 如图 1-20. 这两个角互为补角, 它们的正弦相等. 不妨规定 $0 \leqslant \theta \leqslant \dfrac{\pi}{2}$.

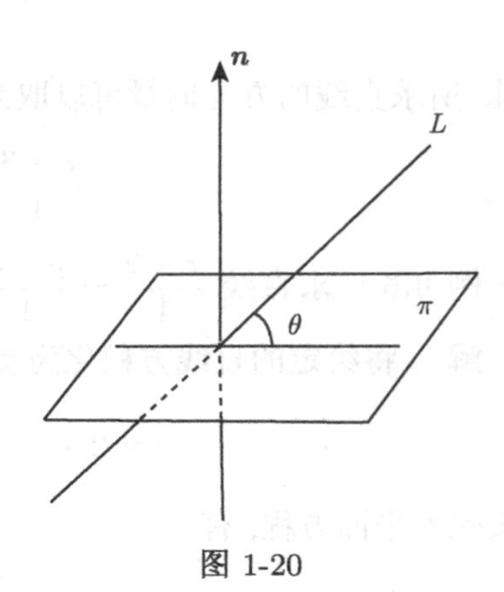

图 1-20

设直线 L 的方程为

$$\frac{x-x_0}{m} = \frac{y-y_0}{n} = \frac{z-z_0}{p},$$

平面 π 的方程为

$$Ax + By + Cz + D = 0.$$

因直线的方向向量 $\boldsymbol{s} = \{m, n, p\}$ 与平面的法向量 $\boldsymbol{n} = \{A, B, C\}$ 的夹角为 $\dfrac{\pi}{2} - \theta$ 或 $\dfrac{\pi}{2} + \theta$, 而

$$\sin\theta = \cos\left(\frac{\pi}{2} - \theta\right) = \left|\cos\left(\frac{\pi}{2} + \theta\right)\right|,$$

所以,

$$\sin\theta = \frac{|Am + Bn + Cp|}{\sqrt{A^2 + B^2 + C^2} \cdot \sqrt{m^2 + n^2 + p^2}}. \tag{6.5}$$

由此, 进一步得出关于直线 L 和平面 π 的如下结论:

$$L\perp\pi \Leftrightarrow \frac{A}{m}=\frac{B}{n}=\frac{C}{P};$$

$$L//\pi \Leftrightarrow Am+Bn+Cp=0.$$

例 6.3　求过点 $(1,-2,4)$ 且与平面 $2x-3y+z-4=0$ 垂直的直线方程.

解　因为所求直线垂直于已知平面, 所以可取已知平面的法向量 $\{2,-3,1\}$ 作为所求直线的方向向量. 由此可得所求直线方程为

$$\frac{x-1}{2}=\frac{y+2}{-3}=\frac{z-4}{1}.$$

1.6.4　应用举例

例 6.4　求过点 $(-3,2,5)$ 且与两平面 $x-4z-3=0$ 和 $2x-y-5z+1=0$ 的交线平行的直线方程.

解　设两平面的交线的方向向量为 $\boldsymbol{s}$, 则

$$\boldsymbol{s}=\boldsymbol{n}_1\times\boldsymbol{n}_2=\begin{vmatrix}\boldsymbol{i} & \boldsymbol{j} & \boldsymbol{k}\\ 1 & 0 & -4\\ 2 & -1 & -5\end{vmatrix}=-4\boldsymbol{i}-3\boldsymbol{j}-\boldsymbol{k}.$$

因此, 所求直线的方向向量可以取为 $\{4,3,1\}$. 这样, 得到所求的直线方程为

$$\frac{x+3}{4}=\frac{y-2}{3}=\frac{z-5}{1}.$$

例 6.5　求直线 $\dfrac{x-2}{1}=\dfrac{y-3}{1}=\dfrac{z-4}{2}$ 与平面 $2x+y+z-6=0$ 的交点.

解　将给定的直线方程化为参数方程得到

$$x=2+t,\quad y=3+t,\quad z=4+2t.$$

将其代入平面方程, 有

$$2(2+t)+(3+t)+(4+2t)-6=0.$$

解得 $t=-1$. 把求得的 t 值代入直线的参数方程中, 即得所求交点的坐标 $(1,2,2)$.

例 6.6　求过点 (2, 1, 3) 并且与直线 $\dfrac{x+1}{3}=\dfrac{y-1}{2}=\dfrac{z}{-1}$ 垂直相交的直线方程.

解　先作过已知点 (2, 1, 3) 且垂直于已知直线的平面, 那么该平面方程应为

$$3(x-2)+2(y-1)-(z-3)=0. \tag{6.6}$$

用例 6.5 的方法, 把已知直线化成参数方程 $x=-1+3t, y=1+2t, z=-t$, 并代入 (6.6) 式求得 $t=\frac{3}{7}$. 从而已知直线和平面 (6.6) 的交点为 $\left(\frac{2}{7}, \frac{13}{7}, -\frac{3}{7}\right)$.

注意以点 (2, 1, 3) 为始点, 点 $\left(\frac{2}{7}, \frac{13}{7}, -\frac{3}{7}\right)$ 为终点的向量为

$$\left\{\frac{2}{7}-2, \frac{13}{7}-1, -\frac{3}{7}-3\right\}=-\frac{6}{7}\{2,-1,4\},$$

它是所求直线的一个方向向量. 故所求直线的方程为

$$\frac{x-2}{2}=\frac{y-1}{-1}=\frac{z-3}{4}.$$

例 6.7 求直线 $\begin{cases} x+y-z-1=0, \\ x-y+z+1=0 \end{cases}$ 在平面 $x+y+z=0$ 上的投影直线的方程.

解 设过直线 $\begin{cases} x+y-z-1=0, \\ x-y+z+1=0 \end{cases}$ 的平面方程为

$$(x+y-z-1)+\lambda(x-y+z+1)=0,$$

即

$$(1+\lambda)x+(1-\lambda)y+(-1+\lambda)z+(-1+\lambda)=0, \tag{6.7}$$

其中 λ 为待定的常数. 这个平面与平面 $x+y+z=0$ 垂直的条件是

$$(1+\lambda)\cdot 1+(1-\lambda)\cdot 1+(-1+\lambda)\cdot 1=0,$$

即

$$\lambda+1=0.$$

由此得 $\lambda=-1$. 代入 (6.7) 式, 得投影平面的方程为 (图 1-21)

$$2y-2z-2=0.$$

也就是, 投影直线的方程为

$$\begin{cases} y-z-1=0, \\ x+y+z=0. \end{cases}$$

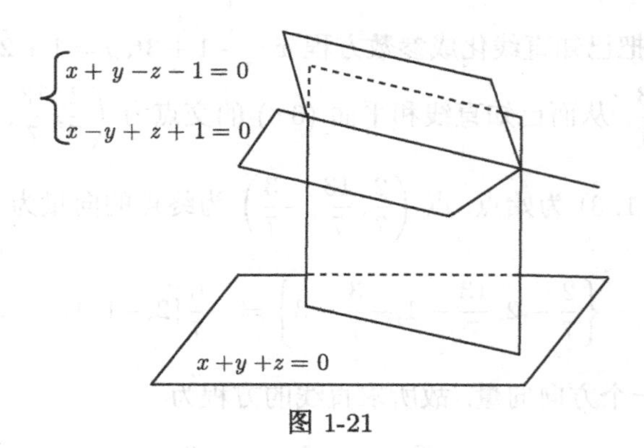

图 1-21

例 6.8 (点到直线的距离)　求点 $M_0(x_0, y_0, z_0)$ 到直线 L

$$\frac{x-x_1}{m}=\frac{y-y_1}{n}=\frac{z-z_1}{p}$$

的距离.

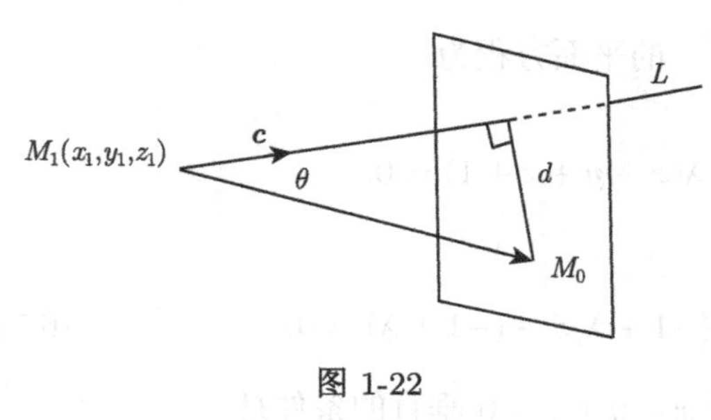

图 1-22

解　引入向量 $\overrightarrow{M_1M_0}=\{x_0-x_1, y_0-y_1, z_0-z_1\}$. 设它与直线 L 的方向向量 $\boldsymbol{c}=\{m,n,p\}$ 的夹角为 θ, 且 $\boldsymbol{c}^0=\dfrac{\boldsymbol{c}}{|\boldsymbol{c}|}$. 则由图 1-22 容易看出, 点 M_0 到直线 L 的距离为

$$d=|\overrightarrow{M_1M_0}|\sin\theta=|\overrightarrow{M_1M_0}||\boldsymbol{c}^0|\sin\theta.$$

注意到

$$|\overrightarrow{M_1M_0}\times\boldsymbol{c}^0|=\frac{|\overrightarrow{M_1M_0}\times\boldsymbol{c}|}{|\boldsymbol{c}|}.$$

于是,

$$d=\frac{|\overrightarrow{M_1M_0}\times\boldsymbol{c}|}{|\boldsymbol{c}|}.$$

例 6.9 (异面直线间的距离)　求异面直线 L_1

$$\frac{x-x_1}{m_1}=\frac{y-y_1}{n_1}=\frac{z-z_1}{p_1}$$

和 L_2

$$\frac{x-x_2}{m_2}=\frac{y-y_2}{n_2}=\frac{z-z_2}{p_2}$$

之间的最短距离 d.

解 由立体几何知道, 两条直线之间的距离, 就是它们之间的公垂线段的长度 d. 设 $\boldsymbol{a}=\{m_1,n_1,p_1\}$, $\boldsymbol{b}=\{m_2,n_2,p_2\}$, 则 $\boldsymbol{a}\times\boldsymbol{b}$ 是既垂直于 $\boldsymbol{a}$, 又垂直于 $\boldsymbol{b}$ 的向量. 因此, L_1 和 L_2 的公垂线的单位向量

$$\boldsymbol{c}^0=\frac{\boldsymbol{a}\times\boldsymbol{b}}{|\boldsymbol{a}\times\boldsymbol{b}|}.$$

连接 L_1 上的点 $M_1(x_1,y_1,z_1)$ 和 L_2 上的点 $M_2(x_2,y_2,z_2)$, 得到向量

$$\overrightarrow{M_1M_2}=\{x_2-x_1,\ y_2-y_1,\ z_2-z_1\}.$$

如图 1-23 所示, 公垂线段长度 d 等于线段 M_1M_2 在公垂线上的投影之长, 因而

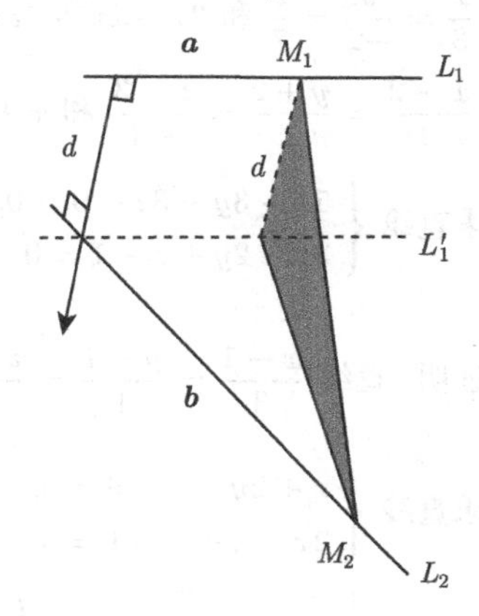

图 1-23

$$d=|\overrightarrow{M_1M_2}\cdot\boldsymbol{c}^0|=\left|\overrightarrow{M_1M_2}\cdot\frac{\boldsymbol{a}\times\boldsymbol{b}}{|\boldsymbol{a}\times\boldsymbol{b}|}\right|=\frac{1}{|\boldsymbol{a}\times\boldsymbol{b}|}\left|[\overrightarrow{M_1M_2}\,\boldsymbol{a}\,\boldsymbol{b}]\right|.$$

习 题 1.6

1. 求满足下列条件的直线方程:

(1) 过点 $(4,-1,3)$ 且平行于直线 $\dfrac{x-3}{2}=y=\dfrac{z-1}{5}$;

(2) 过两点 $A(1,2,-1),B(-2,3,1)$;

(3) 过 $M_0(1,2,-1)$ 并与平面 $3x+2y+4z-1=0$ 垂直;

(4) 过点 $A(1,0,2)$ 并与两平面 $x+2y+3z-1=0,2x-3y+3=0$ 平行.

2. 用点向式方程及参数方程表示直线 $\begin{cases}x-y+z=1,\\2x+y+z=4.\end{cases}$

3. 求满足下列条件的平面方程:

(1) 过点 $(2,0,-3)$ 且与直线 $\begin{cases}x-2y+4z-7=0,\\3x+5y-2z+1=0\end{cases}$ 垂直;

(2) 过点 (1,1,1) 且过直线 $\begin{cases}x+y-z=0,\\x-y+z=1;\end{cases}$

(3) 包含两条直线 $\dfrac{x-1}{1}=\dfrac{y-2}{-2}=\dfrac{z-1}{1}$ 和 $\dfrac{x-1}{-1}=\dfrac{y+1}{2}=\dfrac{z-2}{-1}$;

(4) 通过直线 $\dfrac{x-2}{5}=\dfrac{y+1}{2}=\dfrac{z-2}{4}$ 且垂直于平面 $x+4y-3z+7=0$.

4. 试确定下列各组中的直线和平面间的关系:

(1) $\dfrac{x+3}{-2}=\dfrac{y+4}{-7}=\dfrac{z}{3}$ 和 $4x-2y-2z=3$;

(2) $\dfrac{x}{3}=\dfrac{y}{-2}=\dfrac{z}{7}$ 和 $3x-2y+7z-8=0$;

(3) $\dfrac{x-2}{3}=\dfrac{y+2}{1}=\dfrac{z-3}{-4}$ 和 $x+y+z=3$.

5. 求直线 $\begin{cases}5x-3y+3z-9=0,\\3x-2y+z-1=0\end{cases}$ 与直线 $\begin{cases}2x+2y-z+36=0,\\3x+8y+z-18=0\end{cases}$ 的夹角的余弦.

6. 证明: 直线 $\dfrac{x-1}{3}=\dfrac{y-1}{1}=\dfrac{z-5}{5}$ 与直线 $\begin{cases}3x+6y-3z=1,\\2x-y-z=0\end{cases}$ 平行.

7. 求直线 $\begin{cases}x+2y-z-6=0,\\2x-y+z+1=0\end{cases}$ 和平面 $x+y+z-9=0$ 的夹角和交点.

8. 求过点 $M_0(1,1,2)$ 且与直线 $\begin{cases}x-y+z=1,\\2x+y+z=4\end{cases}$ 垂直相交的直线方程.

9. 求点 $(1,2,3)$ 到直线 $\begin{cases}x+y-z=1,\\2x+z=3\end{cases}$ 的距离.

10. 求点 $(3,2,6)$ 在直线 $\dfrac{x}{1}=\dfrac{y+7}{2}=\dfrac{z-3}{-1}$ 上的投影.

11. 求点 (2,1,1) 在平面 $x+2y-z+1=0$ 上的投影.

12. 从点 $(0,-1,1)$ 作直线 $\begin{cases}y+1=0,\\x+2z-7=0\end{cases}$ 的垂线, 求此垂线的方程和长度.

13. 求两直线 $\begin{cases}x+y-z=1,\\2x+z=3\end{cases}$ 和 $x=y=z-1$ 间的距离.

14. 证明直线 $\begin{cases}2x+3y-z-1=0,\\x+y-3z=0\end{cases}$ 与直线 $\begin{cases}x+5y+4z-3=0,\\x+2y+2z-1=0\end{cases}$ 相交, 并求出两直线所在平面的方程.

15. 求直线 $\begin{cases}3x-4y+z=0,\\3x-y-2z-9=0\end{cases}$ 在平面 $4x-y+z=1$ 上的投影直线方程.

1.7　二 次 曲 面

由 1.5 节知道, 三元一次方程

$$Ax+By+Cz+D=0,\quad 其中A^2+B^2+C^2\neq 0$$

在空间直角坐标系中表示一平面. 与此类似, 若一个三元方程

$$G(x,y,z)=0 \tag{7.1}$$

和某空间曲面 S 建立如下对应关系:

(1) 曲面 S 上任一点的坐标都满足方程 (7.1);

(2) 不在曲面 S 上的点的坐标不满足方程 (7.1),

则称方程 (7.1) 为曲面 S 的**方程**, 曲面 S 称为方程 (7.1) 所表示的图形, 简称**曲面**(7.1).

首先, 讨论比较常见的三元二次方程所表示的曲面. 称三元二次方程表示的曲面为**二次曲面**.

三元二次方程的一般形式为

$$F(x,y,z)\equiv ax^2+by^2+cz^2+dxy+eyz+fzx+gx+hy+kz+l=0, \tag{7.2}$$

其中 $a,b,c,\cdots,l$ 为常数, 称为**系数**. 我们要说明, 随着这些系数的不同, 方程 (7.2) 表示的曲面形状也不同. 为了解它的形状, 我们采取用坐标平面和平行于坐标面的平面与曲面 (7.2) 相截, 这时所得到的交线自然是平面上的二次曲线. 考察这些交线 (截痕) 的形状, 然后加以分析综合, 了解曲面全貌. 这种方法叫做**截痕法**.

1.7.1 球面

给定空间的一点 $M_0(x_0,y_0,z_0)$. 若 $M(x,y,z)$ 是以 M_0 为心, 以 R 为半径的球面上任一点 (图 1-24), 那么

$$|M_0M|=R.$$

由两点间距离公式, 得 M 点坐标满足方程

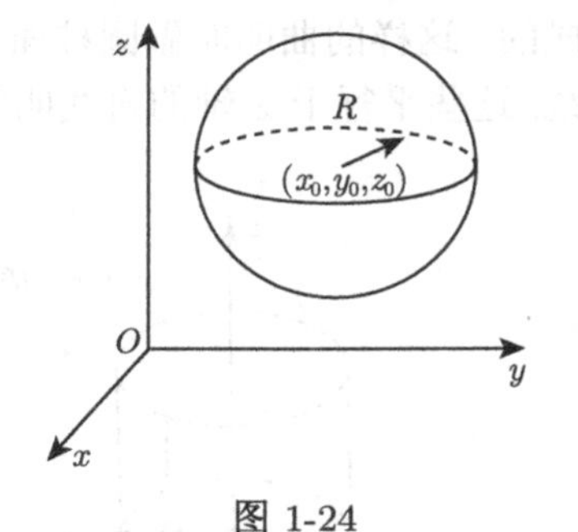

图 1-24

$$(x-x_0)^2+(y-y_0)^2+(z-z_0)^2=R^2. \tag{7.3}$$

这是一个以 (x_0,y_0,z_0) 为心, 以 R 为半径的球面方程.

如果球心在原点, 即 $x_0=y_0=z_0=0$, 球面方程变为

$$x^2+y^2+z^2=R^2.$$

例 7.1 方程

$$x^2+y^2+z^2-2ax-2by-2cz+d=0 \tag{7.4}$$

在什么条件下表示球面?

解　通过配方, 方程可改写成

$$(x-a)^2+(y-b)^2+(z-c)^2=a^2+b^2+c^2-d.$$

因此, 当 $a^2+b^2+c^2>d$ 时, (7.4) 式表示以 (a,b,c) 为心, 以 $\sqrt{a^2+b^2+c^2-d}$ 为半径的球面.

1.7.2　柱面

先来考察方程

$$x^2+y^2=R^2 \tag{7.5}$$

所表示的曲面.

在平面直角坐标系中, 方程 $x^2+y^2=R^2$ 表示 xOy 面上的一个以原点 O 为心, 以 R 为半径的圆. 这相当于用平面 $z=0$ 去截曲面 (7.5) 得到的截痕. 在空间直角坐标系中, 这个方程不含 z, 即不论空间点 M 的竖坐标 z 如何, 只要它的横坐标 x 和纵坐标 y 能满足方程 (7.5), 那么这个点 M 就在曲面上. 这就是说, 凡是通过 xOy 面内的圆 $x^2+y^2=R^2$ 上一点且平行于 z 轴的直线都在这个曲面上. 因此, 该曲面可看作由平行于 z 轴的直线沿着 xOy 面上的圆 $x^2+y^2=R^2$ 移动而形成的. 这样的曲面叫做圆柱面 (图 1-25). xOy 面上的圆 $x^2+y^2=R^2$ 叫做它的**准线**, 这些平行于 z 轴的直线叫做它的**母线**.

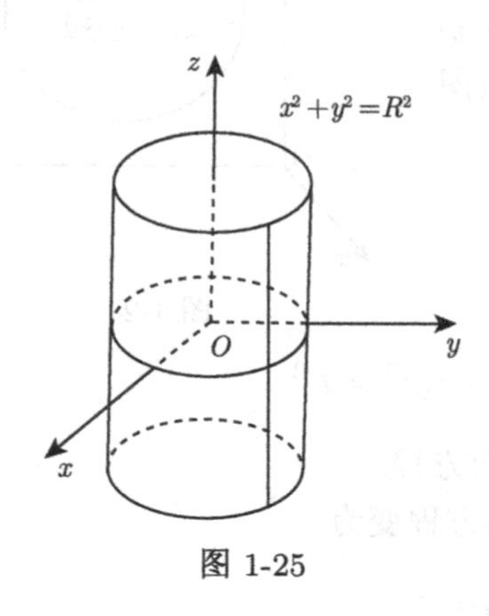

图 1-25

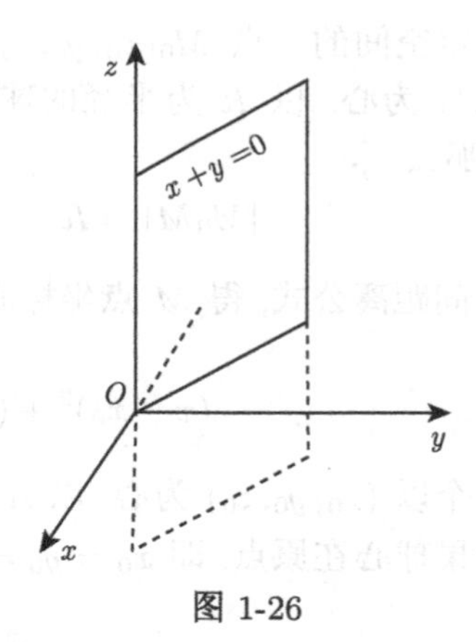

图 1-26

一般地, 平行于定直线并沿定曲线 C 移动的直线 L 所形成的轨迹叫做**柱面**. 定曲线 C 叫做该柱面的准线, 动直线 L 叫做柱面的母线. 特别, 当柱面的准线 C 是某一坐标平面上的二次曲线时, 则称该柱面为**二次柱面**. 二次柱面是常见的柱面.

根据柱面的定义不难看出, 母线平行于坐标轴, 例如 z 轴的柱面, 其方程中不含 z 而只含 x 和 y, 其准线是 xOy 面上的曲线. 例如, 在上述例子中, 不含 z 的方

程 $x^2+y^2=R^2$ 在空间直角坐标系中表示圆柱面, 其母线平行于 z 轴, 准线是 xOy 面上的圆 $x^2+y^2=R^2$. 又如, 平面 $x+y=0$ 也可看成母线平行于 z 轴的柱面, 其准线是 xOy 面上的直线 $y=-x$(图 1-26). 常见的柱面除了圆柱面和平面外, 还有

椭圆柱面(图 1-27(a)) $\dfrac{x^2}{a^2}+\dfrac{y^2}{b^2}=1$;

抛物柱面(图 1-27(b)) $y=ax^2$;

双曲柱面(图 1-27(c)) $\dfrac{x^2}{a^2}-\dfrac{y^2}{b^2}=1$.

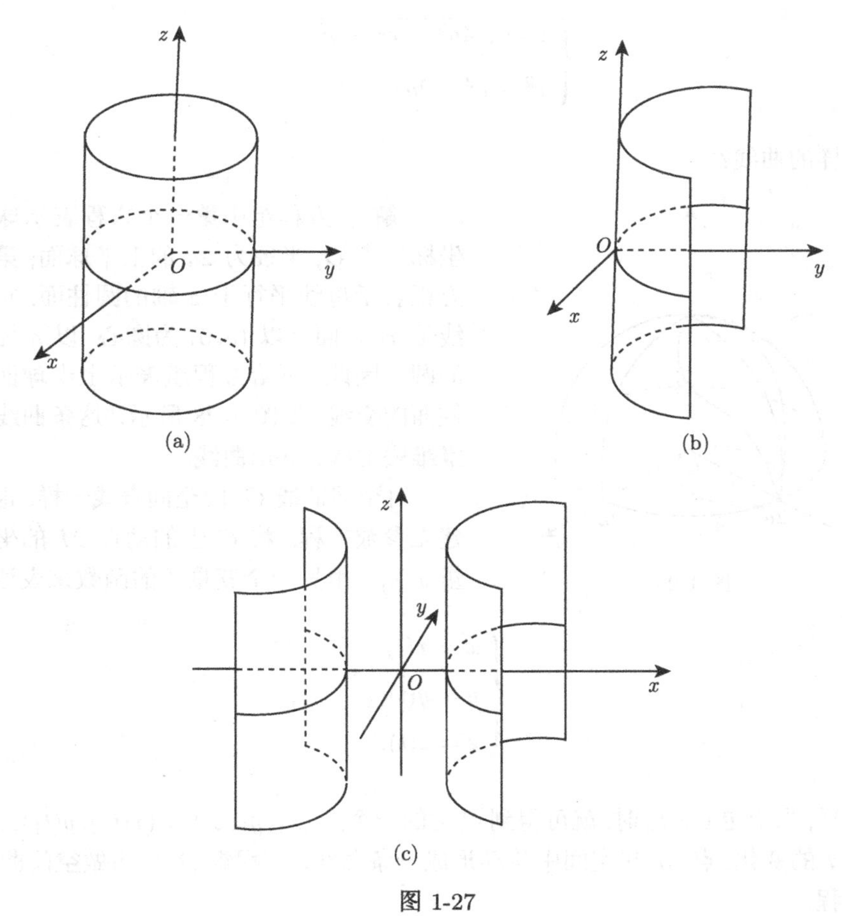

图 1-27

1.7.3 空间曲线和它的投影柱面

正如把直线看作两个平面的交线一样, 空间曲线可以看作两个曲面的交线.

设有两个曲面 $F(x,y,z)=0$ 和 $G(x,y,z)=0$, 它们的交线为 C. 因为曲线 C

上的任何点的坐标应同时满足这两个曲面的方程, 所以应满足方程组

$$\begin{cases} F(x,y,z)=0, \\ G(x,y,z)=0. \end{cases} \tag{7.6}$$

反过来, 如果点 M 不在曲线 C 上, 那么它不可能同时在两个曲面上, 所以它的坐标不能满足方程组 (7.6), 因此, 方程组 (7.6) 叫做**空间曲线C的一般方程**.

例 7.2　方程组

$$\begin{cases} z=\sqrt{4a^2-x^2-y^2}, \\ x^2+y^2-2ax=0 \end{cases}$$

表示怎样的曲线?

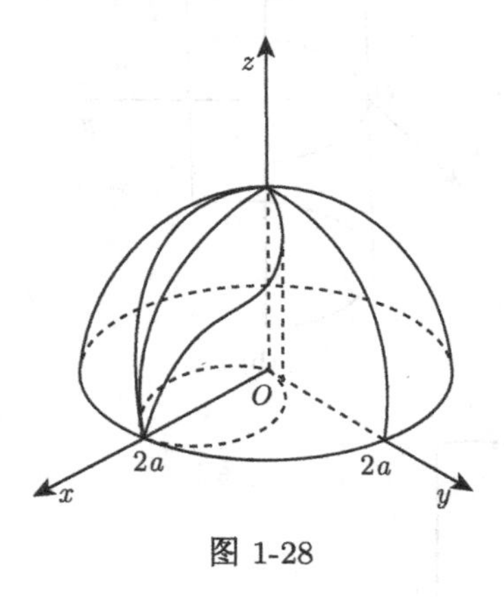

图 1-28

解　方程组中第一个方程表示球心在坐标原点 O, 半径为 $2a$ 的上半球面; 第二个方程表示母线平行于 z 轴的圆柱面, 它的准线是 xOy 面上以 $(a,0)$ 为圆心, 以 a 为半径的圆. 因此, 所给方程组表示上半球面与圆柱面的交线, 如图 1-28 所示. 这条曲线叫做**维维安尼**(Viviani)**曲线**.

对空间曲线 C, 同空间直线一样, 也可以建立参数方程. 将 C 上的动点 M 的坐标分量 x,y,z 用另一个变量 t 的函数来表达,

$$\begin{cases} x=x(t), \\ y=y(t), \\ z=z(t). \end{cases} \tag{7.7}$$

这样, 当给定 $t=t_1$ 时, 就可得到 C 上的一个点 $(x_1,y_1,z_1)=(x(t_1),y(t_1),z(t_1))$, 而随着 t 的变化, 点 M 在空间中移动形成一条曲线. 方程组 (7.7) 叫做**空间曲线的参数方程**.

例 7.3　空间一动点 $M(x,y,z)$ 在圆柱面 $x^2+y^2=a^2$ 上变化. 一方面以匀角速度 ω 绕 z 轴旋转, 同时又以线速度 v 沿着铅直方向上升. 动点与 x 轴上的一点 $A(a,0,0)$ 重合, 经过时间 t, 动点由 A 运动到 $M(x,y,z)$(图 1-29). 求曲线的参数方程.

解 记 M 在 xOy 面上的投影为 M', M' 的坐标为 $(x,y,0)$. 由于动点在圆柱面上以角速度 ω 绕 z 轴旋转, 所以经过时间 t, $\angle AOM'=\omega t$, 从而

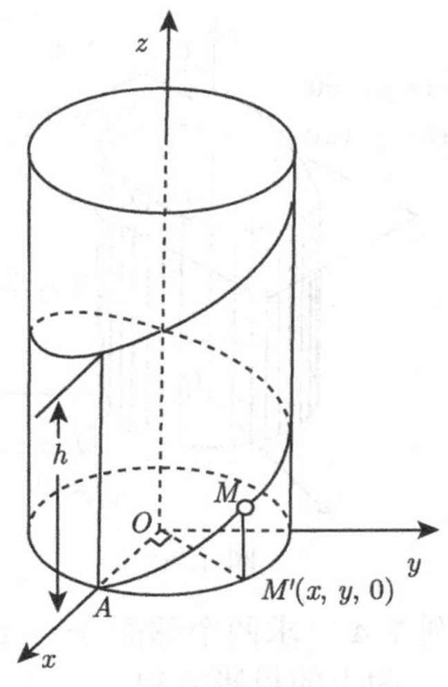

图 1-29

$$x=|OM'|\cos\angle AOM'=a\cos\omega t,$$
$$y=|OM'|\sin\angle AOM'=a\sin\omega t.$$

又由于动点同时以线速度 v 沿平行于 z 轴的正向上升, 所以,

$$z=M'M=vt.$$

于是, 所求螺旋线的参数方程为

$$\begin{cases}x=a\cos\omega t,\\ y=a\sin\omega t,\\ z=vt.\end{cases}$$

现在, 考察空间曲线 C

$$\begin{cases}F(x,y,z)=0,\\ G(x,y,z)=0\end{cases}$$

在 xOy 面上的投影. 自 C 上每一点向 xOy 面上引垂线, 那么垂足在 xOy 面上的轨迹是一条平面曲线. 把这个曲线叫做空间曲线 C 在 xOy 面上的**投影曲线**. 这时, 那些垂线在空间又生成一个曲面, 它是以空间曲线 C 为准线、母线平行于 z 轴 (即垂直于 xOy 面) 的柱面, 这个柱面叫做空间曲线 C 关于 xOy 面的**投影柱面**.

由于投影柱面平行于 z 轴, 并且它必定包含曲线 C, 因此, 在 C 的方程 (7.6) 中消去变量 z 后所得到的方程

$$H(x,y)=0 \tag{7.8}$$

便是该投影柱面的方程. 而方程组

$$\begin{cases}H(x,y)=0,\\ z=0\end{cases} \tag{7.9}$$

是曲线 C 在 xOy 面上的投影曲线方程 (图 1-30).

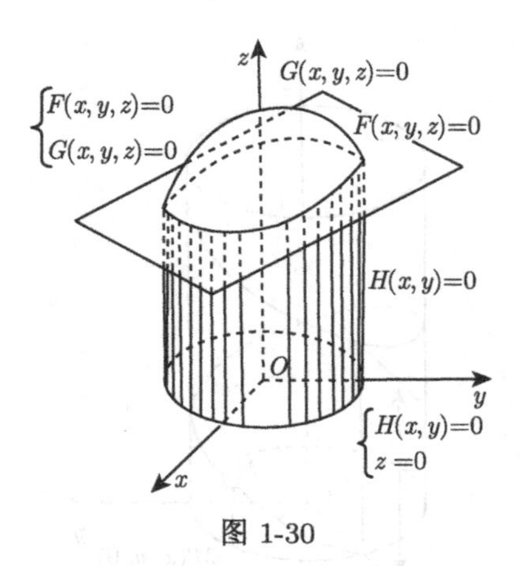

图 1-30

同理, 消去方程组 (7.6) 中的变量 x 或变量 y, 分别得到空间曲线 C 关于 yOz 面或 xOz 面上的投影柱面

$$R(y,z)=0 \quad 或 \quad T(x,z)=0.$$

再把它们分别与 $x=0$ 或 $y=0$ 联立, 便得相应的投影曲线的方程

$$\begin{cases} R(y,z)=0, \\ x=0 \end{cases} \quad 或 \quad \begin{cases} T(x,z)=0, \\ y=0. \end{cases}$$

例 7.4　求两个球面 $x^2+y^2+z^2=1$ 和 $x^2+(y-1)^2+(z-1)^2=1$ 的交线在 xOy 面上的投影方程.

解　所给的两个方程相减得

$$y+z=1.$$

将 $z=1-y$ 代入所给方程中的一个方程, 得投影柱面方程

$$x^2+2y^2-2y=0.$$

因此, 所给投影方程为

$$\begin{cases} x^2+2y^2-2y=0, \\ z=0. \end{cases}$$

这是 xOy 平面上的一个椭圆.

1.7.4　旋转曲面

一条平面曲线绕其所在平面上的一条定直线旋转一周所生成的曲面叫做**旋转曲面**, 这条定直线叫做旋转曲面的轴.

设曲线 C 是 yOz 面上的一条曲线, 它的方程为

$$f(y,z)=0.$$

现在求曲线 C 绕 z 轴旋转得到的曲面方程.

设 $M(x,y,z)$ 是旋转曲面上任意一点. 假设它是由曲线 C 上一点 $M_1(0,y_1,z_1)$ 绕 z 轴旋转得到的. 由于 M_1 在 C 上, 所以

$$f(y_1,z_1)=0.$$

注意到 $z_1 = z, y_1 = \pm\sqrt{x^2+y^2}$, 将它们代入上式, 便得

$$f(\pm\sqrt{x^2+y^2}, z) = 0. \tag{7.10}$$

这就是说, yOz 面上的曲线 $f(y,z)=0$ 绕 z 轴旋转得到的曲面上的任意点的坐标都满足方程 (7.10). 称方程 (7.10) 为**旋转曲面的方程**.

同理, 曲线 C 绕 y 轴旋转所成的旋转曲面的方程为

$$f(y, \pm\sqrt{x^2+z^2}) = 0. \tag{7.11}$$

如果曲线 C 是其他坐标面上的曲线, 且绕该坐标面上的坐标轴旋转, 得到的结果也是类似的.

例 7.5 求 xOy 面上抛物线 $y^2 = 2px, p > 0$ 分别绕 x 轴和 y 轴旋转所得到的曲面方程.

解 根据上面的讨论, $y^2 = 2px$ 绕 x 轴旋转得到的曲面方程为

$$y^2 + z^2 = 2px;$$

$y^2 = 2px$ 绕 y 轴旋转得到的曲面方程为

$$y^4 = 4p^2(x^2+z^2).$$

这两个方程都叫做**旋转抛物面**, 其图形如图 1-31 所示.

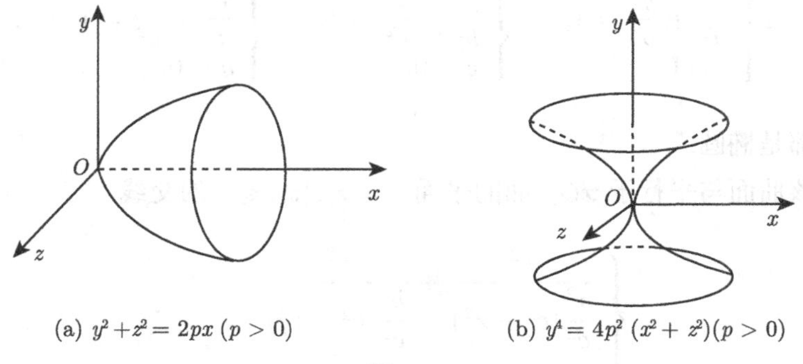

(a) $y^2+z^2=2px\ (p>0)$　　(b) $y^4=4p^2\ (x^2+z^2)(p>0)$

图 1-31

由此可见, 尽管用同一条曲线旋转, 由于旋转轴不同, 所得的曲面往往差别很大.

例 7.6 (圆锥面) 设 $L: z = ay$ 是 yOz 面上一条过原点的直线, 求 L 绕 z 轴旋转所生成的曲面方程.

解　由公式 (7.10) 得所求曲面方程为

$$z = \pm a\sqrt{x^2+y^2}.$$

平方得

$$x^2+y^2-\frac{z^2}{a^2}=0.$$

这个曲面通常叫做**圆锥面**. 常见的圆锥面还有 $x^2=a^2(y^2+z^2)$ 和 $y^2=a^2(x^2+z^2)$.

1.7.5　椭球面

由方程

$$\frac{x^2}{a^2}+\frac{y^2}{b^2}+\frac{z^2}{c^2}=1 \tag{7.12}$$

所表示的曲面叫做**椭球面**, 其中 a,b,c 为正常数.

容易看出 $|x|\leqslant a, |y|\leqslant b, |z|\leqslant c$. 所以, 椭球面 (7.12) 完全包含在一个以原点为心, 以平面

$$x=\pm a,\quad y=\pm b,\quad z=\pm c$$

为面的长方体内. a,b,c 叫做这个**椭球面的半轴**.

为了知道这一曲面的形状, 我们先求出它与三个坐标面的交线, 分别为

$$\begin{cases}\dfrac{x^2}{a^2}+\dfrac{y^2}{b^2}=1,\\ z=0,\end{cases}\qquad \begin{cases}\dfrac{y^2}{b^2}+\dfrac{z^2}{c^2}=1,\\ x=0,\end{cases}\qquad \begin{cases}\dfrac{x^2}{a^2}+\dfrac{z^2}{c^2}=1,\\ y=0.\end{cases}$$

这些交线都是椭圆.

再看该曲面与平行于 xOy 面的平面 $z=z_1, |z_1|\leqslant c$ 的交线

$$\begin{cases}\dfrac{x^2}{\dfrac{a^2}{c^2}(c^2-z_1^2)}+\dfrac{y^2}{\dfrac{b^2}{c^2}(c^2-z_1^2)}=1,\\ z=z_1.\end{cases}$$

这是平面 $z=z_1$ 内的椭圆. 当 z 变动时, 它们的中心都在 z 轴上. 当 $|z_1|$ 由 0 逐渐增大到 c 时, 椭圆的截面由大到小, 最后缩成一点.

同样, 以平面 $y=y_1, |y_1|\leqslant b$ 或 $x=x_1, |x_1|\leqslant a$ 去截椭球面, 分别可得与上述类似的结果.

综上所述, 可知椭球面的形状如图 1-32 所示. 如果 $a=b$, 而 $a>c$, 那么方程 (7.12) 变为

$$\frac{x^2}{a^2}+\frac{y^2}{a^2}+\frac{z^2}{c^2}=1.$$

由 (7.10) 式可知, 该方程表示一个由 xOz 平面上的椭圆

$$\frac{x^2}{a^2}+\frac{z^2}{c^2}=1$$

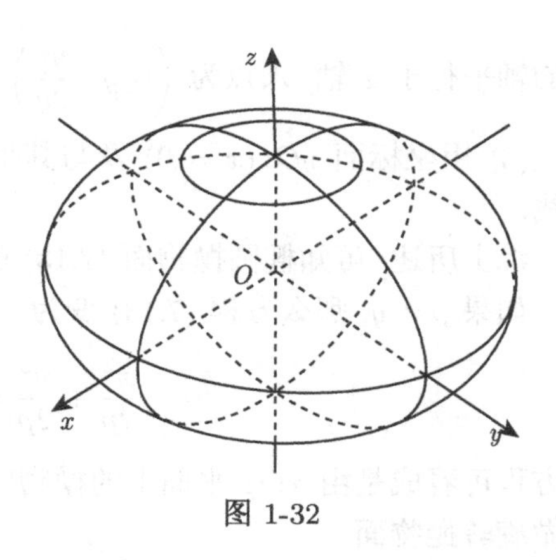

图 1-32

绕短轴 (z 轴) 旋转而成的旋转曲面, 叫做**旋转椭圆面**.

如果 $a=b=c$, 那么方程 (7.12) 变为

$$x^2+y^2+z^2=a^2.$$

该方程表示一个球面. 所以, 我们可以说球面是椭球面的一种特殊情况.

1.7.6 抛物面

由方程

$$\frac{x^2}{2p}+\frac{y^2}{2q}=z, \quad p\text{与}q\text{同号} \tag{7.13}$$

所表示的曲面叫做**椭圆抛物面**. 设 $p>0$, $q>0$, 我们用截痕法考察它的形状.

(1) 用坐标面 $xOy(z=0)$ 与该曲面相截, 截得一点为原点 $(0,0,0)$, 用平面 $z=z_1, z_1>0$ 截该曲面所得截痕为中心在 z 轴上的椭圆

$$\begin{cases}\dfrac{x^2}{2pz_1}+\dfrac{y^2}{2qz_1}=1,\\ z=z_1.\end{cases}$$

平面 $z=z_1, z_1<0$ 与该曲面不相交, 原点叫做该椭圆抛物面的顶点.

(2) 用坐标面 $xOz(y=0)$ 截该曲面所得截痕为抛物线

$$\begin{cases}x^2=2pz,\\ y=0.\end{cases}$$

它的轴与 z 轴相合, 用平面 $y=y_1$ 截该曲面所得截痕为抛物线

$$\begin{cases}x^2=2p\left(z-\dfrac{y_1^2}{2q}\right),\\ y=y_1.\end{cases}$$

它的轴平行于 z 轴, 顶点为 $\left(0, y_1, \dfrac{y_1^2}{2q}\right)$.

(3) 用坐标面 $yOz(x=0)$ 及与其平行的平面 $x=x_1$ 截该曲面的截痕也是抛物线.

综上所述, 可知椭圆抛物面 (7.13) 的形状如图 1-33 所示.

如果 $p=q$, 那么方程 (7.13) 变为

$$\frac{x^2}{2p}+\frac{y^2}{2p}=z, \quad p>0.$$

该方程可看成是由 xOz 平面上的抛物线 $x^2=2pz$ 绕它的轴旋转而成的旋转曲面, 叫做**旋转抛物面**.

由方程

$$-\frac{x^2}{2p}+\frac{y^2}{2q}=z, \quad p\text{与}q\text{同号}$$

所表示的曲面叫做**双曲抛物面**或**马鞍面**. 读者可用截痕法对它进行讨论, 当 $p>0$, $q>0$ 时, 它的形状如图 1-34 所示.

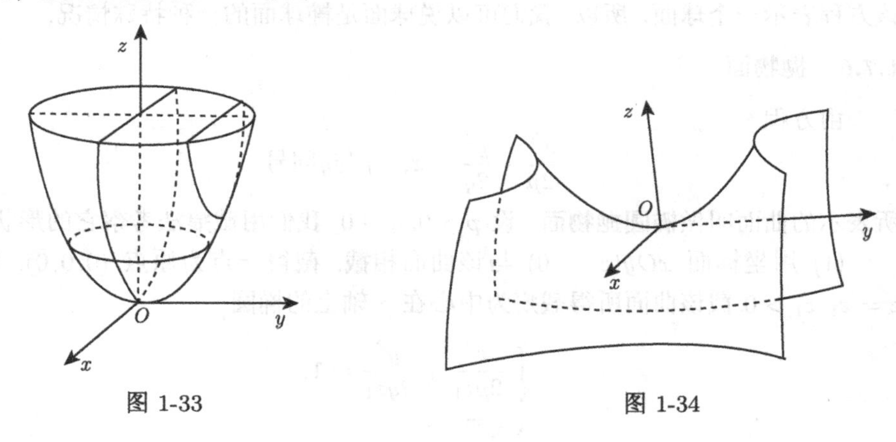

图 1-33　　图 1-34

1.7.7　双曲面

由方程

$$\frac{x^2}{a^2}+\frac{y^2}{b^2}-\frac{z^2}{c^2}=1 \tag{7.14}$$

所表示的曲面叫做**单叶双曲面**. 下面用截痕法考察它的形状.

(1) 用平面 $xOy(z=0)$ 截曲面 (7.14) 所得截痕为中心在原点 O 的椭圆

$$\begin{cases} \dfrac{x^2}{a^2}+\dfrac{y^2}{b^2}=1, \\ z=0. \end{cases}$$

用平行于平面 $z=0$ 的平面 $z=z_1$ 截曲面 (7.14) 所得截痕是中心在 z 轴上的椭圆

$$\begin{cases}\dfrac{x^2}{a^2}+\dfrac{y^2}{b^2}=1+\dfrac{z_1^2}{c^2},\\ z=z_1.\end{cases}$$

(2) 用平面 $xOz(y=0)$ 截曲面 (7.14) 所得截痕是中心在原点 O 的双曲线

$$\begin{cases}\dfrac{x^2}{a^2}-\dfrac{z^2}{c^2}=1,\\ y=0.\end{cases}$$

用平行于平面 $y=0$ 的平面 $y=y_1$ 截曲面 (7.14) 所得截痕是中心在 y 轴上的双曲线

$$\begin{cases}\dfrac{x^2}{a^2}-\dfrac{z^2}{c^2}=1-\dfrac{y_1^2}{b^2},\\ y=y_1.\end{cases}$$

如果 $y_1^2<b^2$, 那么双曲线的实轴平行于 x 轴, 虚轴平行于 z 轴.

如果 $y_1^2>b^2$, 那么双曲线的实轴平行于 z 轴, 虚轴平行于 x 轴.

如果 $y_1=b$, 那么平面 $y=b$ 截曲面 (7.14) 所得截痕为一对相交于点 $(0,b,0)$ 的直线, 它们的方程为

$$\begin{cases}\dfrac{x}{a}-\dfrac{z}{c}=0,\\ y=b\end{cases} \quad 和 \quad \begin{cases}\dfrac{x}{a}+\dfrac{z}{c}=0,\\ y=b.\end{cases}$$

如果 $y_1=-b$, 那么平面 $y=-b$ 截曲面 (7.13) 所得截痕为一对相交于点 $(0,-b,0)$ 的直线, 它们的方程为

$$\begin{cases}\dfrac{x}{a}-\dfrac{z}{c}=0,\\ y=-b\end{cases} \quad 和 \quad \begin{cases}\dfrac{x}{a}+\dfrac{z}{c}=0,\\ y=-b.\end{cases}$$

(3) 用平面 $yOz(x=0)$ 和平行于平面 yOz 的平面截曲面所得的截痕也是双曲线, 用平面 $x=\pm a$ 截曲面 (7.14) 所得截痕是两对相交的直线, 可类似于 (2) 讨论.

综上所述, 可知单叶双曲面 (7.14) 的形状如图 1-35 所示.

由方程

$$\frac{x^2}{a^2}-\frac{y^2}{b^2}+\frac{z^2}{c^2}=-1$$

所表示的曲面叫做**双叶双曲面**. 读者可用截痕法对它进行讨论, 它的形状如图 1-36 所示.

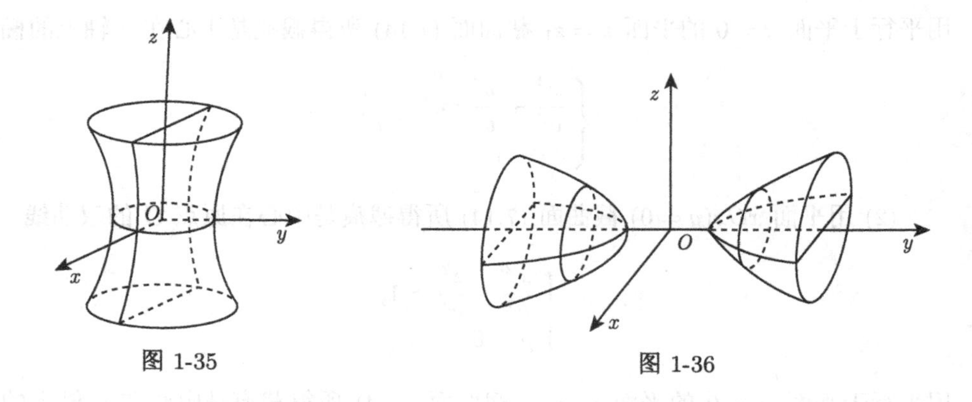

图 1-35　　　　图 1-36

习　题　1.7

1. 求满足下列条件的球面方程:

(1) 球心在 $(-1,2,3)$, 半径为 4;

(2) 球心在 $(1,3,-2)$, 且通过坐标原点;

(3) 一条直径的两个端点是 $(2,-3,5)$ 和 $(4,1,-3)$.

2. 指出下列方程代表什么曲面, 并分别作出图形:

(1) $\dfrac{x^2}{9}+\dfrac{y^2}{4}=1$;　　(2) $\dfrac{y^2}{4}-\dfrac{z^2}{2}=1$;

(3) $z^2=8x$;　　(4) $9x^2-4z^2=0$;

(5) $y^2+(z-2)^2=9$;　　(6) $z=2-x^2$.

3. 求下列方程组代表的空间曲线在 xOy 面上的投影曲线方程:

(1) $\begin{cases} x^2+y^2+z^2=9, \\ x+z=1; \end{cases}$　　(2) $\begin{cases} \dfrac{x^2}{16}+\dfrac{y^2}{12}-\dfrac{z^2}{4}=1, \\ z=2; \end{cases}$

(3) $\begin{cases} z=x^2+y^2, \\ x+y+z=1; \end{cases}$　　(4) $\begin{cases} x^2+y^2+z^2=a^2, \\ x^2+y^2+(z-a)^2=a^2. \end{cases}$

4. 分别求通过曲面 $x^2+y^2+4z^2=1$ 与 $x^2=y^2+z^2$ 的交线, 且母线平行于 x 轴和 z 轴的柱面方程.

5. 说明下列旋转曲面是怎样得到的, 并指出是什么曲面:

(1) $\dfrac{x^2}{4}+\dfrac{y^2}{9}+\dfrac{z^2}{9}=1$;　　(2) $x^2-\dfrac{y^2}{4}+z^2=1$;

(3) $x^2-y^2-z^2=1$;　　(4) $z=x^2+y^2$;

(5) $x^2=y^2+z^2$;　　(6) $(z-a)^2=x^2+y^2$.

6. 求下列旋转曲面方程:

(1) $\begin{cases} z^2 = x, \\ y = 0 \end{cases}$ 绕 x 轴旋转;

(2) $\begin{cases} x^2 + z^2 = 4, \\ y = 0 \end{cases}$ 绕 z 轴旋转;

(3) $\begin{cases} 4x^2 - 9y^2 = 36, \\ z = 0 \end{cases}$ 分别绕 x 轴和 y 轴旋转.

7. 分别写出曲面 $x^2 - y^2 = 2z$ 在下列各平面上的截痕方程, 并指出这些截痕是什么曲线.

(1) $x = 2$; (2) $y = 0$; (3) $z = 1$; (4) $z = 0$.

8. 讨论椭球面 $\dfrac{x^2}{a^2} + \dfrac{y^2}{a^2} + \dfrac{z^2}{c^2} = 1$ 与平行坐标面的平面的截痕 $(a \neq c)$.

9. 判断下列方程所表示的图形:

(1) $x^2 - 2y^2 = 4$;

(2) $\dfrac{y^2}{4} + \dfrac{z^2}{9} = 1$;

(3) $x^2 = 16z$;

(4) $\dfrac{x^2}{4} - y^2 - \dfrac{z^2}{16} = -1$;

(5) $\dfrac{x^2}{4} - y^2 - z^2 = 1$;

(6) $\dfrac{x^2}{2} + \dfrac{z^2}{8} = 2y$;

(7) $z^2 - y^2 = 36x$;

(8) $x^2 + y^2 - z^2 = 0$;

(9) $x^2 + y^2 = 2z$;

(10) $z^2 + x^2 = 0$;

(11) $x^2 + y^2 + z^2 = 0$;

(12) $y^2 + z^2 - x = 0$.

10. 指出下列方程组所表示的曲线:

(1) $\begin{cases} 4x^2 + y^2 + 9z^2 = 36, \\ y = 1; \end{cases}$

(2) $\begin{cases} x^2 - 9y^2 + z^2 = 36, \\ x = 2; \end{cases}$

(3) $\begin{cases} y^2 + z^2 - 4x + 8 = 0, \\ y = 4; \end{cases}$

(4) $\begin{cases} \dfrac{x^2}{4} - \dfrac{z^2}{25} = 1, \\ y + 5 = 0. \end{cases}$

11. 已知两点 $A(0,0,c)$ 和 $B(0,0,-c)$, 求到它们距离之和为 $2b, b > c$ 的点的轨迹, 并指出这轨迹是什么曲面.

12. 用截痕法讨论双曲抛物面.

13. 画出下列各曲面所围成的立体的图形:

(1) $x = 0, y = 0, z = 0, x = 2, y = 1, 3x + 4y + 2z - 12 = 0$;

(2) $x = 0, y = 0, z = 0, x^2 + y^2 = R^2, y^2 + z^2 = R^2$(在第一卦限内);

(3) $z = 0, z = 1, x = y, x = 2y, x^2 + y^2 = 1$(在第一卦限内);

(4) $x = 0, z = 0, x = 1, y = 2, z = \dfrac{y}{4}$;

(5) $z=6-x^2-y^2, z=\sqrt{x^2+y^2}$;

(6) $z=\sqrt{x^2+y^2}, z=x^2+y^2$;

(7) $x^2+y^2+z^2=2, z=x^2+y^2$;

(8) $z=2x^2+4y^2, z=2$;

(9) $z=0, z=y, y=1, y=x^2$;

(10) $z=x^2+y^2, x+y=1, x=0, y=0, z=0$.

第 2 章　函数与极限

高等数学主要包括解析几何、向量代数、极限、微分、积分、微分方程、级数等基本内容. 第 1 章已经介绍了空间解析几何与向量代数. 本章和第 3 章将介绍极限理论.

高等数学的主要研究对象是变量, 变量之间的关系主要是通过函数建立的. 因此, 函数是高等数学最重要的概念. 极限理论是微积分学的基础理论, 是研究函数的基本方法. 本章首先简要地叙述中学阶段已经学过的有关函数的基础知识, 然后着重对极限理论作一简单而直观的介绍, 最后再给出严格的分析论证.

2.1　映射与函数

2.1.1　集合与映射

集合是指由具有某种特定性质的 “事物” 构成的总体. 这些 “事物” 称为集合的元素. 例如, 一个抽屉里的笔构成一个集合, 所有整数构成一个集合, 等等. 其中笔和整数分别是集合的元素.

集合通常用大写字母 $A, B, C, \cdots$ 表示, 集合的元素用小写字母 $a, b, c, \cdots$ 表示. 如果 X 是集合, x 是 X 的元素, 则记为 $x \in X$, 读作 “x 属于 X”; x 不是 X 的元素, 则记为 $x \notin X$, 读作 “x 不属于 X”.

若集合只含有有限个元素, 则称为**有限集**; 否则, 称为**无限集**. 集合也可以没有元素, 例如, 平方等于 -1 的实数. 没有元素的集合称为空集, 记为 $\varnothing$. 用 $\mathbb{N}$ 表示全体自然数构成的集合; 用 $\mathbb{Z}$ 表示全体整数构成的集合; 用 $\mathbb{Q}$ 表示全体有理数构成的集合; 用 $\mathbb{R}$ 表示全体实数构成的集合.

表示集合的方法一般有列举法和描述法两种, 一般分别记为

$$X = \{x_1, \cdots, x_m\}$$

和

$$X = \{x | x\text{具有某种性质}P\}.$$

例如, $X = \left\{1, \sqrt{3}, \dfrac{3}{13}, -0.7\right\}$, $B = \{x | x^2 = 1, \text{且}x\text{为正实数}\}$.

如果集合 A 的每一个元素都是集合 B 的元素，即若 $x \in A$，则 $x \in B$，称 A 是集合 B 的子集，记作 $A \subset B$(读作 A 包含于 B，或 B 包含 A)，如果 $A \subset B$ 且 $A \supset B$，则称集合 A 等于 B，记作 $A = B$.

下面简单介绍一些由实数 (组) 构成的集合，这些集合是我们以后研究的重点. 由于每个实数可以对应数轴上唯一的一点，一个数集可以对应数轴上的一个点集，因此，变量的变化范围也可以用数轴上的一个点集来表示. 设 $a < b$，记

$$[a,b] = \{x|a \leqslant x \leqslant b\}, \quad (a,b) = \{x|a < x < b\},$$

$$[a,b) = \{x|a \leqslant x < b\}, \quad (a,b] = \{x|a < x \leqslant b\},$$

依次称为**闭区间**、**开区间**、**左闭右开区间**和**左开右闭区间**. 这些区间的长度都是有限值 $b-a$，统称为有界区间. 与有界区间相对应的是无界区间. $(-\infty,+\infty)$ 表示实数集，有时记作 $\{x|-\infty < x < +\infty\}$; $[a,+\infty)$ 表示不小于 a 的实数的全体，有时记作 $\{x|a \leqslant x < +\infty\}$. 类似地还有 $(a,+\infty)$, $(-\infty,b]$, $(-\infty,b)$, 等等. 这里 $+\infty$ 和 $-\infty$ 分别读作"正无穷大"和"负无穷大"，它们仅仅是个记号，不要把它们作为数来看待.

另外，设 a 与 δ 是两个实数，且 $\delta > 0$. 我们把满足不等式

$$|x-a| < \delta$$

的实数 x 的全体叫做点 a 的**邻域**，也就是开区间 $(a-\delta, a+\delta)$.

对于数组的情况，我们以平面的情况为例，空间的情况可类似讨论. 同上面一样，每个二元有序数组 (x,y) 和平面上某点 P 是一一对应的. 于是，二元有序数组集合可以对应平面上的一个点集. 我们介绍几种常见的平面点集.

在平面上引进直角坐标系 xOy 后，用不等式 $\sqrt{(x-x_0)^2+(y-y_0)^2} < \delta$ 来表示以 $P_0(x_0,y_0)$ 为圆心，$\delta > 0$ 为半径的圆的内部的点的全体，也就是平面点集 $\left\{(x,y)\middle|\sqrt{(x-x_0)^2+(y-y_0)^2} < \delta\right\}$. 这个点集叫做点 P_0 的 **δ 邻域**，记作 $N(P_0,\delta)$. 称集合 $\left\{(x,y)\middle|0 < \sqrt{(x-x_0)^2+(y-y_0)^2} < \delta\right\}$ 为点 P_0 的**去心 δ 邻域**，记作 $N^0(P_0,\delta)$.

设 E 为平面上的一个点集. 对 $P_0 \in E$，如果存在某个数 $\delta_0 > 0$ 使得 P_0 的 δ_0 邻域中的点都属于 E，即 $N(P_0,\delta_0) \subset E$，则称 P_0 为点集 E 的**内点**. 如果集合 E 的点都是 E 的内点，则说 E 是**开集**. 例如，点集 $E_1 = \{(x,y)|1 < x^2+y^2 < 4\}$ 中的每个点都是它的内点，所以 E_1 是开集. 如果点 P 的任何一个邻域中，有属于 E 的点，也有不属于 E 的点，则说 P 为 E 的**边界点**，E 的一切边界点的集合称为 E 的**边界**. 例如，上例中 E_1 的边界是圆周 $x^2+y^2=1$ 和 $x^2+y^2=4$(图 2-1).

如果对点集 E 内的任意两点 M_1 和 M_2, 恒有属于 E 的折线能连接 M_1 和 M_2, 则称 E 是**连通**的. 连通开集称为**区域**. 例如, 上例的点集 E_1 是一个区域, 但点集 $E_2=\{(x,y)|x+y\neq 0\}$ 却不是区域, 因为它不是连通的 (图 2-2). 区域连同它的边界一起, 称为**闭区域**. 例如, $\{(x,y)|x+y\geqslant 0\},\{(x,y)|1\leqslant x^2+y^2\leqslant 4\}$ 都是闭区域, 以后在不需要区分区域和闭区域时, 统称它们为区域, 通常用字母 D 来表示.

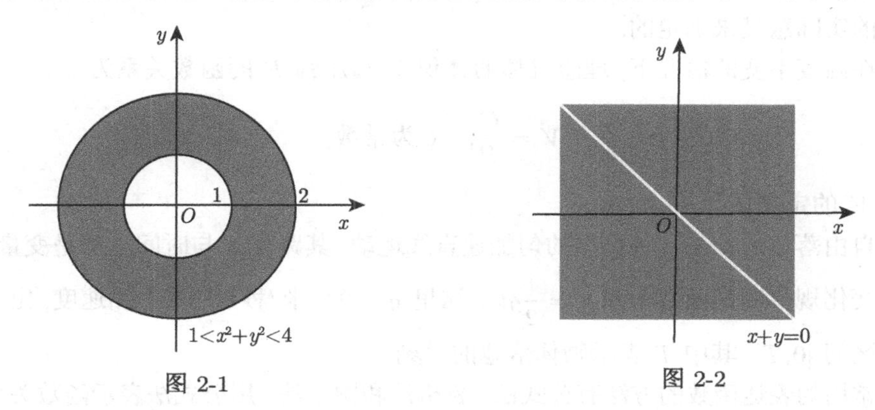

图 2-1 图 2-2

如果一个点集可以被包含在一个以原点为中心的圆内, 则称 E 为有界点集, 否则称为无界点集. 例如, $\{(x,y)|1\leqslant x^2+y^2\leqslant 4\}$ 是有界点集, 也是有界闭区域, $\{(x,y)|x+y>0\}$ 是无界点集.

定义 1.1 设 D 和 R 为非空集合, 从 D 到 R 存在一个对应关系 f, 使得对于任意 $x\in D$, R 中有唯一的元素 y 与之对应 (记成 $y=f(x)$), 则称 f 为 D 到 R 的一个**映射**, 记作 $f:D\to R$. D 称为映射 f 的定义域, $f(D)$ 称为 f 的值域.

设 $D=\{(x,y)|x^2+y^2=1\}, R=\{(0,y)||y|\leqslant 1\}$. 规定如下规则 f: 对于每个 $(x,y)\in D$, 有唯一确定的 $(0,y)\in R$ 与之对应, 则 $f:D\to R$ 是一个映射, 其中集合 $\{(x,y)|x^2+y^2=1\}$ 是 f 的定义域, 值域 $f(D)=\{(0,y)||y|\leqslant 1\}$.

2.1.2 函数概念

有了映射的概念, 可以定义函数. 从现在开始限定集合的元素为数或数组.

定义 1.2 设有映射 $f:D\to R$, 其中 $D\subset\mathbb{R}$, $R\subset\mathbb{R}$, 即 D 和 R 分别是实数集合的子集. 如果用 x 和 y 分别表示 D 和 R 中的任意元素, 根据映射定义, 当 x 在 D 内表示任意数时, 按照对应法则 f, 在 R 中都有唯一确定的数值 y 与之对应. 此时, 称 x 是自变量, 称 y 是因变量, 或称 y 是 x 的**函数**, 记为

$$y=f(x),\quad x\in D,$$

简称函数 f. D 称为函数的**定义域**, 数集 $f(D)=\{y|y=f(x),x\in D\}$ 称为函数的**值域**.

从函数的定义可以看出, 定义域和对应法则是确定函数的两个基本要素. 即使两个函数的对应法则相同, 但如果定义域不同, 也不能认为两个函数是同一个.

在某些场合中, 并不总是指出其定义域, 其实, 这已暗指定义域是保证对应法则成立的自变量的全体实数. 例如, 函数 $y=x^2$ 和 $y=\sin x$ 的定义域都是 $(-\infty,+\infty)$, 而函数 $y=\sqrt{1-x^2}$ 的定义域自然是 $[-1,1]$. 在实际问题中, 函数的定义域是根据问题的实际意义来确定的.

在温度不变的情况下, 理想气体的体积 V 与压强 P 的函数关系为

$$V=\frac{C}{P},\quad C\text{为常数},$$

函数 V 的定义域为 $(0,+\infty)$.

自由落体运动是一种典型的匀加速直线运动, 其路程 s 与时间 t 都是变量, 它们的变化规律满足函数关系 $s=\dfrac{1}{2}gt^2$. 这里 $g=9.8$ 米/秒^2 是重力加速度, 定义域为闭区间 $[0,T]$, 其中 T 表示物体落地的时刻.

常用的表达函数的方法有公式法、表格法和图示法. 用公式法表示函数关系是很便利的, 但不要以为凡是函数都可以用公式表示. 例如, 大家熟悉的平方表、对数表、三角函数表等, 也都表示函数的对应关系. 它们将一系列的自变量值与对应的函数值列成表格的形式. 如此表示函数的方法叫做**表格法**.

我们也可以用平面直角坐标系上的曲线来刻画函数. 设 $y=f(x)$ 是自变量 x 的函数, 用 x 轴表示自变量, y 轴表示函数值, 则对于其定义域内的每个 x 值, $M(x,y)=(x,f(x))$ 表示坐标平面上的一点, 当 x 变化时, 相应的点 $(x,f(x))$ 在平面上便描绘出一条曲线. 这条曲线就叫做函数 $y=f(x)$ 的图形. 一旦画出了函数的图形, 对该函数的对应关系及变化趋势就有了直观的了解.

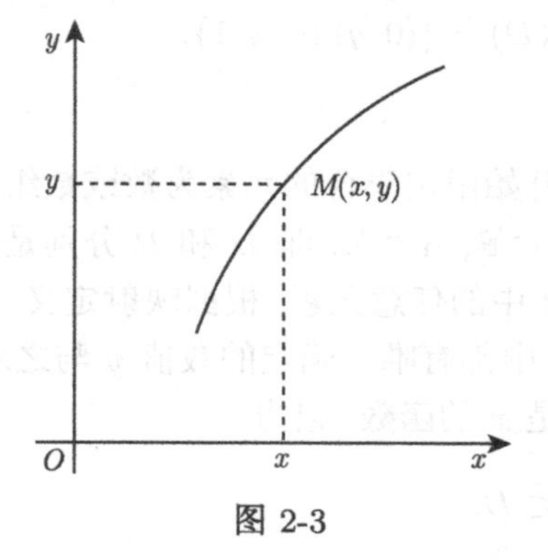

图 2-3

反之, 如果坐标平面上给定了一曲线, 任何一条平行于 y 轴的直线与该曲线至多交于一点, 那么这条曲线就表示一个函数 (图 2-3).

当自变量 x 的值等于曲线上点的横坐标时, 对应的函数值即等于该点的纵坐标. 这种用图形来表示函数的方法叫做函数的**图示法**.

下面给出多元函数的定义.

定义 1.3　设有映射 $f:D\to R$, 其中 $D\subset\mathbb{R}^2$, $R\subset\mathbb{R}$. 如果用 (x,y) 和 z 分别表示 D 和 R 中的任意元素, 根据映射定义, 当 (x,y) 在 D 内表示任意某个有序

数组时, 按照对应法则 f, 在 R 中都有唯一确定的数值 z 与之对应. 此时, 称 x 和 y 是自变量, 称 z 是 x 和 y 的**函数**, 记为

$$z = f(x,y), \quad (x,y) \in D.$$

D 称为函数的**定义域**, 称数集 $f(D) = \{z | z = f(x,y), (x,y) \in D\}$ 为函数的**值域**.

类似地可定义三元函数以及三元以上的函数.

理想气体体积 V 与绝对温度 T 成正比, 而与压强 P 成反比, 可写成 V 是 P 和 T 的二元函数关系

$$V = \frac{CT}{P}, \quad C\text{是常数}.$$

又如三角形面积 S 是依赖于三角形的两边 b, c 及这两边的夹角 A, 它们之间的关系可确定三元函数

$$S = \frac{1}{2} bc \sin A.$$

对二元函数

$$z = f(x,y), \quad (x,y) \in D,$$

利用空间直角坐标系 $Oxyz$ 可以看出它的几何意义. 过定义域 D 内的任一点 $P(x, y)$, 引 xOy 面的垂线, 并在此垂线上截取一点 M, 使得 M 的竖坐标 z 等于 $f(x,y)$. 当点 $P(x,y)$ 跑遍 D 时, 对应点 M 的集合就构成一个空间 "曲面", 那么, 这个曲面就是函数 $z = f(x,y)$ 的几何图形, 而这个曲面在 xOy 面上的投影恰好是函数 $z = f(x,y)$ 的定义域 D(图 2-4). 例如, 在正方形 $D = \left\{(x,y) \middle| 0 \leqslant x \leqslant \frac{a}{\sqrt{2}}, 0 \leqslant y \leqslant \frac{a}{\sqrt{2}}\right\}$ 上定义的函数

$$z = \sqrt{a^2 - x^2 - y^2},$$

在空间的图形是一个上半球面

$$x^2 + y^2 + z^2 = a^2, \quad z \geqslant 0$$

的一部分, 这部分在 xOy 面上的投影是一个正方形 D(图 2-5).

从现在开始, 除非特别声明, 我们用 $f(M)$ 泛指一般的函数, 它可以是一元函数, 也可以是多元函数. 特别用 $f(x)$ 表示一元函数, 用 $f(x,y)$ 表示二元函数, 用 $f(x,y,z)$ 表示三元函数.

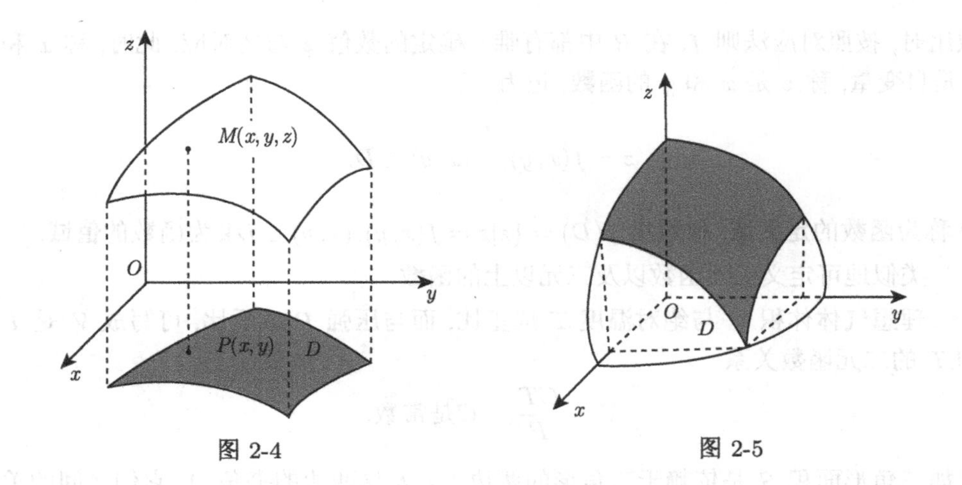

图 2-4　　图 2-5

2.1.3　函数的简单特性

函数的简单特性可归纳如下.

奇函数、偶函数　设 $y = f(x)$ 是定义在对称区间 $(-a, a)$ 上的函数, 如果

$$f(-x) = -f(x), \quad x \in (-a, a),$$

则称 $f(x)$ 为**奇函数**; 如果

$$f(-x) = f(x), \quad x \in (-a, a),$$

则称 $f(x)$ 为**偶函数**.

显然, 奇函数的图形是关于原点对称的, 偶函数的图形是关于 y 轴对称的. 例如 $y = x^3$ 是奇函数, $y = x^2$ 是偶函数. 其图形如图 2-6 所示.

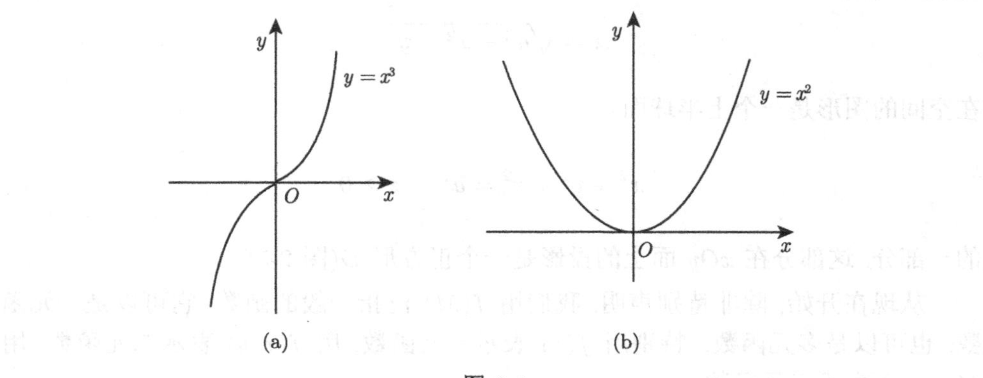

图 2-6

周期函数 设函数 $f(x)$ 定义在 D 上. 如果有一定数 $\omega \neq 0$, 使得对任意的 $x \in D$, 总有

$$f(x+\omega)=f(x),$$

则称 $f(x)$ 为以 ω 为周期的**周期函数**.

如果周期函数 $f(x)$ 有最小的正周期, 那么通常把这个最小正周期称为函数 $f(x)$ 的周期. 例如, $y=\sin x$ 和 $y=\sin x+\cos x$ 都是以 2π 为周期的函数.

有界函数 设函数 $f(M)$ 定义在 D 上. 如果存在常数 $C>0$, 使得

$$|f(M)| \leqslant C, \quad M \in D,$$

则称函数 $f(M)$ 在 D 上是**有界**的. 这表明, 对于一元函数, 有界意味着函数的图形完全落在直线 $y=C$ 和 $y=-C$ 之间.

单调函数 设函数 $y=f(x)$ 定义在 D 上, 若对任意 $x_1, x_2 \in D$, $x_1<x_2$, 总有

$$f(x_1) \leqslant f(x_2) \quad (\text{或} f(x_1) \geqslant f(x_2)),$$

则称函数 $y=f(x)$ 在 D 上是**单调增加**(或**单调减少**) 的. 如果把符号 “$\leqslant$”(或 “$\geqslant$”) 改成 “$<$”(或 “$>$”) 时, 上述不等式仍成立, 则称 $y=f(x)$ 在 D 上是**严格单调增加**(或**严格单调减少**) 的. 单调增加函数和单调减少函数统称为**单调函数**. 显然, 单调增加函数的图形随 x 的增大而保持上升的势头, 单调减少函数的图形则保持下降的势头.

2.1.4 隐函数和用参数方程表示的函数

在本课程中我们将要讨论的函数, 通常用公式法给出. 根据公式表达的形式不同, 可以分为显函数、隐函数和用参数方程表示的函数.

隐函数 如果某一函数 (因变量) y 通过自变量 x 的一个算式 $f(x)$ 来直接表达, 则称 $y=f(x)$ 为**显函数**. 前面举过的例子大都是显函数. 但有时也会遇到这种情况: 两个变量之间的对应法则用一个方程给出, 其函数关系隐含在该方程之中. 例如, 方程

$$x^2+y^2=1, \quad x \geqslant 0, \quad y \geqslant 0$$

就确定了 x 和 y 之间的对应关系 $y=\sqrt{1-x^2}$.

一般说来, 对于方程 $F(x,y)=0$, 如果对于任意 $x \in (a,b)$, 相应地总有满足该方程的唯一的 y 值存在, 那么我们就说方程 $F(x,y)=0$ 在 (a,b) 内确定了一个隐函数 y.

实际上, 显函数和隐函数之间并没有明显的界限, 有些隐函数可以化为显函数, 但有些隐函数却很难化成显函数. 例如, 方程

$$y^5+2y-x-3x^7=0,$$

当 x 任取一个确定的实数时, 根据代数学基本定理可知, y 至少有一个实根, 所以上述方程确定了 y 是 x 的函数. 但是, 我们无法把 y 表示成 x 的显函数形式. 有些隐函数虽然能化成显函数, 但是一般来讲, 解一个方程需要花费一番工夫, 因而有时需要就隐函数直接处理问题.

用参数方程表示的函数　前面已经指出, 在坐标平面上给定的一条曲线就表示一个函数. 现在用参数方程

$$x=x(t),\quad y=y(t),\quad \alpha\leqslant t\leqslant\beta \tag{1.1}$$

来表示这一给定的曲线. 那么, 对每个 $t\in[\alpha,\beta]$, 从 (1.1) 式中可以求出相应的 x 和 y 的值. 因此, 这两个变量是互相对应的. 这意味着参数方程 (1.1) 给出了变量 x 和 y 之间的函数关系. 这种用参数方程来给出函数关系的办法叫做函数的**参变量表示法**.

一般说来, 在 (1.1) 式中消去参变量 t, 就得到 x 与 y 之间的方程, 其中的一个变量可作为另一个变量的显函数或隐函数.

例 1.1　设有半径为 R 的上半圆, 其圆心作为坐标原点. 建立半圆的参数方程和函数方程.

解　对圆上任一点 $M(x,y)$, 以 OM 与 x 轴正向的夹角作为 t, 则该圆的参数方程是

$$x=R\cos t,\quad y=R\sin t,\quad 0\leqslant t\leqslant\pi. \tag{1.2}$$

消去 t 便得到 $x^2+y^2=R^2$, $y\geqslant 0$. 这是上半圆周的隐函数方程.

例 1.2 (旋轮线)　设一半径为 a 的圆沿着一定直线滚动, 求圆上任一定点所描绘的曲线方程.

解　如图 2-7 所示, 设滚动圆的圆心为 C, 定点的坐标为 $M(x,y)$, 定直线取为 x 轴, 又取直线上与定点 M 相重合的点作为坐标原点. 当定点从 O 位置变到 M 位置时, 取滚动圆所转过的角 t 作为参变量, 它等于动圆上 M 点处的半径与 P 点 (动圆与 Ox 轴的切点) 处的半径的夹角. 于是, $M(x,y)$ 点的坐标可以这样求出:

自 M 点引 x 轴的平行线 MQ 交 CP 于 Q, 则

$$MQ=a\sin t,$$
$$CQ=a\cos t,$$
$$OP=|MP|=at,$$

从而

$$x = OP - MQ = at - a\sin t = a(t - \sin t),$$
$$y = CP - CQ = a - a\cos t = a(1 - \cos t),$$

即

$$\begin{cases} x = a(t - \sin t), \\ y = a(1 - \cos t). \end{cases}$$

这就是所求的旋轮线的参数方程.

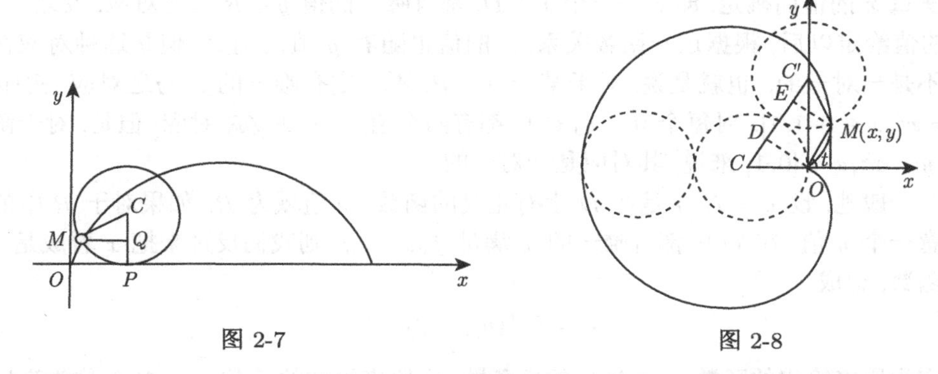

图 2-7 图 2-8

例 1.3 (心形线) 一个圆沿着另一个半径和它相同的定圆滚动, 则该圆上一定点所画出的曲线称为心形线 (图 2-8). 建立心形线的曲线方程.

解 不失一般性, 取动圆上定点恰好与定圆相切的某位置点为坐标原点, 连接定圆圆心和原点的直线为 x 轴, 建立如图 2-8 所示的直角坐标系. 用 C 表示定圆圆心. 设定点运动到 M 点时, 动圆的圆心为 C'. 连接 CC', 连接 OM. 过 O 作 $OD \perp CC'$ 交于 D, 过 M 作 $ME \perp CC'$ 交于 E. 设 M 点的向径与 x 轴的夹角为 t. 注意到 $CC'//OM$, 得到

$$\begin{aligned} CD &= EC' = a\cos t, \\ OM &= CC' - (CD + EC') \\ &= 2a - 2a\cos t = 2a(1 - \cos t), \end{aligned}$$

从而

$$x = OM\cos t = 2a(1 - \cos t)\cos t,$$
$$y = OM\sin t = 2a(1 - \cos t)\sin t,$$

即

$$\begin{cases} x = 2a(1 - \cos t)\cos t, \\ y = 2a(1 - \cos t)\sin t. \end{cases}$$

这就是所求的心形线的参数方程. 由此

$$r=|\overline{OM}|=\sqrt{x^2+y^2}=2a(1-\cos t).$$

于是, 心形线的极坐标方程

$$r=2a(1-\cos t).$$

2.1.5　反函数

设有函数 $y=f(x), x\in D$, 其值域为 $R=\{f(x)|x\in D\}$. 它表示函数 y 的值随自变量 x 的值而确定, 即对每一个 $x\in D$, 都有唯一的值 $y\in R$ 与之对应. 反之, 当 y 的值给定以后, 根据这一函数关系, x 的值也随着 y 值而确定, 但是这种对应往往不是一对一的. 也就是说, 对于某一 $y\in R$, 不一定有唯一的 x 与之对应. 例如, $y=x^2, x\in[-1,1]$. 对每个 $0<y_0\leqslant 1$, 都有两个值 $x_0=\pm\sqrt{y_0}$ 对应. 但是, 对于函数 $y=x^2, x\in[0,1]$ 来说, 其对应是一对一的.

一般地, 设 $y=f(x)$ 是在 D 上有定义的函数, 其值域为 R. 如果对于 R 中的任意一个 y 值, 在 D 中都有唯一的 x 满足 $f(x)=y$, 则我们反过来把 x 看成是 y 的函数, 记成

$$x=f^{-1}(y),\quad y\in R,$$

称它为原来给定的函数 $y=f(x)$ 的**反函数**, 而原来给定的函数 $y=f(x)$ 称为**直接函数**. 容易看出, 反函数的定义域和值域分别是直接函数的值域和定义域.

实际上, 一个函数和它的反函数 (如果它存在的话) 是两个变量的同一个对应关系的两个侧面, 差别只在于以哪个变量作为自变量. 因此, 它们的图像也应该是同一条曲线, 即 $y=f(x)$ 与 $x=f^{-1}(y)$ 的函数曲线是一致的. 但习惯上, 我们总是以 x 来表示自变量, 以 y 来表示因变量 (函数). 记反函数 $x=f^{-1}(y)$ 为 $y=f^{-1}(x)$. 这时函数与其反函数的图像一般就不一致, 但它们是关于直线 $y=x$ 对称的. 例如, 函数 $y=x^2, 0\leqslant x\leqslant 2$ 和它的反函数 $x=\sqrt{y}, 0\leqslant y\leqslant 4$ 代表同一个函数曲线. 若把反函数记为 $y=\sqrt{x}, 0\leqslant x\leqslant 4$, 相当于原来的 x 轴与 y 轴对换, 这可将曲线在原坐标系上通过以直线 $y=x$ 为对称轴翻转 180° 来实现. 这时曲线 $x=\sqrt{y}$(即 $y=x^2$) 就旋转到曲线 $y=\sqrt{x}$ 上了. 可见 $y=x^2$ 和 $y=\sqrt{x}$ 是关于直线 $y=x$ 对称的 (图 2-9). 这个结论对一般的函数 $y=f(x)$ 和 $y=f^{-1}(x)$ 也同样适用.

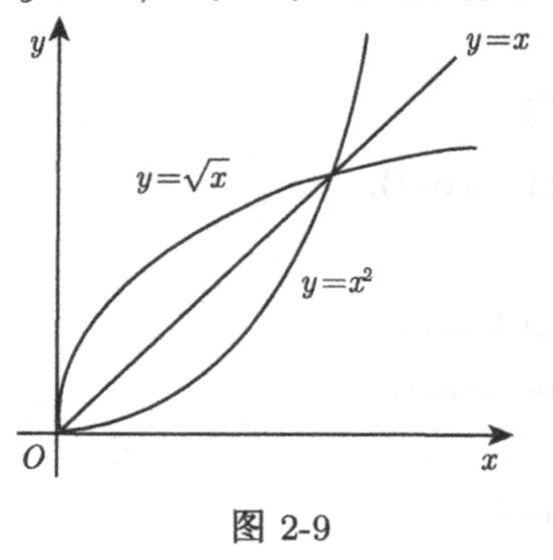

图 2-9

习 题 2.1

1. 求下列函数的定义域, 并指出哪些函数是有界函数:

(1) $y=\dfrac{1}{1-x}$;

(2) $y=\sqrt{3x+2}$;

(3) $y=\sqrt{2+x-x^2}$;

(4) $y=\dfrac{1}{x}-\sqrt{1-x^2}$;

(5) $y=\dfrac{1}{\sqrt{4-x^2}}$;

(6) $y=\dfrac{2x}{x^2-3x+2}$;

(7) $z=\sqrt{6-2x-3y}$;

(8) $z=\sqrt{1-x^2}+\sqrt{y^2-1}$;

(9) $z=\sqrt{x-\sqrt{y}}$;

(10) $z=\dfrac{\sqrt{4x-y^2}}{\ln(1-x^2-y^2)}$;

(11) $z=\dfrac{1}{\sqrt{x^2-2xy}}$;

(12) $u=\arccos\dfrac{z}{\sqrt{x^2+y^2}}$.

2. 求下列各题中相应的函数值:

(1) $f(x)=ax+b$ 且 $f(-1)=2, f(2)=-3$, 求 $f(4)$;

(2) $f(x)=\begin{cases}|\sin\ x|, & |x|<\dfrac{\pi}{3},\\ 0, & |x|\geqslant\dfrac{\pi}{3},\end{cases}$ 求 $f\left(\dfrac{\pi}{6}\right)$, $f\left(\dfrac{\pi}{4}\right)$, $f(-2)$.

3. 指出下列各函数的奇偶性:

(1) $y=3x^2-x^3$;

(2) $y=\dfrac{1-x^2}{1+x^2}$;

(3) $y=x(x-1)(x+1)$;

(4) $y=\sin x-\cos x+1$.

4. 设下面所考虑的函数都定义在 $(-l,l)$ 内. 证明:

(1) 两个偶 (奇) 函数的和都是偶 (奇) 函数;

(2) 两个偶 (奇) 函数的积都是偶函数;

(3) 偶函数和奇函数的积是奇函数.

5. 设 $f(x)$ 是定义在 $(-l,l)$ 内的函数. 证明:

(1) $\dfrac{f(x)+f(-x)}{2}$ 是 $(-l,l)$ 上的偶函数;

(2) $\dfrac{f(x)-f(-x)}{2}$ 是 $(-l,l)$ 上的奇函数;

(3) $f(x)$ 恒可表示为偶函数和奇函数之和.

6. 证明 $f(x)=\dfrac{1+x^2}{1+x^4}$ 是 $(-\infty,+\infty)$ 上的有界函数.

7. 试指出下列函数在指定区间内的单调性:

(1) $y=x^2, x\in(-1,0)$;

(2) $y=\ln x, x\in(0,+\infty)$;

(3) $y=\sin x, x\in\left(-\dfrac{\pi}{2},\dfrac{\pi}{2}\right)$.

8. 设 $f(x)$ 为定义在 $(-l,l)$ 内的奇函数. 若 $f(x)$ 在 $(0,l)$ 内单调增加, 证明 $f(x)$ 在 $(-l,0)$ 内也单调增加.

9. 判断下列函数的周期性, 并求出最小正周期:

(1) $y=\cos(x-2)$;

(2) $y=\cos 4x$;

(3) $y=1+\sin\pi x$;

(4) $y=x\cos x$.

10. 求下列函数的反函数和反函数的定义域:

(1) $y=2x+3$;

(2) $y=x^2-1, x\geqslant 0$;

(3) $y=\sqrt[3]{1-x^3}$;

(4) $y=\dfrac{1-x}{1+x}$.

11. 写出下列曲线的参数方程:

(1) 圆心在 $(a,0)$, 半径为 a 的圆周;

(2) 抛物线 $y^2=2x$;

(3) 椭圆 $\dfrac{x^2}{a^2}+\dfrac{y^2}{b^2}=1$.

2.2 初等函数

本节主要讨论一元函数.

2.2.1 基本初等函数

读者在中学课本里见到的函数, 大体上可以归纳为如下五大类.

幂函数

$$y = x^{\alpha},$$

其中 α 为任一常数, 当 α 为整数时称它为有理函数. 当 α 为分数时称它为根式函数.

幂函数 $y = x^{\alpha}$ 的定义域随指数 α 不同而不同: 当 α 为正整数时, $-\infty < x < +\infty$; 当 α 为负整数时, x 是一切非零实数; 当 α 为分数时, 情况较为复杂. 以 $y = x^{\frac{1}{n}}$ 为例, 当 n 为奇数时, $-\infty < x < +\infty$; 当 n 为偶数时, $0 \leqslant x < +\infty$; 当 α 为无理数时, 我们规定其定义域为 $0 < x < +\infty$.

三角函数 常用的三角函数有

正弦函数 $y = \sin x, \quad -\infty < x < +\infty;$

余弦函数 $y = \cos x, \quad -\infty < x < +\infty;$

正切函数 $y = \tan x, \quad x \neq \dfrac{(2n+1)\pi}{2}; n = 0, \pm 1, \pm 2, \cdots;$

余切函数 $y = \cot x, \quad x \neq n\pi; n = 0, \pm 1, \pm 2, \cdots;$

正割函数 $y = \sec x, \quad x \neq \dfrac{(2n+1)\pi}{2}; n = 0, \pm 1, \pm 2, \cdots;$

余割函数 $y = \csc x, \quad x \neq n\pi; n = 0, \pm 1, \pm 2, \cdots.$

这里自变量用弧度单位表示.

上述三角函数都是周期函数, 其中除正切函数和余切函数的周期是 π 以外, 其他四个函数的周期都是 2π. 另外, 除余弦函数和正割函数是偶函数外其余四个函数都是奇函数.

反三角函数 因为三角函数都是周期函数, 所以它们原是不可能有反函数的. 以正弦函数 $y = \sin x$ 为例, 对于给定的一个 y 值, 如果 $\sin x = y$ 有解, 则必有无穷多个 x 值与之对应, 可见它不满足反函数的定义. 不过对这个函数的定义域加以适当的限制, 如限定 $|x| \leqslant \dfrac{\pi}{2}$, 则对任一 $y \in [-1, 1]$, 都恰有一个 x 值使 $\sin x = y$, 这就变成有反函数了. 我们称这个反函数为反正弦函数 (严格地说, 是函数 $y = \sin x, -\dfrac{\pi}{2} \leqslant x \leqslant \dfrac{\pi}{2}$ 的反函数), 记为

$$y = \arcsin x, \quad -1 \leqslant x \leqslant 1,$$

它的值域是 $\left[-\dfrac{\pi}{2}, \dfrac{\pi}{2}\right]$. 类似地, 有反余弦函数

$$y = \arccos x, \quad -1 \leqslant x \leqslant 1,$$

其值域是 $[0, \pi]$; 反正切函数

$$y = \arctan x, \quad -\infty < x < +\infty,$$

反余切函数

$$y = \operatorname{arccot} x, \quad -\infty < x < +\infty.$$

它们的值域依次为 $\left(-\frac{\pi}{2}, \frac{\pi}{2}\right)$ 和 $(0, \pi)$.

在这些反三角函数中, 反正弦函数和反正切函数是在其定义域内单调增加的, 反余弦和反余切函数是在其定义域内单调减少的.

指数函数

$$y = a^x, \quad -\infty < x < +\infty,$$

其中 a 是不等于 1 的正常数. 因为对任意 x, 总有 $a^x > 0$, 又 $a^0 = 1$, 所以, 指数函数的图像总在 x 轴的上方, 且通过 $(0,1)$ 点.

容易验证, 对于指数函数 $y = a^x$, 若 $0 < a < 1$, 则函数单调减少; 若 $a > 1$, 则函数单调增加.

对数函数　它是指数函数 $y = a^x$ 的反函数, 记作

$$y = \log_a x, \quad 0 < x < +\infty,$$

其中 a 是不等于 1 的正常数.

对数函数的图像可由其反函数 $y = a^x$ 的图形关于直线 $y = x$ 作对称得到. 其图像总在 y 轴的右方, 且通过点 $(1,0)$. 并且, 若 $a > 1$, 则单调增加; 若 $0 < a < 1$, 则单调减少.

以上五大类函数统称为**基本初等函数**, 常量作为函数时也列入基本初等函数.

2.2.2　复合函数

通常, 构造新函数的方法除了通过加、减、乘、除四则运算来组合已知函数外, 还有一个较一般并且基本的方法, 这就是组成 “函数的函数”, 即 “复合运算” 法.

设函数 $y = f(u)$ 的定义域为 G, 函数 $u = \psi(x)$ 的定义域为 D. 如果 $u = \psi(x)$ 的值域 $R = \{u|\psi(x), x \in D\}$ 的全部或部分落在数集 G 中, 即 $R \cap G \neq \varnothing$, 那么变量 x 通过变量 u 与变量 y 建立了一种对应关系 (图 2-10). 这个对应关系所确定的新的函数, 称为函数 $y = f(u)$ 和 $u = \psi(x)$ 的**复合函数**, 记作

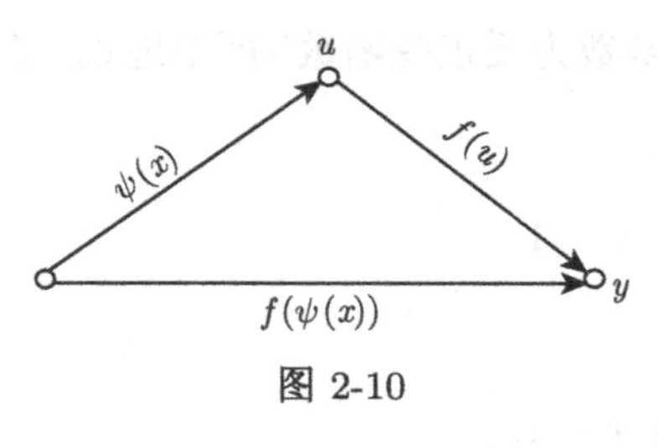

图 2-10

$$y = f(\psi(x)).$$

应当看到, 复合函数 $y = f(\psi(x))$ 的定义域是由 $u = \psi(x)$ 的定义域 D 中那些使得 $\psi(x)$ 属于 $y = f(u)$ 的定义域 G 的点 x 所组成的集合, 即数集 $E = \{x|x \in D$ 且 $\psi(x) \in G)\}$ 便是复合函数 $y = f(\psi(x))$ 的定义域.

例 2.1 写出 $y=\arcsin u$ 和 $u=x^2-1$ 的复合函数.

解 注意到前一个函数的定义域 $G=\{u|-1\leqslant u\leqslant 1\}$, 后一个函数的定义域是 $D=\{x|-\infty<x<+\infty\}$, 而

$$\begin{aligned}E&=\{x|-\infty<x<+\infty\text{且}-1\leqslant x^2-1\leqslant 1\}\\&=\{x|-\sqrt{2}\leqslant x\leqslant\sqrt{2}\}.\end{aligned}$$

因此, 所求复合函数 $y=\arcsin(x^2-1)$ 是定义在 $[-\sqrt{2},\sqrt{2}]$ 上的函数.

例 2.2 写出 $y=\log_2 u$ 和

$$u=\psi(x)=\begin{cases}x+1, & x\geqslant 0,\\-1, & x<0\end{cases}$$

的复合函数.

解 函数 $y=\log_2 u$ 的定义域为 $(0,+\infty)$, 而当 $x<0$ 时 $\psi(x)=-1$ 不落在 $(0,+\infty)$ 内, 故当 $x<0$ 时不能建立复合函数关系; 当 $x\geqslant 0$ 时 $x+1\in(0,+\infty)$, 故所求复合函数为

$$y=\log_2(x+1),\quad x\geqslant 0.$$

上面所介绍的函数, 是基本初等函数经过有限次四则运算和有限次复合运算所生成, 并且可用一个式子表示的函数类, 统称为**初等函数**. 它是本课程的主要讨论对象.

例 2.3 求初等函数

$$y=\frac{1}{2}(\mathrm{e}^x-\mathrm{e}^{-x}),\quad -\infty<x<+\infty \tag{2.1}$$

的反函数, 其中无理数 $\mathrm{e}=2.7182818284590\cdots$.

解 由 (2.1) 式, 得

$$(\mathrm{e}^x)^2-2y\mathrm{e}^x-1=0,$$

解得

$$\mathrm{e}^x=y\pm\sqrt{y^2+1},$$

但 $\mathrm{e}^x>0$, 故

$$\mathrm{e}^x=y+\sqrt{y^2+1}. \tag{2.2}$$

以无理数 e 为底的对数叫做**自然对数**, 记成 $\ln x$, 即 $\ln x=\log_{\mathrm{e}} x$. 在 (2.2) 式两端取自然对数得

$$x=\ln(y+\sqrt{y^2+1}),$$

交换自变量和因变量的记号, 便得所求的反函数

$$y = \ln(x + \sqrt{x^2 + 1}), \tag{2.3}$$

它的定义域是 $(-\infty, +\infty)$.

函数 (2.1) 和 (2.3) 分别叫做**双曲正弦**和**反双曲正弦**, 依次记为

$$y = \mathrm{sh}x = \frac{1}{2}(\mathrm{e}^x - \mathrm{e}^{-x}),$$

$$y = \mathrm{arsh}x = \ln(x + \sqrt{x^2 + 1}).$$

类似地, 还有双曲余弦、双曲正切及其反函数

$$y = \mathrm{ch}x = \frac{1}{2}(\mathrm{e}^x + \mathrm{e}^{-x}), \tag{2.4}$$

$$y = \mathrm{th}x = \frac{\mathrm{e}^x - \mathrm{e}^{-x}}{\mathrm{e}^x + \mathrm{e}^{-x}}, \tag{2.5}$$

$$y = \mathrm{arch}x = \ln(x + \sqrt{x^2 - 1}), \tag{2.6}$$

$$y = \mathrm{arth}x = \frac{1}{2}\ln\frac{1+x}{1-x}. \tag{2.7}$$

这些函数具有类似于三角函数的性质, 如

$$\mathrm{sh}(\alpha \pm \beta) = \mathrm{sh}\alpha \cdot \mathrm{ch}\beta \pm \mathrm{ch}\alpha \cdot \mathrm{sh}\beta, \tag{2.8}$$

$$\mathrm{ch}(\alpha \pm \beta) = \mathrm{ch}\alpha \cdot \mathrm{ch}\beta \pm \mathrm{sh}\alpha \cdot \mathrm{sh}\beta, \tag{2.9}$$

$$\mathrm{ch}^2\alpha - \mathrm{sh}^2\alpha = 1, \tag{2.10}$$

$$\mathrm{sh}2\alpha = 2\mathrm{sh}\alpha \cdot \mathrm{ch}\alpha, \tag{2.11}$$

$$\mathrm{ch}2\alpha = \mathrm{ch}^2\alpha + \mathrm{sh}^2\alpha. \tag{2.12}$$

这些性质是很容易验证的, 请读者自己证明.

习　题　2.2

1. 求下列函数的定义域:

(1) $y = \arcsin(x-3)$;　(2) $y = \ln\frac{2+x}{2-x}$;　(3) $y = \arctan\sqrt{x}$;　(4) $y = \sqrt{\sin 2x}$.

2. 设 $f(x)$ 的定义域是 $[0,1]$, 求下列函数的定义域:

(1) $f(x^2)$;　(2) $f(\sin x)$;　(3) $f(x+a), a>0$;　(4) $f(x+a)+f(x-a), a>0$.

3. 设 $f(x)=\begin{cases}1, & 0\leqslant x\leqslant 1,\\ 2, & 1<x\leqslant 2.\end{cases}$ 求下列函数的定义域:

(1) $f(2x)$; (2) $f(x-2)$.

4. 设 $f(x)$ 和 $g(x)$ 是在整个数轴上的单调递增函数, 且 $f(x)\leqslant g(x)$. 证明: $f(f(x))\leqslant g(g(x))$.

5. 设 $\varphi(x)=x^3, \psi(x)=2^x$. 求 $\varphi(\psi(x))$ 和 $\psi(\varphi(x))$.

6. 设 $f\left(3x^2-2x\right)=x^3-2x+3, x>0$, 试求 $f(8)$.

7. 已知 $y=f(x), x\in D$ 的图像, α 为一常数, 试由它作出下列函数的图像:

(1) $y=f(x+a)$; (2) $y=a+f(x)$; (3) $y=|f(x)|$.

8. 写出下列函数的复合关系, 其中每一环节仅含基本初等函数:

(1) $y=(2x-5)^{10}$; (2) $y=2^{\cos x}$; (3) $y=\log\tan\dfrac{x}{2}$; (4) $y=\arcsin(3^{-x^2})$.

9. 求由下列各组函数复合而成的函数:

(1) $y=\arcsin u, u=\sqrt{v}, v=\log x$;

(2) $y=\ln u, u=\begin{cases}x+1, & x\geqslant 0,\\ x^2, & x<0;\end{cases}$

(3) $y=\begin{cases}2u, & u\leqslant 0,\\ 0, & u>0,\end{cases}$ $u=x^2-1$.

10. 验证本节公式 (2.8), (2.10) 和 (2.11).

2.3 函数极限的概念

极限思想的产生可以追溯到古代. 公元 3 世纪, 我国魏晋时期的著名数学家刘徽对《九章算术》进行了注释, 并在其中创设出了 "割圆术". 这是最早利用极限方法研究数学问题的例子. 到了 17 世纪, 欧洲的数学家们比较明确地建立起函数和极限的概念, 从此数学就进入了变量数学的时代, 并得到了巨大的发展. 从这一节开始, 我们将系统介绍极限的概念.

我们从大家较为熟悉的求曲线切线斜率的问题入手. 以抛物线为例. 假设 $y=x^2$ 上一定点 P 的坐标为 (x_0,x_0^2). 在 $y=x^2$ 上取任意异于点 P 的一点 $N(x,x^2)$, 先来计算割线 PN 的斜率 (图 2-11):

$$K=\tan\varphi=\frac{x^2-x_0^2}{x-x_0}.$$

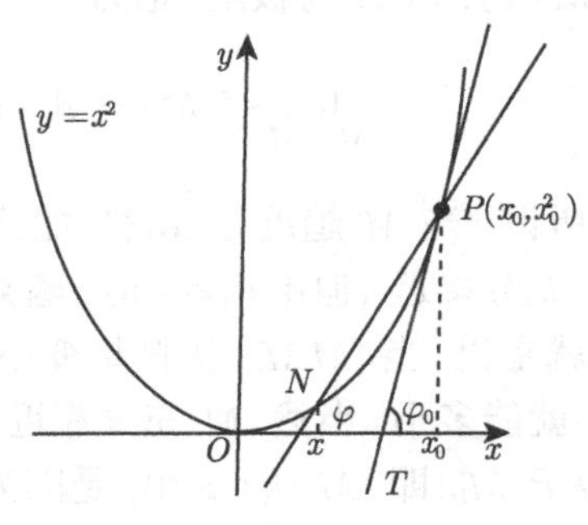

图 2-11

因为点 N 不同于点 P, 即 $x\neq x_0$, 所以

$$K = \tan\varphi = \frac{(x+x_0)(x-x_0)}{x-x_0} = x + x_0. \tag{3.1}$$

现在考察当点 N 沿着曲线向点 P 靠近时, 函数 $K=\tan\varphi$(割线斜率) 值的变化趋势. 从几何直观上容易看出, 点 N 与点 P 越靠近, 割线 PN 就越接近于切线 PT, 因而割线斜率 $\tan\varphi$ 也就越接近于切线斜率 $K_0=\tan\varphi_0$. 也就是说, 当点 N 的横坐标 x 越接近于点 P 的横坐标 x_0 时, 函数 $K=\tan\varphi$ 的值越来越接近于定数 K_0, 以至于当 x 无限靠近 x_0(记成 $x\to x_0$) 时, 函数 $K=\tan\varphi$ 的值无限接近于 K_0. 数学上, 称 K_0 为函数 $K=\tan\varphi$ 当 $x\to x_0$ 时的极限.

值得注意的是, 必须要排除 $x=x_0$ 的情形. 因为此时, 割线 PN 不存在, 即函数 $K=\tan\varphi=\dfrac{x^2-x_0^2}{x-x_0}$ 无意义. 我们要考虑的问题是 "在 x 靠近 x_0 的过程中, 函数 $K=\tan\varphi$ 的变化趋势". 这样, 在 (3.1) 式中令 $x\to x_0$, 取 "极限" 便得到所要求的切线斜率 $K_0=2x_0$.

再看一个多元函数的例子. 考察函数 $f(x,y)=\dfrac{x^2y}{x^2+y^2}$, 当点 $M(x,y)$ 靠近 $M_0(0,0)$ 时, 函数值的变化情况. 注意到 "靠近" 是指 M 和 M_0 两点的距离越来越小, 也就是 $|MM_0|=\sqrt{(x-0)^2+(y-0)^2}\to 0$. 由于

$$|xy| \leqslant \frac{1}{2}(x^2+y^2),$$

因此,

$$|f(x,y)-0| \leqslant \frac{1}{2}|x| \leqslant \frac{1}{2}\sqrt{x^2+y^2}.$$

这样, 当点 M 靠近 M_0 时, 函数值 $f(x,y)$ 越来越接近于 0.

人们从大量的实际问题中归纳出如下函数极限的概念.

定义 3.1　设函数 f 在 M_0 点附近有定义 (在 M_0 点可以没有定义). 如果当 M 趋近于 M_0(但始终不等于 M_0) 时, $f(M)$ 趋近于定数 A, 则称函数 $f(M)$ 当 $M\to M_0$ 时, 以 A 为极限, 记为

$$\lim_{M\to M_0} f(M) = A \quad \text{或} \quad f(M)\to A, \text{当 } M\to M_0.$$

这里, 所谓 "当 M 趋近于 M_0(但始终不等于 M_0) 时, $f(M)$ 趋近于 A" 是指: 当 M 与 M_0 充分接近 (但不相等) 时, 函数值 $f(M)$ 与 A 也充分接近, 要多近就能有多近, 也就是说, 当 $|MM_0|$ 无限地变小 (但 $|MM_0|>0$) 时, $|f(M)-A|$ 也无限变小, 要多小就能多小. 当然, M 充分靠近 M_0 的方式是任意的. 另外, 我们要限制 M 始终不等于 M_0(即 $|MM_0|>0$), 是因为我们所关心的是函数 $f(M)$ 在 M_0 点附近的变化趋势, 而不是 $f(M)$ 在 M_0 这一点的情况. 这样, 极限 $\lim\limits_{M\to M_0} f(M)$ 是否存在

与 $f(M)$ 在 M_0 处有无定义无关. 下面, 我们用较为严格的数学方法再给出极限的定义.

定义 3.2 设函数 $f(M)$ 在 M_0 点附近 (M_0 可除外) 有定义, 如果存在常数 A, 使得对任意 $\varepsilon>0$, 存在 $\delta=\delta(\varepsilon)>0$, 使得 $f(N^0(M_0,\delta))\subseteq(-\varepsilon+A,\varepsilon+A)$, 则称 f 当 $M\to M_0$ 时, 以 A 为极限, 记为

$$\lim_{M\to M_0}f(M)=A.$$

从定义 3.2 可以看出, 当 $M\to M_0$ 时, 常函数的极限是常数, 即

$$\lim_{M\to M_0}C=C.$$

例 3.1 证明 $\lim\limits_{x\to1}(2x+1)=3$.

证 因为 $|(2x+1)-3|=2\,|x-1|$, 所以, 对任意 $\varepsilon>0$, 可选取 $\delta=\dfrac{\varepsilon}{2}$. 这样, 当 $x\in(-\delta+1,\delta+1)$ 时, $|f(x)-3|=2|x-1|<2\delta$, 即 $f(x)\in(-\varepsilon+3,\varepsilon+3)$. 故

$$\lim_{x\to1}(2x+1)=3.$$

例 3.2 证明 $\lim\limits_{(x,y)\to(0,0)}\dfrac{2-\sqrt{xy+4}}{xy}=-\dfrac{1}{4}$.

证 因为

$$\frac{2-\sqrt{xy+4}}{xy}=\frac{(2-\sqrt{xy+4})(2+\sqrt{xy+4})}{xy(2+\sqrt{xy+4})}=\frac{-1}{2+\sqrt{xy+4}},$$

所以,

$$\left|\frac{2-\sqrt{xy+4}}{xy}-\left(-\frac{1}{4}\right)\right|=\left|\frac{-1}{2+\sqrt{xy+4}}+\frac{1}{4}\right|=\frac{|xy|}{4(2+\sqrt{xy+4})^2}.\tag{3.2}$$

选取

$$|x|<1,\quad |y|<1.\tag{3.3}$$

这样,

$$\left|\frac{2-\sqrt{xy+4}}{xy}-\left(-\frac{1}{4}\right)\right|\leqslant\frac{|xy|}{4(2+\sqrt{3})^2}<\frac{1}{40}|xy|<\frac{1}{72}(x^2+y^2).$$

对于任意 $\varepsilon>0$, 选取 $\delta=\min\{6\sqrt{2\varepsilon},1\}$. 因此, 当 $(x,y)\in\left\{(x,y)\big|0<\sqrt{x^2+y^2}<\delta\right\}$ 时,

$$\left|f(x,y)-\left(-\frac{1}{4}\right)\right|<\frac{1}{72}\delta^2\leqslant\varepsilon,$$

即 $f(x,y)\in\left(-\varepsilon-\dfrac{1}{4},\varepsilon-\dfrac{1}{4}\right)$. 故

$$\lim_{(x,y)\to(0,0)}\frac{2-\sqrt{xy+4}}{xy}=-\frac{1}{4}.$$

例 3.3　证明 $\displaystyle\lim_{(x,y)\to(1,0)}\frac{1-xy}{x^2+y^2}=1$.

证　由于只需要考察函数当 (x,y) 在 $(1,0)$ 附近变化的情况, 故可设 $(x,y)\in\left\{(x,y)\middle|\dfrac{3}{4}<x<\dfrac{5}{4},-\dfrac{1}{4}<y<\dfrac{1}{4}\right\}$. 这样,

$$\begin{aligned}\left|\frac{1-xy}{x^2+y^2}-1\right|&=\left|\frac{1-xy-x^2-y^2}{x^2+y^2}\right|<\frac{16}{9}((1+|x|)|1-x|+|y|(|x|+|y|))\\&<4|1-x|+\frac{8}{3}|y|<\frac{20}{3}\sqrt{(x-1)^2+y^2}.\end{aligned}$$

对于任意 $\varepsilon>0$, 选取 $\delta=\min\left\{\dfrac{3\varepsilon}{20},\dfrac{1}{4}\right\}$. 因此, 当

$$(x,y)\in\left\{(x,y)\middle|0<\sqrt{(x-1)^2+y^2}<\delta\right\}$$

时, $|f(x,y)-1|<\dfrac{20}{3}\delta\leqslant\varepsilon$, 即 $f(x,y)\in(-\varepsilon+1,\varepsilon+1)$. 故

$$\lim_{(x,y)\to(1,0)}\frac{1-xy}{x^2+y^2}=1.$$

对于一元函数, 我们也可以考虑另外的几种极限. 在前面讨论的极限过程中, x 既从 x_0 的左侧, 也从 x_0 的右侧趋于 x_0. 但有时只需考虑 x 从小 (或大) 于 x_0 的一侧趋近于 x_0 的情形, 这时记作

$$x\to x_0-0\quad(\text{或 } x\to x_0+0).$$

定义 3.3　设函数 $f(x)$ 在 x_0 附近 (x_0 可以除外) 有定义, 如果当 $x\to x_0-0$(但 x 始终不等于 x_0) 时, $f(x)$ 趋近于一定数 A, 则称 $f(x)$ 当 $x\to x_0$ 时以 A 为**左极限**, 记作

$$\lim_{x\to x_0-0}f(x)=A\quad\text{或}\quad f(x)\to A,\text{当 } x\to x_0-0.$$

类似地, 可以定义右极限:

$$\lim_{x\to x_0+0}f(x)=A\quad\text{或}\quad f(x)\to A,\text{当 } x\to x_0+0.$$

从几何图形上看, 左 (右) 极限是表示, 当 x 从 x_0 的左 (右) 侧趋于 x_0 时, 曲线 $y=f(x)$ 上的点 $(x,f(x))$ 无限地靠近点 (x_0,A)(图 2-12). 至于极限 $\lim\limits_{x\to x_0} f(x)=A$ 也有类似的几何解释.

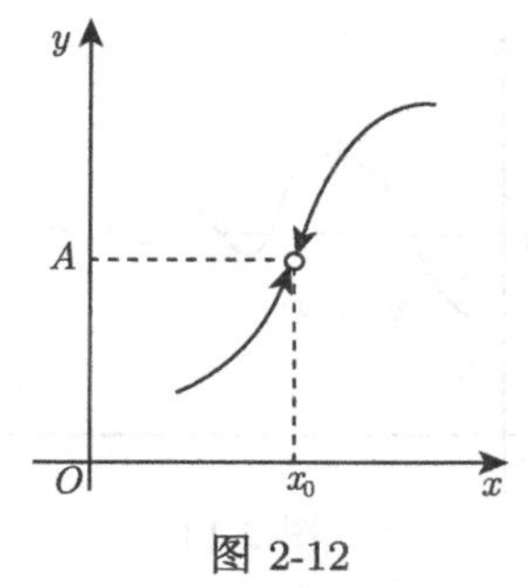

图 2-12

根据定义 3.1 和定义 3.3 容易得出如下定理.

定理 3.1 设一元函数 $f(x)$ 在 x_0 附近有定义, 那么函数 $f(x)$ 当 $x\to x_0$ 时极限存在的必要且充分条件是其左极限和右极限都存在并且相等, 即

$$\lim_{x\to x_0-0} f(x)=\lim_{x\to x_0+0} f(x).$$

例 3.4 证明函数

$$f(x)=\begin{cases} x-1, & x<0, \\ 0, & x=0, \\ x+1, & x>0 \end{cases}$$

当 $x\to 0$ 时没有极限.

证 仿照例 3.1 的证明容易得出

$$\lim_{x\to -0} f(x)=\lim_{x\to -0}(x-1)=-1,$$

$$\lim_{x\to +0} f(x)=\lim_{x\to +0}(x+1)=1.$$

因此, 左极限和右极限不相等, 从而当 $x\to 0$ 时 $f(x)$ 的极限不存在.

自变量 x 的变化过程, 除了 $x\to x_0$ 外, 还有以下几种形式: x 无限增大, 记作 $x\to+\infty$; x 的代数值无限变小, 记作 $x\to-\infty$; x 的绝对值无限增大, 记作 $x\to\infty$. 对于这些情况, 依照定义 3.1 也不难给出相应于这些变化过程中的函数的极限定义. 比如, 以 $x\to+\infty$ 为例, 有如下定义.

定义 3.4 设函数 $f(x)$ 对于无论怎样大的 x 值都有定义. 如果当 x 无限增大时, 对应的函数值 $f(x)$ 无限趋近于确定的数值 A, 那么 A 叫做函数 $f(x)$ 当 $x\to+\infty$ 时的极限, 记作

$$\lim_{x\to+\infty} f(x)=A \quad 或 \quad f(x)\to A, 当 x\to+\infty.$$

从几何上来说, 上述定义表示: 当 x 无限增大时, 函数曲线上的点 $(x,f(x))$ 与直线 $y=A$ 的距离无限地变小 (图 2-13).

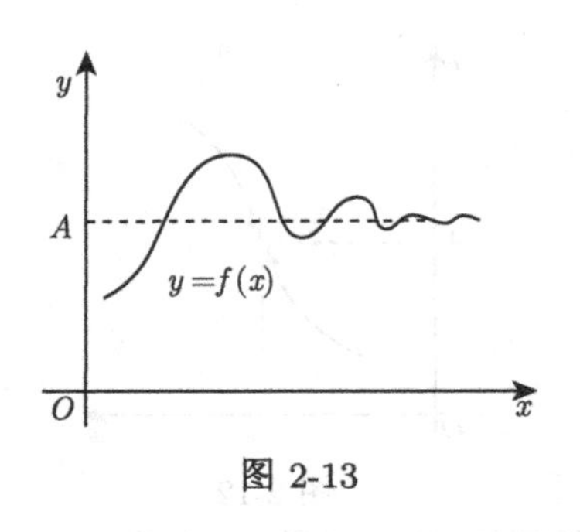

图 2-13

例 3.5 求极限 $\lim\limits_{x\to+\infty}\dfrac{\sin x}{x}$.

解 不妨设 $x>0$. 由于

$$0\leqslant\left|\frac{\sin x}{x}-0\right|\leqslant\frac{1}{x},$$

所以, 当 x 无限增大时, $\left|\dfrac{\sin x}{x}-0\right|$ 无限变小. 因此,

$$\lim_{x\to+\infty}\frac{\sin x}{x}=0.$$

习　题　2.3

1. 判断下列函数极限的存在性:

(1) 当 $x\to+\infty$ 时, $\dfrac{\arctan x}{x}$;

(2) 当 $x\to1$ 时, $\dfrac{x^2-1}{x-1}$;

(3) 当 $x\to2$ 时, $\dfrac{x^3+8}{x^3}$;

(4) 当 $x\to\infty$ 时, $\sqrt{x^2+a^2}-\sqrt{x^2}$;

(5) 当 $(x,y)\to(0,0)$ 时, $f(x,y)=\dfrac{x^2y^2}{x^2y^2+(x+y)^2}$;

(6) 当 $(x,y)\to(0,0)$ 时, $f(x,y)=\dfrac{1-\cos(x^2+y^2)}{(x^2+y^2)x^2y^2}$;

(7) 当 $(x,y)\to(0,0)$ 时, $f(x,y)=\dfrac{x^2-y^2}{x^2+y^2}$.

2. 求 $\varphi(x)=\dfrac{x}{x}$ 和 $\psi(x)=\dfrac{|x|}{x}$ 当 $x\to0$ 时的左、右极限, 并指出它们在 $x\to0$ 时的极限是否存在.

3. 求函数 $f(x)=\begin{cases}x+1, & x>1,\\ 3x-1, & x\leqslant1\end{cases}$ 当 $x\to1$ 时的极限.

4. 证明若 $\lim\limits_{M\to M_0}f(M)=A$, 则 $\lim\limits_{M\to M_0}|f(M)|=|A|$, 并举例说明反之未必成立 (提示: 利用不等式 $||a|-|b||\leqslant|a-b|$).

5. 设 $f(x,y)=\begin{cases}y+x\sin\dfrac{1}{y}, & y\neq0,\\ 0, & y=0.\end{cases}$

(1) 求 $\lim\limits_{y\to 0}\lim\limits_{x\to 0} f(x,y)$;

(2) 求 $\lim\limits_{(x,y)\to(0,0)} f(x,y)$;

(3) 证明 $\lim\limits_{x\to 0}\lim\limits_{y\to 0} f(x,y)$ 不存在.

6. 设 $f(x)=\dfrac{xy}{x^2+y^2}$.

(1) 求 $\lim\limits_{y\to 0}\lim\limits_{x\to 0} f(x,y)$;

(2) 求 $\lim\limits_{x\to 0}\lim\limits_{y\to 0} f(x,y)$;

(3) 证明 $\lim\limits_{(x,y)\to(0,0)} f(x,y)$ 不存在.

7. 设 $f(x,y)=\dfrac{x-y}{x+y}$. 求

(1) $\lim\limits_{x\to 0}\lim\limits_{y\to 0} f(x,y)$;

(2) $\lim\limits_{y\to 0}\lim\limits_{x\to 0} f(x,y)$.

2.4 极限的性质和运算法则

2.4.1 极限的简单性质和运算法则

下面将要叙述的极限性质和运算法则总是对某个极限过程而言的. 为叙述方便, 我们只就 $M\to M_0$ 的情形陈述, 其他情形类似.

定理 4.1 如果 $f(M)\leqslant g(M)$, 且

$$\lim_{M\to M_0} f(M)=A,\quad \lim_{M\to M_0} g(M)=B,$$

则 $A\leqslant B$.

证 用反证法. 假设 $A>B$, 则 $\dfrac{A-B}{2}>0$. 根据极限的定义, 对于 $\varepsilon=\dfrac{A-B}{2}$, 存在 $\delta_1>0$ 和 $\delta_2>0$, 使得当 $M\in N^0(M_0,\delta_1)$ 时, $f(M)\in(-\varepsilon+A,\varepsilon+A)$; $M\in N^0(M_0,\delta_2)$ 时, $g(M)\in(-\varepsilon+B,\varepsilon+B)$. 选取 $\delta=\min\{\delta_1,\delta_2\}$, 则当 $M\in N^0(M_0,\delta)$ 时, 结合 ε 的定义, 有

$$\frac{A+B}{2}<f(M),\quad g(M)<\frac{A+B}{2}.$$

于是, 根据定理的条件, 当 $M\in N^0(M_0,\delta)$ 时, 有

$$\frac{A+B}{2}<f(M)\leqslant g(M)<\frac{A+B}{2},$$

矛盾.

由此定理即可推出如下推论.

推论 1 (极限的唯一性)　如果 $\lim\limits_{M\to M_0} f(M)=A$, 又 $\lim\limits_{M\to M_0} f(M)=B$, 则必有 $A=B$.

推论 2　设 $\lim\limits_{M\to M_0} f(M)=A$, $\lim\limits_{M\to M_0} g(M)=B$, 且 $A<B$, 则在 M_0 的某一邻域内, 当 $M\neq M_0$ 时, 有

$$f(M)<g(M).$$

推论 3 (局部有界性)　设 $\lim\limits_{M\to M_0} f(M)=C$, 且 $A<C<B$(A 和 B 为常数), 则在 M_0 的某一邻域内, 当 $M\neq M_0$ 时, 有

$$A<f(M)<B,$$

即 $f(M)$ 在 M_0 的某一空心邻域内有界.

定理 4.2　如果 $\lim\limits_{M\to M_0} f(M)=A$, $\lim\limits_{M\to M_0} g(M)=B$, 则

(1) $\lim\limits_{M\to M_0}(f(M)\pm g(M))=\lim\limits_{M\to M_0} f(M)\pm\lim\limits_{M\to M_0} g(M)=A\pm B$;

(2) $\lim\limits_{M\to M_0}(f(M)\cdot g(M))=\lim\limits_{M\to M_0} f(M)\cdot\lim\limits_{M\to M_0} g(M)=A\cdot B$;

若再假定 $B\neq 0$, 则

(3) $\lim\limits_{M\to M_0}\dfrac{f(M)}{g(M)}=\dfrac{\lim\limits_{M\to M_0} f(M)}{\lim\limits_{M\to M_0} g(M)}=\dfrac{A}{B}$.

证　(1) 根据极限的定义, 对于任意 $\varepsilon>0$, 存在 $\delta_1>0$ 和 $\delta_2>0$, 使得当 $M\in N^0(M_0,\delta_1)$ 时, $f(M)\in\left(-\dfrac{\varepsilon}{2}+A,\dfrac{\varepsilon}{2}+A\right)$; 当 $M\in N^0(M_0,\delta_2)$ 时, $g(M)\in\left(-\dfrac{\varepsilon}{2}+B,\ \dfrac{\varepsilon}{2}+B\right)$. 选取 $\delta=\min\{\delta_1,\delta_2\}$, 则当 $M\in N^0(M_0,\delta)$ 时, 有

$$|(f(M)\pm g(M))-(A\pm B)|\leqslant|f(M)-A|+|g(M)-B|<\frac{\varepsilon}{2}+\frac{\varepsilon}{2}=\varepsilon.$$

即当 $M\in N^0(M_0,\delta)$ 时, $(f\pm g)(M)\in(-\varepsilon+A\pm B,\varepsilon+A\pm B)$. 根据极限的定义, (1) 式成立.

(2) 由定理 4.1 的推论 3 知, $g(M)$ 在 M_0 的某一空心邻域 $N^0(M_0,\delta_0)$ 内有界, 即存在常数 C, 使得当 $M\in N^0(M_0,\delta_0)$ 时,

$$|g(M)|\leqslant C.$$

于是, 在 $N^0(M_0,\delta_0)$ 内有

$$|f(M)g(M)-AB|=|(f(M)-A)g(M)+A(g(M)-B)|$$

$$\leqslant |f(M)-A|\,|g(M)|+|A|\,|g(M)-B|$$
$$\leqslant N(|f(M)-A|+|g(M)-B|),$$

其中 $N=\max\{C,|A|\}$. 任意给定 $\varepsilon>0$, 对 $\dfrac{\varepsilon}{2N}$ 我们使用极限的定义, 存在 $\delta_1>0$, 使得当 $M\in N^0(M_0,\delta_1)$ 时, $f(M)\in\left(-\dfrac{\varepsilon}{2N}+A,\dfrac{\varepsilon}{2N}+A\right)$; 并且存在 $\delta_2>0$, 使得当 $M\in N^0(M_0,\delta_2)$ 时, $g(M)\in\left(-\dfrac{\varepsilon}{2N}+B,\dfrac{\varepsilon}{2N}+B\right)$. 选取 $\delta=\min\{\delta_0,\delta_1,\delta_2\}$. 这样, 当 $M\in N^0(M_0,\delta)$ 时, $(fg)(M)\in(-\varepsilon+AB,\varepsilon+AB)$. 根据极限的定义, (2) 成立.

(3) 注意到, 对于任意实数 a 和 b, 有不等式 $||a|-|b||<|a-b|$. 于是, 我们有 $||g(M)|-|B||<|g(M)-B|$. 由极限的定义得到 $\lim\limits_{M\to M_0}|g(M)|=|B|\neq 0$. 所以, 根据定理 4.1 的推论 2, 当 M 在 M_0 的某一空心邻域 $N^0(M_0,\delta_0)$ 内时, 有

$$|g(M)|>\frac{|B|}{2}.$$

因此,

$$\begin{aligned}\left|\frac{f(M)}{g(M)}-\frac{A}{B}\right|&=\left|\frac{f(M)B-Ag(M)}{g(M)B}\right|\\&=\frac{|(f(M)-A)B-A(g(M)-B)|}{|g(M)|\,|B|}\\&<\frac{(|f(M)-A|\,|B|+|A|\,|g(M)-B|)}{|B|^2/2}\\&<N(|f(M)-A|+|g(M)-B|),\end{aligned}$$

其中 $N=\max\left\{\dfrac{2}{|B|},\dfrac{2|A|}{|B|^2}\right\}$. 同 (2) 类似, 我们可以证明 (3) 成立.

推论 若 $\lim\limits_{M\to M_0}f(M)$ 存在, 则

(1) $\lim\limits_{M\to M_0}(Cf(M))=C\lim\limits_{M\to M_0}f(M)$;

(2) $\lim\limits_{M\to M_0}(f(M))^n=\left(\lim\limits_{M\to M_0}f(M)\right)^n$,

其中 C 是任一常数, n 是整数.

例 4.1 $\lim\limits_{x\to 2}\dfrac{x^3-1}{x^2-5x+3}$.

解　$\lim\limits_{x\to 2}\dfrac{x^3-1}{x^2-5x+3}=\dfrac{\lim\limits_{x\to 2}(x^3-1)}{\lim\limits_{x\to 2}x^2-5\lim\limits_{x\to 2}x+3}=-\dfrac{7}{3}.$

一般地, 对多项式 $P(x)$ 和 $Q(x)$, 有

$$\lim_{x\to x_0}P(x)=P(x_0),\quad \lim_{x\to x_0}Q(x)=Q(x_0).$$

因此, 当 $Q(x_0)\neq 0$ 时

$$\lim_{x\to x_0}\frac{P(x)}{Q(x)}=\frac{P(x_0)}{Q(x_0)}. \tag{4.1}$$

例 4.2　求 $\lim\limits_{x\to 1}\dfrac{x^2-1}{x^2-5x+4}$.

解　注意当 $x\to 1$ 时分子和分母多项式都趋于 0, 所以不能直接用公式 (4.1). 由于当 $x\to 1$ 时, $x\neq 1$, 故

$$\lim_{x\to 1}\frac{x^2-1}{x^2-5x+4}=\lim_{x\to 1}\frac{(x-1)(x+1)}{(x-1)(x-4)}=\lim_{x\to 1}\frac{x+1}{x-4}=-\frac{2}{3}.$$

例 4.3　$\lim\limits_{x\to\infty}\dfrac{3x^3+x}{7x^3+5x^2-2}$.

解　$\lim\limits_{x\to\infty}\dfrac{3x^3+x}{7x^3+5x^2-2}=\lim\limits_{x\to\infty}\dfrac{3+\dfrac{1}{x^2}}{7+\dfrac{5}{x}-\dfrac{2}{x^3}}=\dfrac{3+\lim\limits_{x\to\infty}\dfrac{1}{x^2}}{7+\lim\limits_{x\to\infty}\dfrac{5}{x}-\lim\limits_{x\to\infty}\dfrac{2}{x^3}}=\dfrac{3}{7}.$

例 4.4　求 $\lim\limits_{x\to -1}\left(\dfrac{1}{x+1}-\dfrac{3}{x^3+1}\right)$.

解　由于当 $x\to -1$ 时, $\dfrac{1}{x+1}$ 和 $\dfrac{3}{x^3+1}$ 的极限都不存在, 所以不能直接用定理 4.2. 注意当 $x\neq -1$ 时,

$$\frac{1}{x+1}-\frac{3}{x^3+1}=\frac{(x+1)(x-2)}{(x+1)(x^2-x+1)}=\frac{x-2}{x^2-x+1},$$

故

$$\lim_{x\to -1}\left(\frac{1}{x+1}-\frac{3}{x^3+1}\right)=\lim_{x\to -1}\frac{x-2}{x^2-x+1}=\frac{-1-2}{(-1)^2+1+1}=-1.$$

2.4.2　夹挤定理及其应用

定理 4.3 (夹挤定理)　设三个函数 $f(M),\varphi(M)$ 和 $\psi(M)$ 在点 M_0 的某一邻域 $N(M_0,\delta_0)$(M_0 点可以除外) 内有

$$\varphi(M)\leqslant f(M)\leqslant \psi(M), \tag{4.2}$$

且

$$\lim_{M\to M_0}\varphi(M)=\lim_{M\to M_0}\psi(M)=A, \tag{4.3}$$

那么, 极限 $\lim\limits_{M\to M_0} f(M)$ 存在, 且等于 A.

证 根据假设, 对任意 $\varepsilon>0$, 存在 $\delta_1>0$ 和 $\delta_2>0$, 使得

$$\varphi(N^0(M_0,\delta_1))\subset(-\varepsilon+A,\varepsilon+A), \tag{4.4}$$

$$\psi(N^0(M_0,\delta_2))\subset(-\varepsilon+A,\varepsilon+A). \tag{4.5}$$

若取 $\delta=\min\{\delta_0,\delta_1,\delta_2\}$, 则当 $M\in N^0(M_0,\delta)$ 时, 由 (4.4) 式和 (4.5) 式, 有

$$A-\varepsilon<\varphi(M),\psi(M)<A+\varepsilon.$$

从而, 由 (4.3) 式便知, 当 $M\in N^0(M_0,\delta)$ 时, 有

$$A-\varepsilon<\varphi(M)\leqslant f(M)\leqslant\psi(M)<A+\varepsilon,$$

这就是所要证明的.

例 4.5 证明 $\lim\limits_{x\to 0}\cos x=1$.

证 由于

$$0\leqslant 1-\cos x=2\sin^2\frac{x}{2}\leqslant\frac{x^2}{2},$$

而 $\lim\limits_{x\to 0}\dfrac{x^2}{2}=0$, 因此, 利用定理 4.3 便知

$$\lim_{x\to 0}(1-\cos x)=0.$$

这样, 由极限的运算法则便知, $\lim\limits_{x\to 0}\cos x=1$.

例 4.6 证明 $\lim\limits_{x\to+\infty}\left(\sqrt{x^2+x}-x\right)=\dfrac{1}{2}$.

证 当 $x>0$ 时,

$$\sqrt{x^2+x}-x=\frac{x}{\sqrt{x^2+x}+x}=\frac{1}{\sqrt{1+\dfrac{1}{x}}+1},$$

但

$$1<\sqrt{1+\frac{1}{x}}<1+\frac{1}{x},\quad x>0,$$

故

$$\frac{1}{\sqrt{\left(1+\frac{1}{x}\right)}+1} < \sqrt{x^2+x}-x < \frac{1}{2}.$$

由此令 $x \to +\infty$, 并由极限的运算法则和夹挤定理就得到要证明的结果.

例 4.7 证明 $\lim\limits_{x\to 0}\dfrac{\sin x}{x}=1$.

证 在图 2-14 中, 比较三角形 OAB 和三角形 OAC 以及扇形 OAB 的面积, 容易知道, 若

$$0 < x < \frac{\pi}{2},$$

则

$$\frac{1}{2}R^2\sin x < \frac{1}{2}R^2 x < \frac{1}{2}R^2\tan x.$$

用 $\sin x$ 除以上述不等式各端并整理, 得

$$1 < \frac{x}{\sin x} < \frac{1}{\cos x},$$

或 (图 2-15)

$$\cos x < \frac{\sin x}{x} < 1. \tag{4.6}$$

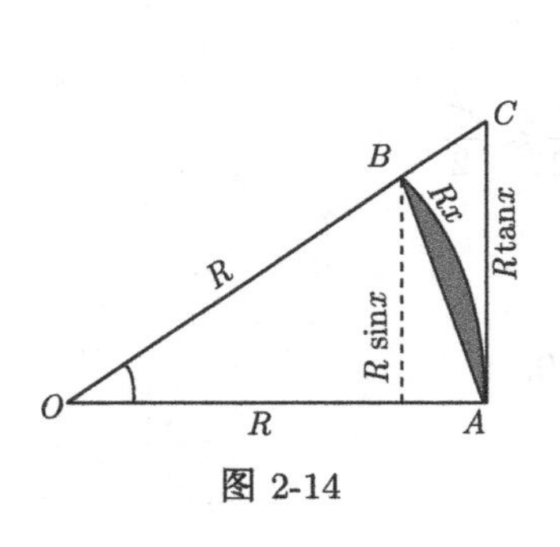

图 2-14

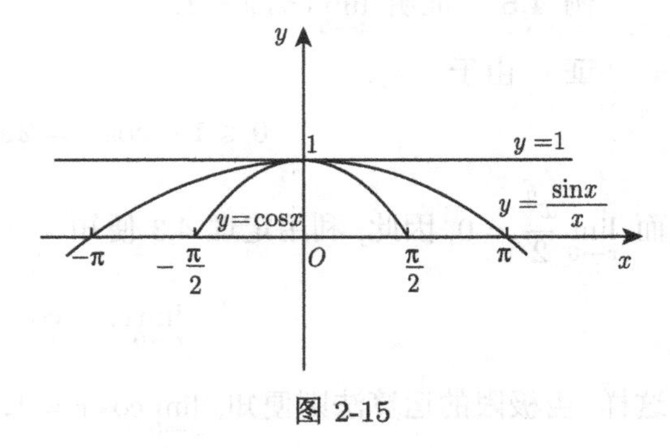

图 2-15

当用 $-x$ 替代 x 时, $\cos x$ 和 $\dfrac{\sin x}{x}$ 值都不变, 故上式对 $-\dfrac{\pi}{2} < x < 0$ 也成立. 由例 4.5 知 $\lim\limits_{x\to 0}\cos x = 1$. 因此, 利用定理 4.2, 由 (4.6) 式便得到所要证明的结果.

例 4.7 的极限是一个很重要的极限, 以后将多次用到它.

例 4.8 求 $\lim\limits_{x\to 0}\dfrac{\tan 5x}{\sin 3x}$.

解 利用例 4.7 的结果和极限的运算法则,

$$\lim_{x\to 0}\frac{\tan 5x}{\sin 3x} = \lim_{x\to 0}\frac{\sin 5x\cdot 3x}{5x\cdot\sin 3x\cdot\cos 5x}\cdot\frac{5}{3}$$

$$= \frac{5}{3} \lim_{x \to 0} \frac{\sin 5x}{5x} \cdot \lim_{x \to 0} \frac{3x}{\sin 3x} \cdot \frac{1}{\lim\limits_{x \to 0} \cos 5x} = \frac{5}{3}.$$

例 4.9 求 $\lim\limits_{x \to 0} \dfrac{1 - \cos x}{x^2}$.

解 $$\lim_{x \to 0} \frac{1 - \cos x}{x^2} = \lim_{x \to 0} \frac{2 \sin^2 \frac{x}{2}}{x^2} = \frac{1}{2} \lim_{x \to 0} \left(\frac{\sin \frac{x}{2}}{\frac{x}{2}} \right)^2 = \frac{1}{2}.$$

例 4.10 求 $\lim\limits_{(x,y) \to (0,3)} \dfrac{\sin(xy)}{x}$.

解 $$\begin{aligned} \lim_{(x,y) \to (0,3)} \frac{\sin(xy)}{x} &= \lim_{(x,y) \to (0,3)} \frac{\sin(xy)}{xy} \cdot y \\ &= \lim_{(x,y) \to (0,3)} \frac{\sin(xy)}{xy} \cdot \lim_{(x,y) \to (0,3)} y = 3. \end{aligned}$$

习 题 2.4

1. 计算下列各极限:

(1) $\lim\limits_{x \to 1} \dfrac{x^2 - 2x + 5}{x^3 + 1}$;

(2) $\lim\limits_{h \to 0} \dfrac{(x+h)^2 - x^2}{h}$;

(3) $\lim\limits_{x \to +\infty} \dfrac{x^2 - 5}{x^2 + x + 1}$;

(4) $\lim\limits_{x \to 2} \left(\dfrac{1}{x-2} - \dfrac{2x+8}{x^3 - 8} \right)$;

(5) $\lim\limits_{x \to -1} \dfrac{x^3 + 1}{x^2 - 1}$;

(6) $\lim\limits_{x \to \infty} x^2 \left(\dfrac{1}{x+1} - \dfrac{1}{x-1} \right)$;

(7) $\lim\limits_{x \to \infty} \dfrac{(2x-3)^2 (3x+2)^3}{(6x+5)^5}$;

(8) $\lim\limits_{x \to \infty} \left(1 + \dfrac{1}{x}\right)\left(2 - \dfrac{1}{x^2}\right)$;

(9) $\lim\limits_{x \to 4} \dfrac{x^2 - 6x + 8}{x^2 - 5x + 4}$;

(10) $\lim\limits_{x \to +\infty} \dfrac{a_0 x^n + a_1}{b_0 x^m + b_1}$, 其中 $a_0 b_0 \neq 0$.

2. 利用夹挤定理证明:

(1) $\lim\limits_{x \to +\infty} \dfrac{\sqrt{x^2+1} - x}{\sqrt{x^2+1} + x} = 0$;

(2) $\lim\limits_{x \to +0} \dfrac{\sqrt{x+1} - 1}{x} = \dfrac{1}{2}$(提示: 当 $x > 0$ 时, $\sqrt{x+1} < 1 + x$).

3. 计算下列各极限:

(1) $\lim\limits_{x \to 0} \dfrac{\tan x + \sin x}{x}$;

(2) $\lim\limits_{x \to 0} \dfrac{\sin \alpha x}{\sin \beta x}$, $\alpha\beta \neq 0$;

(3) $\lim\limits_{x \to 0} x \sin \dfrac{1}{x}$;

(4) $\lim\limits_{x \to 0} x \left(\cot x + \dfrac{1}{x} \right)$;

(5) $\lim\limits_{x\to 0}\dfrac{1-\cos 2x}{x\sin x}$;　　(6) $\lim\limits_{x\to 1}\dfrac{\cos\frac{\pi}{2}x}{1-x}$;

(7) $\lim\limits_{x\to 0}\dfrac{\tan x-\sin x}{\sin^3 x}$;　　(8) $\lim\limits_{x\to 0}\dfrac{1-\cos x\cos 3x}{x}$;

(9) $\lim\limits_{(x,y)\to(1,0)}\dfrac{\sin(2xy)}{xy}$;　　(10) $\lim\limits_{(x,y)\to(\infty,\infty)}\dfrac{1}{x^2+y^2}$;

(11) $\lim\limits_{(x,y)\to(0,0)}x\sin\dfrac{1}{y}$;　　(12) $\lim\limits_{(x,y)\to(0,0)}\dfrac{xy}{\sqrt{x^2+y^2}}$.

2.5　数列的极限

2.5.1　数列极限的概念

数列可以看成定义在自然数集合上的函数 $f(n)$

$$x_n=f(n),\quad n=1,2,\cdots,$$

简记为 $\{x_n\}$, 称 x_n 为数列的一般项. 现在, 我们要讨论的是, 当 n 无限增大时, 数列一般项 x_n 的变化趋势.

既然数列是一个特殊的函数, 那么, 仿照定义 3.4 有如下数列极限的定义.

定义 5.1　如果当 n 无限增大时, 数列 $\{x_n\}$ 的一般项 x_n 无限趋近于确定的数值 A, 则称数列 $\{x_n\}$ 当 $n\to+\infty$ 时以 A 为极限, 记为

$$\lim_{n\to\infty}x_n=A\quad 或\quad x_n\to A, 当\ n\to+\infty. \tag{5.1}$$

一个数列有极限, 有时叫做这个数列是**收敛**的. 如果数列没有极限, 就说这个数列是**发散**的. 我们也可以给出数列极限的准确定义.

定义 5.2　考虑数列 $\{x_n\}$. 如果存在常数 A, 使得对任意 $\varepsilon>0$, 存在 $N>0$, 使得当 $n>N$ 时, $x_n\in(-\varepsilon+A,\varepsilon+A)$, 则称 x_n 当 $n\to+\infty$ 时, 以 A 为极限, 记为

$$\lim_{n\to\infty}x_n=A.$$

从几何上看, 将常数 A 和数 $x_1,x_2,x_3,\cdots,x_n,\cdots$ 在数轴上用它们的对应点表示出来, 那么 (5.1) 式表示点 A 的任一邻域 (无论它多么小), 都包含着数列 $\{x_n\}$ 的无限多个点. 换句话说, 点 x_n 越来越紧密地聚集于点 A 的附近, 以至于 A 的任何邻域 (不管它多么小) 都包含着 $\{x_n\}$ 中除去最多为有限个点以外的所有的点 (图 2-16).

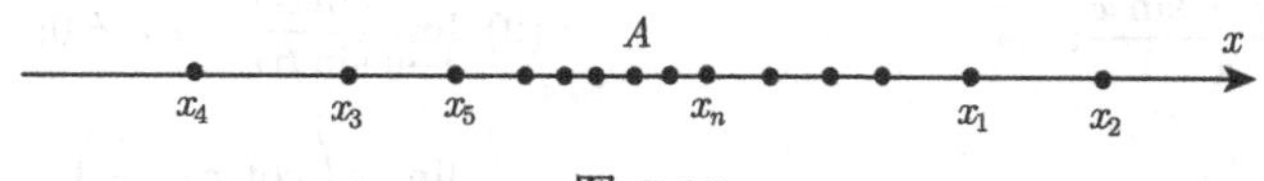

图 2-16

所谓一个数列 $\{x_n\}$ 是有界的, 即存在常数 $M>0$, 使得对任何 n, 都有

$$|x_n| \leqslant M \tag{5.2}$$

成立. 这表明全部的 x_n 都落在区间 $[-M, M]$. 等价地, 数列有界的充要条件是存在有界区间使得数列的所有元素包含在区间中. 根据数列极限的几何意义可得如下收敛数列的有界性定理.

定理 5.1　收敛数列必有界.

证明类似于定理 4.1 的推论 3.

根据这个定理, 如果数列 $\{x_n\}$ 无界, 那么它一定发散. 但是, 如果数列 $\{x_n\}$ 有界, 并不能断定 $\{x_n\}$ 一定收敛. 例如, 数列

$$1, -1, 1, \cdots, (-1)^{n+1}, \cdots$$

有界, 但这个数列是发散的. 所以数列有界是数列收敛的必要条件, 但不是充分条件.

有关函数极限的性质和运算法则, 对于数列极限也同样是适用的.

例 5.1　求 $\lim\limits_{n\to+\infty}(\sqrt{n^2+1}-n)$.

解　由于

$$0 < \sqrt{n^2+1}-n = \frac{1}{\sqrt{n^2+1}+n} < \frac{1}{2n},$$

而 $\lim\limits_{n\to+\infty}\dfrac{1}{2n}=0$, 故由夹挤定理, 有

$$\lim_{n\to+\infty}(\sqrt{n^2+1}-n)=0.$$

例 5.2　证明 $\lim\limits_{n\to+\infty}a^n=0, 0<a<1$.

证　不妨设 $a=\dfrac{1}{1+\lambda}$, λ 为某一正数. 由二项式定理有

$$(1+\lambda)^n \geqslant 1+n\lambda, \tag{5.3}$$

所以

$$0 < a^n = \frac{1}{(1+\lambda)^n} \leqslant \frac{1}{1+n\lambda} < \frac{1}{n\lambda},$$

而 $\lim\limits_{n\to+\infty}\dfrac{1}{n\lambda}=0$, 因此, 由夹挤定理便得到所要证明的结果.

2.5.2　单调有界原理及其应用

在复利理论中, 会遇到计算形如 $x_n = \left(1+\dfrac{k}{n}\right)^n$ 的数列的极限, 其中 k 为一常数.

假设每年计算利息一次, 若本金是 a, 利率是 k, 则一年末的本利之和就是

$$a(1+k),$$

第二年末是

$$a(1+k)^2,$$

一般地, m 年末本利之和是

$$a(1+k)^m.$$

现在, 假设每过 $\dfrac{1}{n}$ 年计算利息一次, 并规定利率要按 $\dfrac{k}{n}$ 来计算, 而计算利息的次数要增加 n 倍, 于是 m 年年末的本利之和是

$$a\left(1+\frac{k}{n}\right)^{mn}.$$

最后, 设 n 无限增加, 也就是说计算利息的时间区限无限减少以至于连续地计算利息, 那么, m 年末的本利之和是

$$\lim_{n\to+\infty} a\left(1+\frac{k}{n}\right)^{mn}. \tag{5.4}$$

为了论证这个数列有极限, 我们给出如下定理.

定理 5.2 (单调有界原理)　单调有界数列必有极限.

根据定理 5.1 容易看出, 在这个定理条件中要求数列有界是很自然的. 至于数列 $\{x_n\}$ 是单调的, 是指 $\{x_n\}$ 或者是单调增加数列, 或者是单调减少数列, 即对一切 n, 有

$$x_n \leqslant x_{n+1} \quad \text{或} \quad x_n \geqslant x_{n+1}.$$

下面我们对单调有界原理作几何解释. 从数轴上看, 如果数列是单调增加的 (单调减少的情形也类似), 那么点列 $x_1, x_2, x_3, \cdots, x_n, \cdots$ 是依次自左向右排列的, 所以在极限过程中只有两种可能性: 或者点 x_n 沿着数轴移向无穷远 ($x_n \to +\infty$); 或者点 x_n 无限趋近于某一个定点 A(图 2-17). 但又假定数列是有界的, 而有界数

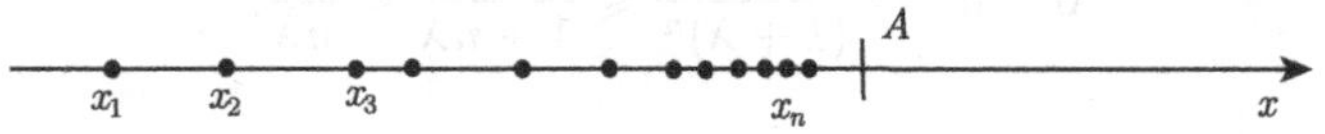

图 2-17

列的点 x_n 都落在某一区间 $[-M,M]$ 内, 于是第一种情形就不能发生了. 这就表示数列 $\{x_n\}$ 只能趋向一个极限.

应当指出, 原理中所述的单调和有界条件是缺一不可的. 因此, 单调和有界条件是数列收敛的充分条件, 但不是必要条件.

例 5.3 证明数列 $x_n=\left(1+\dfrac{1}{n}\right)^n$ 极限存在.

证 由二项式定理有

$$
\begin{aligned}
x_n=\left(1+\frac{1}{n}\right)^n&=\sum_{k=0}^{n}\frac{n(n-1)\cdots(n-k+1)}{k!}\cdot\frac{1}{n^k}\\
&=\sum_{k=0}^{n}\frac{1}{k!}\left(1-\frac{1}{n}\right)\left(1-\frac{2}{n}\right)\cdots\left(1-\frac{k-1}{n}\right).
\end{aligned}
$$

类似地,

$$
x_{n+1}=\left(1+\frac{1}{n+1}\right)^{n+1}=\sum_{k=0}^{n+1}\frac{1}{k!}\left(1-\frac{1}{n+1}\right)\left(1-\frac{2}{n+1}\right)\cdots\left(1-\frac{k-1}{n+1}\right).
$$

比较 x_n 和 x_{n+1} 的展开式可知, 除前两项外, x_n 的每一项都小于 x_{n+1} 的对应项, 并且 x_{n+1} 还多了最后的一项, 其值大于零, 于是

$$
x_n<x_{n+1},
$$

即数列 x_n 是单调增加的. 另外,

$$
\begin{aligned}
x_n<\sum_{k=0}^{n}\frac{1}{k!}&<1+1+\frac{1}{2}+\frac{1}{2^2}+\cdots+\frac{1}{2^{n-1}}\\
&=1+\frac{1-\dfrac{1}{2^n}}{1-\dfrac{1}{2}}=3-\frac{1}{2^{n-1}}<3,
\end{aligned}
$$

即数列 x_n 又是有界的. 根据单调有界原理, 这个数列必收敛.

通常用字母 e 来表示上述数列的极限, 即

$$
\lim_{n\to+\infty}\left(1+\frac{1}{n}\right)^n=\mathrm{e}, \tag{5.5}
$$

数学上已证明极限 e 是一个无理数

$$
\mathrm{e}=2.7182818284590\cdots.
$$

在这个基础上, 利用夹挤定理还可以证明函数极限

$$\lim_{x\to\infty}\left(1+\frac{1}{x}\right)^{x}=\mathrm{e} \tag{5.6}$$

或者

$$\lim_{x\to 0}(1+x)^{\frac{1}{x}}=\mathrm{e}. \tag{5.7}$$

这些结果在高等数学中有着重要的应用.

例 5.4　求 $\lim\limits_{x\to 0}(1+2x)^{\frac{1}{x}}$.

解　$$\begin{aligned}\lim_{x\to 0}(1+2x)^{\frac{1}{x}}&=\lim_{x\to 0}\left((1+2x)^{\frac{1}{2x}}\cdot(1+2x)^{\frac{1}{2x}}\right)\\&=\lim_{x\to 0}(1+2x)^{\frac{1}{2x}}\cdot\lim_{x\to 0}(1+2x)^{\frac{1}{2x}}=\mathrm{e}^2.\end{aligned}$$

例 5.5　求 $\lim\limits_{x\to\infty}\left(\dfrac{x^2+1}{x^2-1}\right)^{x^2}$.

解　$$\begin{aligned}\lim_{x\to\infty}\left(\frac{x^2+1}{x^2-1}\right)^{x^2}&=\lim_{x\to\infty}\left(\frac{1+\frac{1}{x^2}}{1-\frac{1}{x^2}}\right)^{x^2}\\&=\lim_{x\to\infty}\left(\left(1+\frac{1}{x^2}\right)^{x^2}\cdot\left(1-\frac{1}{x^2}\right)^{-x^2}\right)\\&=\lim_{x\to\infty}\left(1+\frac{1}{x^2}\right)^{x^2}\cdot\lim_{x\to\infty}\left(1-\frac{1}{x^2}\right)^{-x^2}\\&=\mathrm{e}^2.\end{aligned}$$

习　题　2.5

1. 观察下列数列的变化趋势, 写出它们的极限:

(1) $x_n=\dfrac{(-1)^n}{n}$;　(2) $x_n=2+\dfrac{1}{n^2}$;

(3) $x_n=\dfrac{2n}{2n-1}$;　(4) $x_n=0.\underbrace{33\cdots 3}_{n\text{个}}$;

(5) $x_n=\sqrt{1+\dfrac{a^2}{n^2}}$.

2. 计算下列极限:

(1) $\lim\limits_{n\to+\infty}\dfrac{(n+1)(n+2)(n+3)}{5n^3}$;　(2) $\lim\limits_{n\to+\infty}\left(\dfrac{1}{n^2}+\dfrac{2}{n^2}+\cdots+\dfrac{n}{n^2}\right)$;

(3) $\lim\limits_{n\to+\infty}\left(1+\dfrac{1}{2}+\cdots+\dfrac{1}{2^n}\right)$;

(4) $\lim\limits_{n\to+\infty}\dfrac{a^{n+1}+b^{n+1}}{a^n+b^n}$, $a\geqslant b>0$;

(5) $\lim\limits_{n\to+\infty}\left(\cos\dfrac{x}{2}\cos\dfrac{x}{2^2}\cdots\cos\dfrac{x}{2^n}\right)$.

3. 用夹挤定理计算下列极限:

(1) $\lim\limits_{n\to+\infty}\dfrac{\sin n!}{3^n}$;

(2) $\lim\limits_{n\to+\infty}\dfrac{\arctan n}{n}$;

(3) $\lim\limits_{n\to+\infty}(\sqrt{n+1}-\sqrt{n})$;

(4) $\lim\limits_{n\to+\infty}\dfrac{\sqrt[3]{n^2+n}}{n+2}$.

4. 如下图, 在曲线 $y=x^2$, $0\leqslant x\leqslant 1$ 和 x 轴以及直线 $x=1$ 所围成的曲边三角形中, 将区间 $[0,1]$ 分成 n 等份, 每份上作内接矩形. 试确定所作出的阶梯形图形的面积, 并求当 $n\to+\infty$ 时的极限 $\left(提示: 1^2+2^2+\cdots+n^2=\dfrac{1}{6}n(n+1)(2n+1)\right)$.

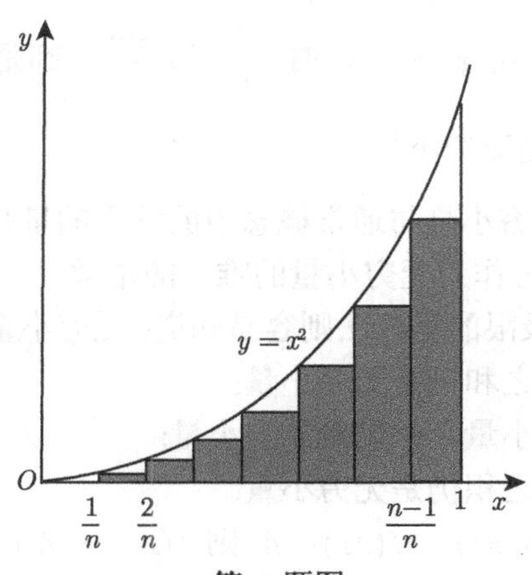

第 4 题图

5. 计算下列极限:

(1) $\lim\limits_{x\to0}(1-x)^{\frac{1}{x}}$;

(2) $\lim\limits_{x\to+\infty}\left(\dfrac{1+x}{x}\right)^{2x}$;

(3) $\lim\limits_{x\to+\infty}\left(1-\dfrac{1}{x}\right)^{kx}$, k 为正整数;

(4) $\lim\limits_{x\to2}\left(\dfrac{x}{2}\right)^{\frac{2}{x-2}}$;

(5) $\lim\limits_{x\to\infty}\left(\dfrac{x+1}{x-2}\right)^{2x-1}$;

(6) $\lim\limits_{x\to\infty}\left(\dfrac{2x+3}{2x+1}\right)^{2x+1}$;

(7) $\lim\limits_{x\to0}(1-5x)^{\frac{1}{x}}$;

(8) $\lim\limits_{x\to\infty}\left(\dfrac{x-1}{x+3}\right)^{x+2}$;

(9) $\lim\limits_{x\to\infty}\left(\dfrac{x^2+2}{x^2+1}\right)^{x^2}$.

2.6　无穷小与无穷大

函数极限能够刻画出函数值的变化趋势, 例如 $\lim\limits_{M\to M_0} f(M)=A$ 表示当 $M\to M_0$ 时, $f(M)$ 无限趋近 A, 但这并没有反映出 $f(M)$ 趋近 A 的速度. 本节讨论这个问题. 为了避免不必要的重复, 采用一个简单的记号: $\lim f(M)$, 而不标明自变量的变化过程, 也就是说, 所述事实对各种情况都适用.

2.6.1　无穷小与无穷大概念

定义 6.1　在某个极限过程中, 如果函数 $\beta(M)$ 以零为极限, 即 $\lim\beta(M)=0$, 则称 $\beta(M)$ 是该极限过程中的无穷小量, 简称无穷小.

例如, 当 $(x,y)\to(1,2)$ 时, $(x-1)^2+(y-2)^3$ 是无穷小; 当 $x\to 0$ 时, x^2 和 $\dfrac{\sin x-x}{x}$ 都是无穷小量; 当 $x\to+\infty$ 时, $\dfrac{1}{x^2}$ 和 $\dfrac{\sin x}{x}$ 都是无穷小量; 当 $n\to+\infty$ 时, 数列 $\dfrac{1}{n}$ 和 $\dfrac{n+1}{n^2}$ 都是无穷小量.

特别要注意的是, 无穷小量与通常概念中的很小的量是两个不同的概念, 前者是变量, 后者是常量. 零可作为无穷小量的唯一的常数.

由无穷小量定义和极限的运算法则容易知道, 无穷小量有以下几个性质:

(1) 有限个无穷小量之和仍是无穷小量;

(2) 有界函数与无穷小量之积仍是无穷小量;

(3) 有限个无穷小量之积仍是无穷小量.

对于函数 $f(M)$, 令 $\alpha(M)=f(M)-A$, 则 $f(M)=A+\alpha(M)$. 显然, 函数 $f(M)$ 以 A 为极限必须且只需 $\alpha(M)$ 以零为极限, 即 $\alpha(M)$ 是无穷小量. 换句话说, 函数 $f(M)$ 以 A 为极限等价于函数 $f(M)$ 可以表示成定数 A 与某一无穷小量之和.

例 6.1　证明 $\lim\limits_{n\to+\infty}\sqrt[n]{a}=1,\ a>1$.

证　显然, $\sqrt[n]{a}>1$. 不妨设

$$\sqrt[n]{a}=1+\lambda_n,\quad \lambda_n>0.$$

由二项式定理有

$$a=(1+\lambda_n)^n>1+n\lambda_n,$$

因此

$$0<\lambda_n<\frac{a-1}{n}.$$

根据夹挤定理可推出 $\lim\limits_{n\to+\infty}\lambda_n=0$, 即 λ_n 是无穷小量. 这表明 $\sqrt[n]{a}$ 是 1 和无穷小

量 λ_n 之和. 这就证明了 $\lim\limits_{n\to+\infty}\sqrt[n]{a}=1$.

定义 6.2 在某一极限过程中如果函数 $\gamma(M)$ 的绝对值无限增大, 则称 $\gamma(M)$ 为无穷大量, 简称无穷大, 记作

$$\lim\gamma(M)=\infty.$$

特别地, 如果 $\gamma(M)$ 的代数值无限增大 (减少), 则称 $\gamma(M)$ 是正 (负) 无穷大量, 记作

$$\lim\gamma(M)=+\infty \quad 或 \quad \lim\gamma(M)=-\infty.$$

提醒注意, 不要把 ∞ 当成一个数看待, 它不具备数的性质. 它只是用来描述函数的一种变化趋势, 定义中所说的 "无限增大" 的意思是: 在自变量的某一变化过程中, $|\gamma(M)|$ 无限制地增大, 要多大就能多大, 可以大于任何预先给定的正数, 这和 "越来越大" 的意思不完全一样. 例如, 当 $x\to1-0$ 时, $y=x^2$ 和 $y=\dfrac{1}{(1-x)^2}$ 都越来越大, 但前者不是无穷大量, 而后者是无穷大量.

例如, 当 $x\to1$ 时, $\dfrac{1}{(x-1)^2}$ 和 $\dfrac{\sin(x-1)}{(x-1)^2}$ 都是无穷大量; 当 $x\to\infty$ 时 x^2 和 e^{x^2} 都是正无穷大量; 当 $x\to-\infty$ 时, x^3 和 x^5+1 都是负无穷大量.

不难看出, 无穷大和无穷小之间有如下简单的关系: 如果 $f(M)$ 是无穷大量, 则 $\dfrac{1}{f(M)}$ 是无穷小量; 反之, 若 $f(M)(f(M)\neq0)$ 是无穷小量, 则 $\dfrac{1}{f(M)}$ 是无穷大量.

例如, 当 $x\to0$ 时, x^2 和 $\dfrac{\sin x-x}{x}$ 都是无穷小量, $\dfrac{1}{x^2}$ 和 $\dfrac{x}{\sin x-x}$ 是无穷大量.

2.6.2 无穷小量的阶

现在我们将注意力转向讨论无穷小量趋于零的速度问题上, 这样也就可以了解函数趋于极限的速度. 例如, 在 $x\to0$ 的过程中, x, x^2 和 $\sin x$ 都是无穷小量. 从直观上容易觉察到: 无穷小量 x^2 趋于 0 的速度比 x 来得快, 但是对 x 和 $\sin x$ 就不那么明显了. 为了从无穷小量变化速度上区别它们, 我们引入如下定义.

定义 6.3 设 $\lim\alpha(M)=0(\alpha(M)\neq0), \lim\beta(\mathrm{M})=0$.

(1) 如果 $\lim\dfrac{\beta(M)}{\alpha(M)}=0$, 则称 $\beta(M)$ 是比 $\alpha(M)$ 高阶的无穷小;

(2) 如果 $\lim\dfrac{\beta(M)}{\alpha(M)}=c$($c$ 是非零常数), 则称 $\beta(M)$ 和 $\alpha(M)$ 是同阶无穷小, 特别当 $c=1$ 时, 就称 $\beta(M)$ 和 $\alpha(M)$ 是等价无穷小;

(3) 如果 $\lim \dfrac{\beta(M)}{\alpha(M)} = \infty$, 则称 $\beta(M)$ 是比 $\alpha(M)$ 低阶的无穷小.

例如, 在 $x \to 0$ 时, x^2 是 x 的高阶无穷小; $\sin x$ 是和 x 等价的无穷小; $1-\cos x$ 是和 x^2 同阶的无穷小.

为方便起见, 对任意函数 $f(M)$ 和 $g(M)$, 人们常引用下述记号:

当 $\lim \dfrac{f(M)}{g(M)} = 0$ 时, 记为 $f(M) = o(g(M))$;

当 $\lim \dfrac{f(M)}{g(M)} = 1$ 时, 记为 $f(M) \sim g(M)$;

当 (至少从某一 "时刻" 起) $\left|\dfrac{f(M)}{g(M)}\right| \leqslant C$($C$ 为某一常数) 时, 记为 $f(M) = O(g(M))$. 此处, 只要求 $g(M) \neq 0$, 并不要求 $f(M)$ 和 $g(M)$ 一定是无穷小或无穷大, 甚至 $\lim f(M), \lim g(M)$ 可以没有意义.

如果 $\alpha(M), \beta(M)$ 都是无穷小量时, $\beta(M)$ 是比 $\alpha(M)$ 高阶的无穷小量, 可记为 $\beta(M) = o(\alpha(M))$; $\beta(M)$ 和 $\alpha(M)$ 是同阶无穷小量, 通常记为 $\beta(M) = O(\alpha(M))$; $\beta(M)$ 和 $\alpha(M)$ 是等价无穷小量, 可记为 $\beta(M) \sim \alpha(M)$.

例如, 当 $x \to 0$ 时, 有

$$x^2 = o(x), \quad x \sin x = o(x), \quad x = o(1),$$

$$x \sim \sin x, \quad (1+x)^{\frac{1}{x}} = O(1).$$

这样看来, $o(M)$ 可能代表很多内容, 使人难以捉摸, 但这种简单的记法, 在分析和计算中会带来很多方便. 比如, 若 $f(M)$ 是一个无穷小量, 就可以记成 $f(M) = o(1)$; 若 $f(M)$ 以 A 为极限, 就可以记成 $f(M) = A + o(1)$, 等等. 使用这种记法, 常常能帮助我们抓住事物的本质, 分清主次, 简化推理.

例如, 当 $x \to 0$ 时, 显然可以写成

$$\sin x = x + o(x) \quad \text{或} \quad \sin x \sim x,$$

这表明当 $x \to 0$ 时, $\sin x$ 和 x"差不多", 相差的只是关于 x 的高阶无穷小.

又如,

$$a_0 x^n + a_1 x^{n-1} + \cdots + a_{n-1} x + a_n = a_0 x^n + o(x^n), \quad a_0 \neq 0, \quad x \to \infty; \tag{6.1}$$

$$a_0 x^n + a_1 x^{n-1} + \cdots + a_{n-1} x + a_n = a_n + O(1), \quad x \to 0. \tag{6.2}$$

因此, 当 $x \to \infty$ 时, 多项式最主要部分是最高次项; 当 $x \to 0$ 时, 多项式最主要部分是最低次项.

关于无穷大, 也有类似的阶的比较, 不一一论述了.

最后, 我们来叙述等价无穷小在极限运算中比较常用的简单性质.

设 $\alpha(M) \sim \alpha_1(M)$, $\beta(M) \sim \beta_1(M)$, 且 $\lim \dfrac{\beta_1(M)}{\alpha_1(M)}$ 存在, 则

$$\lim \frac{\beta(M)}{\alpha(M)} = \lim \frac{\beta_1(M)}{\alpha_1(M)}.$$

事实上,

$$\begin{aligned}
\lim \frac{\beta(M)}{\alpha(M)} &= \lim \left(\frac{\beta(M)}{\beta_1(M)} \cdot \frac{\beta_1(M)}{\alpha_1(M)} \cdot \frac{\alpha_1(M)}{\alpha(M)}\right) \\
&= \lim \frac{\beta(M)}{\beta_1(M)} \cdot \lim \frac{\beta_1(M)}{\alpha_1(M)} \cdot \lim \frac{\alpha_1(M)}{\alpha(M)} \\
&= \lim \frac{\beta_1(M)}{\alpha_1(M)}.
\end{aligned}$$

例 6.2 求 $\lim\limits_{x \to 0} \dfrac{\sin x}{x^3 + 3x}$.

解 当 $x \to 0$ 时, $\sin x \sim x$, $x^3 + 3x \sim 3x$, 故

$$\lim_{x \to 0} \frac{\sin x}{x^3 + 3x} = \lim_{x \to 0} \frac{x}{3x} = \frac{1}{3}.$$

习 题 2.6

1. 下列各函数哪些是无穷小, 哪些是无穷大?

(1) $y = \dfrac{x-3}{x}$, 当 $x \to 3$ 时; (2) $y = \dfrac{x}{1+x}$, 当 $x \to 0$ 时;

(3) $y = x\sin\dfrac{1}{x}$, 当 $x \to 0$ 时; (4) $y = \dfrac{1}{x^3 + x}$, 当 $x \to \infty$ 时;

(5) $y = \dfrac{x^3}{x^2 + x + 1}$, 当 $x \to \infty$ 时; (6) $y = \dfrac{1 + 2x}{x}$, 当 $x \to 0$ 时.

2. 当 $x \to 0$ 时, $2x - x^2$ 与 $x^2 - x^3$ 相比, 哪个是高阶无穷小?

3. 证明下列各对无穷小是等价的:

(1) $3\sin x$ 和 $x^3 + 3x (x \to 0)$; (2) $\dfrac{1}{2}(1 - x^2)$ 和 $1 - x (x \to 1)$.

4. 函数 $y = x\cos x$ 在 $(-\infty + \infty)$ 上是否有界? 又当 $x \to \infty$ 时, 这个函数是否为无穷大? 为什么?

5. 当 $x \to 0$ 时, 下列各无穷小与形如 ax^n(n 是待定正整数, a 不等于 0) 的无穷小等价, 试分别确定 n(这样的无穷小称为关于无穷小 x 的 n 阶无穷小, 简称 n 阶无穷小).

(1) $2x^2+3x^3$;　(2) $\sin^n x$;　(3) $\dfrac{x^4}{1+x}$;　(4) $1-\cos x$.

6. 当 $x\to 0$ 时, 证明:

(1) $x\sin x=x^2+o(x^2)$;　(2) $(1+x)^n=1+nx+o(x)$.

7. 求下列极限:

(1) $\lim\limits_{x\to 1}(x^2-1)\sin\dfrac{1}{x-1}$;　(2) $\lim\limits_{x\to 0}\dfrac{x^2\sin\dfrac{1}{x}}{\sin x}$;

(3) $\lim\limits_{x\to 0}\dfrac{\sin 3x\sin 5x}{(x-x^2)^2}$;　(4) $\lim\limits_{x\to 0}\dfrac{\cos x-\cos 2x}{1-\cos x}$;

(5) $\lim\limits_{x\to 3}\dfrac{x^2+1}{(x-3)^2}$;　(6) $\lim\limits_{x\to\infty}(2x^4-x+1)$;

(7) $\lim\limits_{x\to\infty}\dfrac{x^3}{x^2+1}$.

8. 如果球的半径 R_0 增加一个无穷小 α, 试证明下列各增量仍是 α 的一阶无穷小:

(1) 球的表面积;　(2) 球的体积.

9. 验证 (6.1), (6.2) 式.

第3章 函数的连续性

3.1 函数连续的基本概念

在描述函数曲线的变化形态时, 我们经常会用到连续和间断的概念, 以表示函数值变化过程的渐变和突变. 直观地看, 连续性通常是指, 函数的定义域中点 M 的微小变动只能引起对应的函数值 $y=f(M)$ 的微小的变化, 而不出现跳跃性突变. 因此, 对于一元函数而言, 其对应的图形是由能够"一笔画出"的曲线组成的 (图 3-1). 反之, 在横坐标为 x_0 的点处由断开的两条曲线组成的函数曲线, 在 x_0 处出现跳跃性间断 (图 3-2).

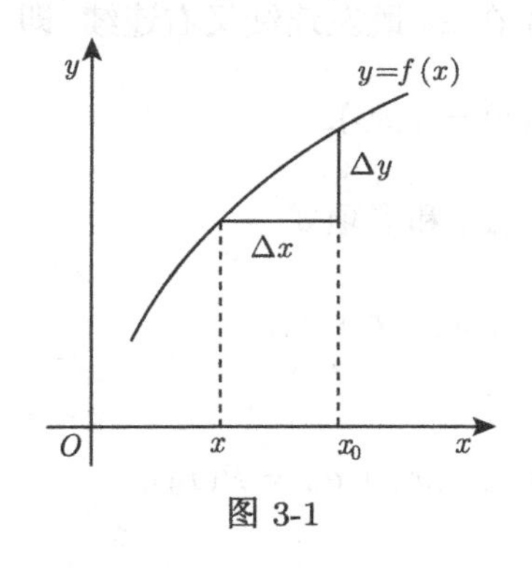

图 3-1

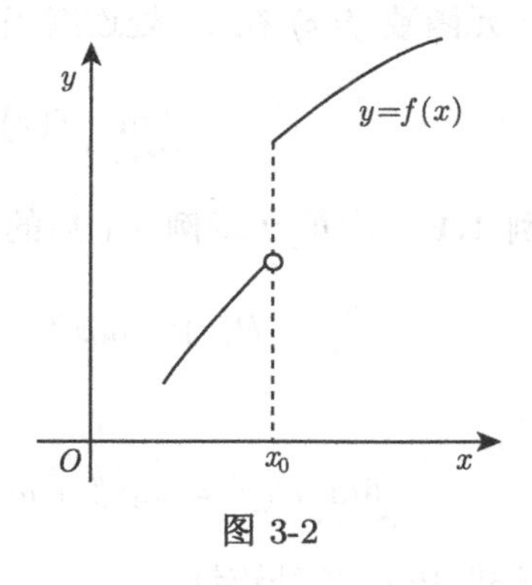

图 3-2

现在, 假定函数 $u=f(M)$ 在 M_0 的某个邻域内有定义. 当自变量在这个邻域内从 M 点变动到 M_0 点时, 函数相应地从 $f(M)$ 变到 $f(M_0)$. 记 $\Delta u=f(M)-f(M_0)$. 因此, 上面所述的"点的微小变动只能引起函数值的微小变化"是指: 当 $M\to M_0$ 时, 对应的函数的增量 $\Delta u\to 0$, 也就是

$$\lim_{M\to M_0}\Delta u=0$$

或

$$\lim_{M\to M_0}f(M)=f(M_0).$$

根据上述分析, 我们给出如下连续性定义.

定义 1.1 设函数 $u=f(M)$ 在点 M_0 的某一邻域内有定义, 如果函数 $f(M)$

当 $M \to M_0$ 时的极限存在, 且等于它在点 M_0 处的函数值 $f(M_0)$, 即

$$\lim_{M \to M_0} f(M) = f(M_0), \tag{1.1}$$

则称函数 $f(M)$ 在 M_0 处**连续**. 若函数 $f(M)$ 在点 M_0 处不连续, 则称点 M_0 是 $f(M)$ 的**间断点**.

对于一元函数, 为了考察函数的间断点, 再引进如下定义.

定义 1.2　设函数 $y = f(x)$ 在点 x_0 及其左 (右) 侧附近有定义, 如果

$$\lim_{x \to x_0 - 0} f(x) = f(x_0) \quad \left(\lim_{x \to x_0 + 0} f(x) = f(x_0) \right), \tag{1.2}$$

则称 $f(x)$ 在点 x_0 处左 (右) 连续.

定义 1.3　如果函数 $f(M)$ 在区域 D 上每一点都连续, 我们就说 $f(M)$ 在区域 D 上是连续的.

一元函数 $f(x)$ 在 x_0 处连续当且仅当 $f(x)$ 在 x_0 既左连续又右连续, 即

$$\lim_{x \to x_0 - 0} f(x) = \lim_{x \to x_0 + 0} f(x) = f(x_0). \tag{1.3}$$

例 1.1　由第 2 章例 4.1 后的说明, 对任一 x_0 和多项式

$$P(x) = a_0 x^n + a_1 x^{n-1} + \cdots + a_{n-1} x + a_n,$$

有

$$\lim_{x \to x_0} P(x) = a_0 x_0^n + a_1 x_0^{n-1} + \cdots + a_{n-1} x_0 + a_n = P(x_0),$$

故多项式 $P(x)$ 处处连续.

例 1.2　证明 $y = \sin x$ 处处连续.

证　对任一 $x_0 \in (-\infty, +\infty)$, 有

$$\begin{aligned} 0 < |\sin x - \sin x_0| &= \left| 2\cos\frac{x + x_0}{2} \sin\frac{x - x_0}{2} \right| \\ &\leqslant 2\left| \sin\frac{x - x_0}{2} \right| \leqslant |x - x_0|. \end{aligned}$$

由于当 $x \to x_0$ 时, $|x - x_0|$ 无限变小, 从而 $|\sin x - \sin x_0|$ 也无限变小. 因此 $\lim\limits_{x \to x_0} \sin x = \sin x_0$, 即 $y = \sin x$ 在 x_0 处连续. 由 x_0 的任意性便知, 函数 $\sin x$ 处处连续.

根据定义 1.1 和定义 1.2 容易知道, 一元函数 $f(x)$ 的间断点 x_0 属于以下几种情形之一:

(1) 当 $x \to x_0$ 时, 函数 $f(x)$ 的左极限和右极限都存在, 但不相等;

(2) 当 $x \to x_0$ 时, 函数 $f(x)$ 的左极限和右极限相等 $\left(\lim\limits_{x\to x_0} f(x)\text{存在}\right)$, 但不等于 $f(x_0)$, 或者 $f(x)$ 在 x_0 处根本没有定义;

(3) 当 $x \to x_0$ 时, 函数 $f(x)$ 的左极限和右极限至少有一个不存在.

通常把属于 (1) 和 (2) 的间断点, 也就是左极限和右极限都存在的间断点称为**第一类间断点**, 而不是第一类间断点的任何间断点都称为**第二类间断点**.

例 1.3　证明函数

$$f(x)=\begin{cases} x, & x \leqslant 1, \\ x+1, & x>1 \end{cases}$$

在 $x=1$ 处是第一类间断点 (图 3-3).

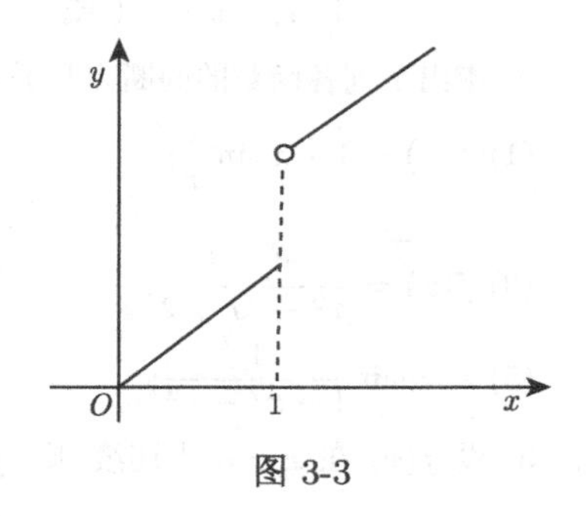

图 3-3

证　由于

$$\lim_{x\to 1-0} f(x)=\lim_{x\to 1-0} x=1,$$

$$\lim_{x\to 1+0} f(x)=\lim_{x\to 1+0} (x+1)=2,$$

故 $\lim\limits_{x\to 1-0} f(x)$ 和 $\lim\limits_{x\to 1+0} f(x)$ 都存在, 但不相等.
因此, $x=1$ 是 $f(x)$ 的第一类间断点.

例 1.4　讨论函数

$$f(x)=\begin{cases} \dfrac{\sin x}{x}, & x \neq 0. \\ a, & x=0 \end{cases}$$

在 $x=0$ 处的连续性.

解　由于

$$\lim_{x\to 0} f(x)=\lim_{x\to 0}\frac{\sin x}{x}=1,$$

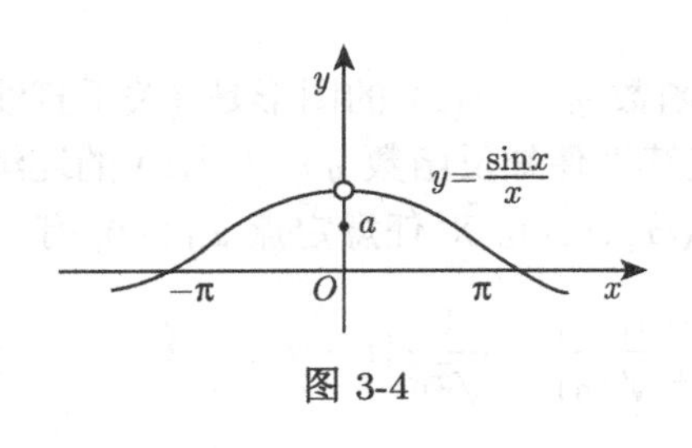

图 3-4

故当 $f(0)=a=1$ 时, $f(x)$ 在 $x=0$ 处连续; 当 $a \neq 1$ 时, $x=0$ 是 $f(x)$ 的第一类间断点. 这时, 若改变 $f(x)$ 在 $x=0$ 处的值 a 为 1, 则其间断性被去掉了. 因此, 这种极限值存在的间断点, 称为可去间断点 (图 3-4).

由于函数 $f(x)=\dfrac{1}{x}$ 在点 $x=0$ 处有

$$\lim_{x\to -0} f(x)=-\infty, \quad \lim_{x\to +0} f(x)=+\infty.$$

因此, $f(x)$ 在 $x=0$ 处其左右极限都不存在, 故 $x=0$ 是 $f(x)$ 的第二类间断点.

习 题 3.1

1. 讨论下列函数的连续性, 并画出函数的图形:

(1) $f(x)=\begin{cases} x^2, & 0\leqslant x\leqslant 1,\\ 2-x, & 1<x\leqslant 2;\end{cases}$　　(2) $f(x)=\dfrac{x}{|x|}$;

(3) $f(x)=\begin{cases} x, & -1\leqslant x\leqslant 1,\\ 1, & x<-1 \text{ 或 } x>1;\end{cases}$　　(4) $f(x)=\begin{cases} x^2, & x\leqslant 3,\\ 2x+1, & x>3.\end{cases}$

2. 指出下列各函数的间断点和类型, 若是可去间断点, 则补充或改变其定义使其连续:

(1) $f(x)=1-x\sin\dfrac{1}{x}$;　　(2) $f(x)=\dfrac{2}{2-\dfrac{2}{x}}$;

(3) $f(x)=\dfrac{x^2-1}{x^2-3x+2}$;　　(4) $f(x)=\dfrac{x}{\tan x}$;

(5) $z=\sin\dfrac{1}{1-x^2-y^2}$;　　(6) $z=\dfrac{1}{x-y}$.

3. 设 $f(x)$ 在 $x=a$ 点连续, 则 $|f(x)|$ 也在 a 点连续 (参考习题 2.3 第 4 题).

3.2 连续函数的性质和初等函数的连续性

根据函数连续性定义和函数极限的运算法则, 立即得出如下定理.

定理 2.1 若函数 $f(M)$ 和 $g(M)$ 都在 M_0 处连续, 则

$$f(M)\pm g(M),\quad f(M)\cdot g(M),\quad \frac{f(M)}{g(M)}(g(M_0)\neq 0)$$

都在 M_0 处连续.

定理 2.2 (反函数的连续性) 若一元函数 $y=f(x)$ 在闭区间 $[a,b]$ 上连续且单调, 那么 $y=f(x)$ 在 $[a,b]$ 上存在反函数 $y=f^{-1}(x)$, 并且 $y=f^{-1}(x)$ 在对应的区间上单调且连续.

事实上, 由于反函数 $y=f^{-1}(x)$ 和直接函数 $y=f(x)$ 的图形是 (关于直线 $y=x$) 对称的, 因此, 直观上, 由 $y=f(x)$ 的连续性便知反函数 $y=f^{-1}(x)$ 的连续性. 例如, 函数 $y=x^2$, $x>0$ 的反函数为 $y=\sqrt{x}$, $x>0$. 对任意定点 $x_0>0$, 有

$$0<|y-y_0|=\left|\sqrt{x}-\sqrt{x_0}\right|=\left|\frac{x-x_0}{\sqrt{x}+\sqrt{x_0}}\right|<\frac{1}{\sqrt{x_0}}|x-x_0|,$$

因此, 当 $|x-x_0|$ 无限小时, $|y-y_0|$ 也无限变小, 这说明 $y=x^2, x>0$ 的反函数 $y=\sqrt{x}, x>0$ 连续.

定理 2.3 假设 $\lim\limits_{M\to M_0}\varphi(M)=u_0$, 并且一元函数 $y=f(u)$ 在点 $u=u_0$ 处连续, 那么复合函数 $y=f(\varphi(M))$ 当 $M\to M_0$ 时极限存在, 并且等于 $f(u_0)$, 即

$$\lim_{M\to M_0} f(\varphi(M))=f(u_0). \tag{2.1}$$

证 由于 $f(u)$ 在 u_0 处连续, 故

$$\lim_{u\to u_0} f(u)=f(u_0),$$

而当 $M\to M_0$ 时, $u=\varphi(M)\to u_0$, 从而

$$\lim_{M\to M_0} f(\varphi(M))=\lim_{u\to u_0} f(u)=f(u_0).$$

这里, 由于 $u_0=\lim\limits_{M\to M_0}\varphi(M)$, (2.1) 式可改写成

$$\lim_{M\to M_0} f(\varphi(M))=f\left(\lim_{M\to M_0}\varphi(M)\right)=f(u_0), \tag{2.2}$$

即对连续函数 f, 求它的复合函数 $f(\varphi(M))$ 的极限时, 极限符号可以"越过"函数符号 f 而取到其里面. 特别, 当 $\varphi(M)$ 在 M_0 处连续时, 由 (2.2) 式进一步得到

$$\lim_{M\to M_0} f(\varphi(M))=f(\varphi(M_0)). \tag{2.3}$$

综上所述, 我们可以得到如下推论.

推论(复合函数的连续性) 连续函数的复合函数仍为连续函数.

现在我们就来讨论初等函数的连续性.

利用连续函数的运算法则和复合函数的连续性, 由 $y=\sin x$ 的连续性可推出, 三角函数

$$\cos x=\sin\left(\frac{\pi}{2}-x\right),\quad \tan x=\frac{\sin x}{\cos x},\quad \cot x=\frac{\cos x}{\sin x},$$

$$\sec x=\frac{1}{\cos x},\quad \csc x=\frac{1}{\sin x}$$

在其定义域内是连续的.

又由三角函数的连续性及反函数的连续性可推出, 反三角函数

$$\arcsin x,\quad \arccos x,\quad \arctan x,\quad \operatorname{arccot} x$$

在其定义域内连续.

可以证明, 指数函数 e^x 在 $(-\infty,+\infty)$ 内连续. 因此, 其反函数 $y=\ln x$ 在 $(0,+\infty)$ 内连续. 由此利用复合函数的连续性以及等式

$$\begin{aligned}&\log_a x=\frac{\ln x}{\ln a},\quad a>0,\\&x^\alpha=\mathrm{e}^{\alpha\ln x},\\&a^x=\mathrm{e}^{x\ln a},\quad a>0,\quad a\neq 1\end{aligned}$$

便知, 对数函数、幂函数和一般指数函数分别在它们的定义域内连续.

综合起来得到: 基本初等函数在它们的定义域内都是连续的. 从而, 进一步可以得到下面的定理.

定理 2.4 (初等函数的连续性)　所有初等函数在其有定义的区间内都是连续的.

根据初等函数的连续性, 常常可以把初等函数极限的计算化为函数值的计算.

例 2.1　求 $\lim\limits_{x\to\frac{\pi}{9}}\ln(2\cos 3x)$.

解　$\lim\limits_{x\to\frac{\pi}{9}}\ln(2\cos 3x)=\ln(2\cos 3x)\big|_{x=\frac{\pi}{9}}=\ln\left(2\cos\dfrac{\pi}{3}\right)=0.$

例 2.2　求 $\lim\limits_{x\to a}\dfrac{\sin x-\sin a}{x-a}$.

解

$$\begin{aligned}\lim_{x\to a}\frac{\sin x-\sin a}{x-a}&=\lim_{x\to a}\frac{2\cos\frac{x+a}{2}\sin\frac{x-a}{2}}{x-a}\\&=\lim_{x\to a}\cos\frac{x+a}{2}\cdot\lim_{x\to a}\frac{\sin\frac{x-a}{2}}{\frac{x-a}{2}}=\cos a.\end{aligned}$$

例 2.3　求 $\lim\limits_{x\to 4}\dfrac{\sqrt{1+2x}-3}{x-4}$.

解

$$\begin{aligned}\lim_{x\to 4}\frac{\sqrt{1+2x}-3}{x-4}&=\lim_{x\to 4}\frac{(\sqrt{1+2x}-3)(\sqrt{1+2x}+3)}{(x-4)(\sqrt{1+2x}+3)}\\&=\lim_{x\to 4}\frac{2}{\sqrt{1+2x}+3}=\frac{1}{3}.\end{aligned}$$

例 2.4　求 $\lim\limits_{x\to a}\dfrac{\ln x-\ln a}{x-a}$.

解

$$\begin{aligned}\lim_{x\to a}\frac{\ln x-\ln a}{x-a}&=\lim_{x\to a}\frac{1}{x-a}\ln\frac{x}{a}=\lim_{x\to a}\ln\left(\left(1+\frac{x-a}{a}\right)^{\frac{a}{x-a}}\right)^{\frac{1}{a}}\\&=\frac{1}{a}\ln\left(\lim_{x\to a}\left(1+\frac{x-a}{a}\right)^{\frac{a}{x-a}}\right)=\frac{1}{a}\ln\mathrm{e}=\frac{1}{a}.\end{aligned}$$

例 2.5 计算连续复利 $\lim\limits_{n\to+\infty} a\left(1+\dfrac{k}{n}\right)^{mn}$, a,k,m 为常数.

解 由幂函数的连续性, 有

$$\lim_{n\to+\infty} a\left(1+\frac{k}{n}\right)^{mn}=\lim_{n\to+\infty} a\left(\left(1+\frac{k}{n}\right)^{\frac{n}{k}}\right)^{mk}=a\left(\lim_{n\to+\infty}\left(1+\frac{k}{n}\right)^{\frac{n}{k}}\right)^{mk}=a\mathrm{e}^{mk}.$$

与一元连续函数类似, 多元连续函数也有相应的运算法则. 可以证明, 多元连续函数的和、差、积和商 (除分母为零外) 均为连续函数, 而且也可以证明多元复合函数也是连续的.

另外, 多元初等函数也是可由一个式子所表示的函数, 而这个式子是由自变量 (如 x,y 等) 利用基本初等函数经过有限次的四则运算和复合步骤所构成的. 例如, 函数

$$\sin(x+y),\quad \mathrm{e}^{x+y}\cdot\ln(1+x^2+y^2)$$

等都是多元初等函数.

根据上面指出的连续函数的和、差、积、商的连续性以及连续函数的复合函数的连续性, 我们进一步得出结论: 一切多元初等函数在其定义区域内是连续的. 应该指出, 一元函数也可以看作多元函数, 例如 $f(x)$ 可以视为二元函数

$$F(x,y)=f(x),$$

它和其他二元函数的区别, 不过是 $F(x,y)$ 在任何平行于 y 轴的直线 $x=x_0$ 上取同样的值 $f(x_0)$ 而已. 根据定义, 凡是连续的一元函数也都是连续的二元 (多元) 函数.

定理 2.3 也可以推广到更一般的情况. 例如, 假设

$$\lim_{M\to M_0}\varphi(M)=u_0 \quad 和 \quad \lim_{M\to M_0}\psi(M)=v_0,$$

并且二元函数 $z=f(u,v)$ 在点 $P_0(u_0,v_0)$ 处连续, 那么复合函数 $z=f(\varphi(M),\psi(M))$ 当 $M\to M_0$ 时极限存在, 并且等于 $f(u_0,v_0)$.

习 题 3.2

1. 计算下列极限:

(1) $\lim\limits_{x\to2}\dfrac{x}{\sqrt{x^3-2x}}$;

(2) $\lim\limits_{x\to\frac{\pi}{4}}\dfrac{1+\sin2x}{1-\cos4x}$;

(3) $\lim\limits_{x\to0}\dfrac{x^2}{1-\sqrt{1+x^2}}$;

(4) $\lim\limits_{x\to+\infty}\left(\sqrt{x^2+1}-x\right)$;

(5) $\lim\limits_{x\to0}\dfrac{\mathrm{e}^x-1}{x}$;

(6) $\lim\limits_{x\to+\infty}\left(\sqrt{x^2+2x}-2\sqrt{x^2+x}+x\right)$;

(7) $\lim\limits_{x\to+\infty}(\sin\ln(1+x)-\sin\ln x)$.

2. 计算下列极限:

(1) $\lim\limits_{x\to0}\dfrac{\arcsin x}{x}$;

(2) $\lim\limits_{x\to0}\dfrac{\sin\sin x}{x}$;

(3) $\lim\limits_{x\to0}\cos(1+x)^{\frac{1}{x}}$;

(4) $\lim\limits_{x\to0}\ln\left(\dfrac{\sin x}{x}\right)$;

(5) $\lim\limits_{x\to\frac{\pi}{2}}(1+\cos x)^{3\sec x}$;

(6) $\lim\limits_{x\to+\infty}(\ln(x+1)-\ln x)$;

(7) $\lim\limits_{x\to0}\dfrac{\sqrt{1+\tan x}-\sqrt{1+\sin x}}{x^3}$;

(8) $\lim\limits_{x\to0}\dfrac{\ln(1+\sin x)}{x}$;

(9) $\lim\limits_{x\to0}\dfrac{\sin(\ln(1+x))}{x}$;

(10) $\lim\limits_{(x,y)\to(1,0)}\dfrac{\ln(x+\mathrm{e}^y)}{\sqrt{x^2+y^2}}$;

(11) $\lim\limits_{(x,y)\to(\infty,2)}\left(1+\dfrac{y}{x}\right)^x$;

(12) $\lim\limits_{(x,y)\to(0,0)}\dfrac{\sqrt{xy+1}-1}{xy}$.

3.3 有界闭区域上连续函数的性质

前面我们给出了连续函数的概念. 本节以定理的形式叙述闭区域上连续函数的几个重要性质. 这些性质的几何意义尽管十分明显, 然而它们的严格证明比较复杂, 在此省略.

定理 3.1 (最大值和最小值定理) 设函数 $f(M)$ 在有界闭区域 D 上连续, 则函数 $f(M)$ 必达到最大值和最小值, 即存在点 $M_1, M_2\in D$, 使得对一切 $M\in D$, 有

$$f(M_1)\leqslant f(M)\leqslant f(M_2).$$

定理中 $f(M_1)$ 和 $f(M_2)$ 分别叫做 $f(M)$ 在 D 上的最小值和最大值 (图 3-5), 记作

$$f(M_1)=\min_{M\in D}f(M),\quad f(M_2)=\max_{M\in D}f(M).$$

因此, 有界闭区域上的连续函数必有界.

从几何图形来看, 这个定理是很明显的. 一条连续曲线必有最 “低谷” 和最 “高峰”(图 3-5). 对于开区域上的连续函数或闭区域上不连续的函数来说, 定理的结论可能不再成立. 例如, 函数

$$f(x)=\begin{cases}\dfrac{1}{x}, & 0<x\leqslant1,\\ \dfrac{1}{2}x^2, & 1<x\leqslant2\end{cases}$$

在 $(0,2]$ 上既达不到最大值又达不到最小值 (图 3-6).

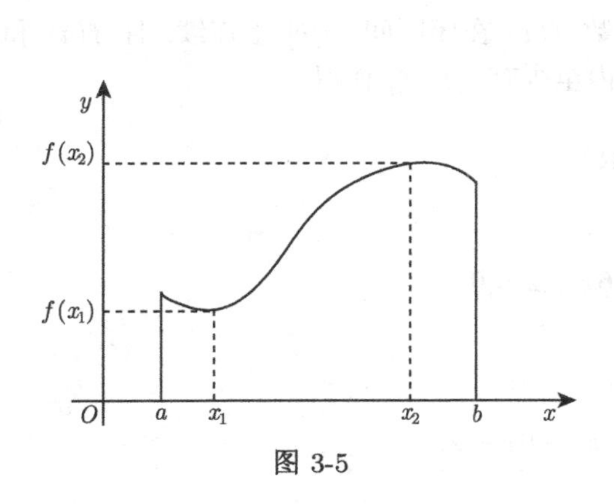

图 3-5

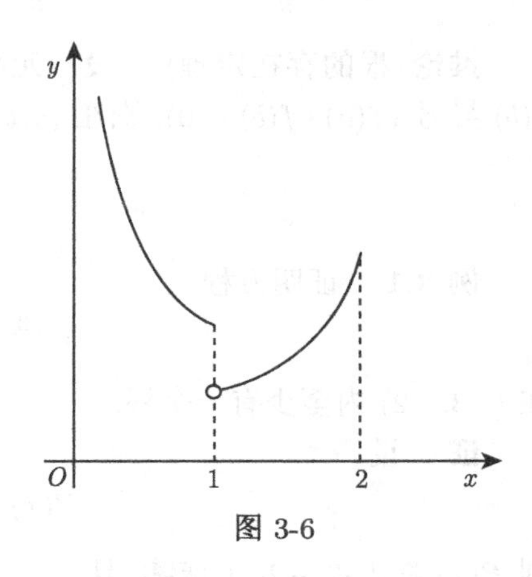

图 3-6

定理 3.2 (介值定理) 设 $f(M)$ 在闭区域 D 上连续, 其最小值和最大值分别为 C_1 和 C_2, 则对任何数 $\lambda \in [C_1, C_2]$, 必有 $M_0 \in D$, 使得

$$f(M_0) = \lambda.$$

介值定理是说, 对于一元函数, 当 x 从 a 变到 b 时, $f(x)$ 取遍 C_1 和 C_2 之间的所有值, 这从函数的图形上看是非常清楚的 (图 3-7). 对于不连续的函数, 结论则未必成立, 例如, 函数

$$f(x) = \begin{cases} -1, & -1 \leqslant x < 0, \\ 0, & x = 0, \\ 1, & 0 < x \leqslant 1, \end{cases}$$

它的最大值为 1, 最小值为 -1, 但函数 $f(x)$ 不能取值 $\frac{1}{2}$(图 3-8). 由介值定理即可推出如下推论.

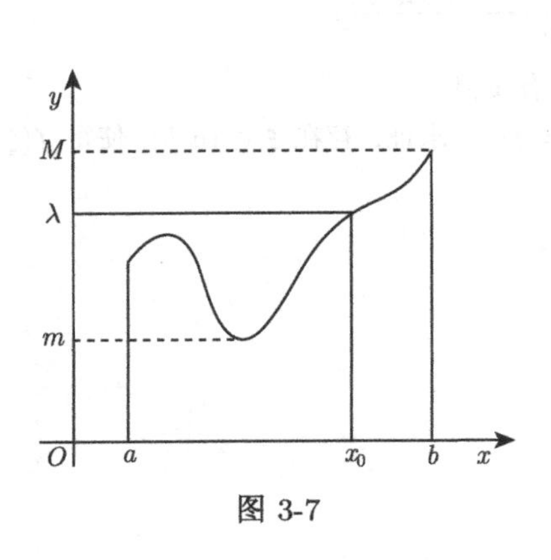

图 3-7

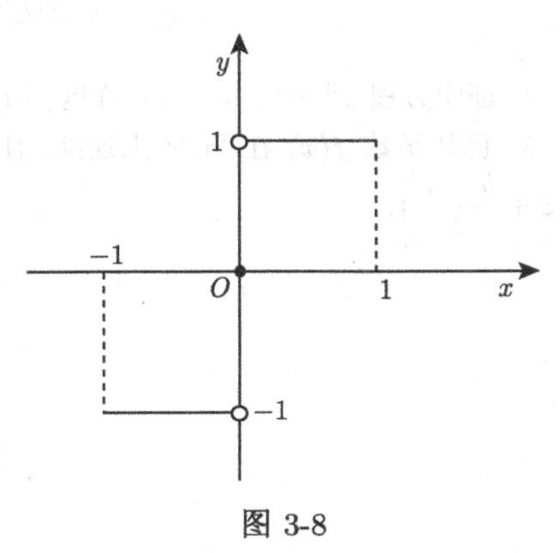

图 3-8

推论 (根的存在定理) 设一元函数 $f(x)$ 在闭区间 $[a,b]$ 上连续, 且 $f(a)$ 和 $f(b)$ 异号 ($f(a)\cdot f(b)<0$), 则在 (a,b) 内至少有一点 ξ, 使得

$$f(\xi)=0.$$

例 3.1 证明方程

$$x^3-6x+2=0$$

在 $(-3,-2)$ 内至少有一个根.

证 设

$$P(x)=x^3-6x+2,$$

则 $P(x)$ 在 $[-3,-2]$ 上连续, 且

$$P(-3)\cdot P(-2)=-7\times 6<0.$$

因此, 由根的存在定理, $P(x)$ 在 $(-3,-2)$ 内至少有一点 ξ, 使得 $P(\xi)=0$, 即

$$\xi^3-6\xi+2=0.$$

习 题 3.3

1. 设 $f(x)$ 在 $[0,2a]$ 上连续, $f(0)=f(2a)$, 证明: $f(x)=f(x+a)$ 在 $(0,a)$ 内至少有一个根 (提示: 考虑辅助函数 $g(x)=f(x)-f(x+a)$).

2. 设 $\psi(x)$ 在 $[-a,a], a>0$ 内有定义且有界, 证明函数 $x\psi(x)$ 在 $x=0$ 处连续.

3. 若 $f(x)$ 在 $[a,b]$ 上连续, $a<x_1<x_2<\cdots<x_n<b$, 证明在 $[x_1,x_n]$ 上必有 ξ, 使

$$f(\xi)=\frac{f(x_1)+f(x_2)+\cdots+f(x_n)}{n}.$$

4. 证明方程 $x^3-3x+1=0$ 在区间 $(1,2)$ 中有实根.

5. 已知函数 $f(x)$ 在 $[a,b]$ 上连续, 且 $f(a)=f(b)$, 求证: 存在 $\xi\in(a,b)$, 使得 $f(\xi)=f\left(\xi+\dfrac{b-a}{2}\right)$.

第4章 偏 导 数

微分学的基本概念是偏导数和微分. 这些概念是描述函数变化情况的数学量. 一元函数的偏导数通常称为导数. 偏导数概念是从经常遇到的变化率问题中抽象出来的数学概念. 微分则是与偏导数密切相关的一个概念. 本章以变化率问题为背景, 从数学角度概括变化率计算方法的共性, 以形成偏导数概念, 给出微分的定义, 并推导偏导数和微分的计算公式.

4.1 偏导数的定义

4.1.1 变化率问题举例

对于匀速直线运动, 物体在每一时刻的速度都相等, 速度可以用公式

$$速度 = 路程 \div 时间$$

来计算. 然而, 对变速运动物体, 它的运动速度是随着时间而变化的, 一般来说, 不同时刻的运动速度未必相等, 所以不能简单地用上述公式来计算运动过程中变化着的速度. 要想精确地描述这种变化着的速度, 就需要进一步讨论物体在运动过程中任一时刻的速度, 即所谓瞬时速度.

例 1.1 设一物体做变速直线运动, 以它运动的直线为数轴, 则在物体运动的过程中, 对于每一时刻 t, 物体的相应位置可以用数轴上的一个坐标 s 来表示, 即 s 与 t 之间存在函数关系: $s = s(t)$, 这个函数叫做物体在运动过程中的位置函数. 计算物体在 t_0 时刻的瞬时速度.

解 当时间 t 在 t_0 时刻获得增量 Δt 时, 物体从 t_0 时刻到 $t_0 + \Delta t$ 时刻的路程是

$$\Delta s = s(t_0 + \Delta t) - s(t_0).$$

比值

$$\frac{\Delta s}{\Delta t} = \frac{s(t_0 + \Delta t) - s(t_0)}{\Delta t}$$

是物体在 Δt 时间内的平均速度, 记作 $\bar{v}$, 即

$$\bar{v} = \frac{\Delta s}{\Delta t}.$$

应当看到, 从整体来说速度是变的, 但从局部来说可以近似看成不变的. 就是说, 当 Δt 很小时, 速度来不及有很大的变化, 可以近似地看成匀速运动. 因而当时间段比较小的时候, 平均速度可以看成 t_0 时刻瞬时速度的近似值.

很明显, $|\Delta t|$ 越小, $\bar{v}$ 就越接近物体在 t_0 时刻的速度. 所以, 物理上把 $\Delta t \to 0$ 时 $\bar{v}$ 的极限称为物体在 t_0 时刻的瞬时速度, 记作 $v(t_0)$, 即

$$v(t_0) = \lim_{\Delta t \to 0} \bar{v} = \lim_{\Delta t \to 0} \frac{\Delta s}{\Delta t} = \lim_{\Delta t \to 0} \frac{s(t_0 + \Delta t) - s(t_0)}{\Delta t}.$$

因此, 瞬时速度是路程函数的增量对时间增量之比, 当时间增量趋于零时的极限.

上述讨论的一个基本观点是用变化的观点考察问题, 从变化当中去认识事物. 换言之, 对于变速运动, 从小段时间内的平均速度的变化中去理解和计算瞬时速度, 局部地以匀速代替变速, 以平均速度代替瞬时速度, 将变与不变的矛盾归结为近似与精确的矛盾. 最后, 通过取极限, 达到从瞬时速度的近似值到精确值的过渡. 以下几个例子, 也将利用这个观点来解决问题.

例 1.2　由物理学知, 一定量理想气体的体积 V、压强 P 与绝对温度 T 之间满足克拉珀龙方程

$$PV = RT,$$

其中 R 为常数. 考察在等温条件下 (即 T 视为常数) 体积对压强的变化率.

解　记 $V = V(P, T)$. 由于 T 视为常数, 设 $T = T_0$. 在等温条件下, 考察当状态由 (P_0, T_0) 变化到 $(P_0 + \Delta P, T_0)$ 时, 体积 V 的变化

$$\Delta V = V(P_0 + \Delta P, T_0) - V(P_0, T_0).$$

因此, 在等温条件下, 当压强 P 由 P_0 变化到 $P_0 + \Delta P$ 时, 体积 V 的平均变化率为

$$\frac{\Delta V}{\Delta P} = \frac{V(P_0 + \Delta P, T_0) - V(P_0, T_0)}{\Delta P}.$$

令 $\Delta P \to 0$, 我们可以把极限值 $\lim\limits_{\Delta P \to 0} \dfrac{\Delta V}{\Delta P}$ 视为在等温条件下, 体积 V 关于 P 的变化率.

类似地, 我们也可以分析在等压条件下 (即 V 视为常数), 体积关于温度的变化情况, 把

$$\lim_{\Delta T \to 0} \frac{\Delta V}{\Delta T} = \lim_{\Delta T \to 0} \frac{V(P_0, T_0 + \Delta T) - V(P_0, T_0)}{\Delta T}$$

视为体积关于温度的变化率.

4.1.2 偏导数定义

对于上面的例子, 如果抛开它们各自的物理意义和背景, 从数学角度来看, 解决这些问题的方式是相同的. 首先, 这些问题有一个共同特点, 在多个自变量中, 研究一个自变量变化时函数的变化情况, 所有的其他自变量保持相对不变. 其次, 它们的计算步骤都是: 任给某自变量的一个增量, 首先计算函数的相应的增量, 然后计算函数增量对自变量增量之比值 (数学上称之为差商), 最后计算这个比值 (差商) 当该自变量增量趋于零时的极限.

在生产实践和科学技术中, 还有许多量具有上述的数学形式. 所以, 我们以二元函数为例, 抽象地给出下面的概念.

定义 1.1 设函数 $z=f(x,y)$ 在点 (x_0,y_0) 的某一邻域内有定义, 如果极限

$$\lim_{\Delta x\to 0}\frac{f(x_0+\Delta x,y_0)-f(x_0,y_0)}{\Delta x}$$

存在, 则称此极限为函数 $z=f(x,y)$ 在点 (x_0,y_0) 处对 x 的偏导数, 记作

$$\frac{\partial z}{\partial x}(x_0,y_0),\quad \frac{\partial f}{\partial x}(x_0,y_0),\quad z_x(x_0,y_0),\quad \frac{\partial f(x_0,y_0)}{\partial x}\text{或}f_x(x_0,y_0).$$

类似地, 函数 $z=f(x,y)$ 在点 (x_0,y_0) 处对 y 的偏导数定义为

$$\lim_{\Delta y\to 0}\frac{f(x_0,y_0+\Delta y)-f(x_0,y_0)}{\Delta y},$$

记作

$$\frac{\partial z}{\partial y}(x_0,y_0),\quad \frac{\partial f}{\partial y}(x_0,y_0),\quad z_y(x_0,y_0),\quad \frac{\partial f(x_0,y_0)}{\partial y}\text{或}f_y(x_0,y_0).$$

如果函数 $z=f(x,y)$ 在区域 D 内每一点 (x,y) 处对 x 或 y 的偏导数都存在, 那么这个偏导数就是 x 和 y 的函数, 我们称它为函数 $z=f(x,y)$ 对自变量 x 或 y 的偏导函数, 记作

$$\frac{\partial z}{\partial x},\quad \frac{\partial f}{\partial x},\quad z_x,\quad f_x(x,y)\text{或}\frac{\partial z}{\partial y},\quad \frac{\partial f}{\partial y},\quad z_y,\quad f_y(x,y).$$

注记 1 由定义可以看出, $f(x,y)$ 在 (x_0,y_0) 处对 x 或 y 的偏导数 $f_x(x_0,y_0)$ 或 $f_y(x_0,y_0)$ 是偏导函数 $f_x(x,y)$ 或 $f_y(x,y)$ 在点 (x_0,y_0) 处的取值. 今后在不引起混淆的情况下, 把偏导函数 $f_x(x,y)$ 和 $f_y(x,y)$ 简称为偏导数.

注记 2 偏导数的概念还可以推广到二元以上的函数. 设函数 $u=f(x,y,z)$ 在点 (x_0,y_0,z_0) 的某一邻域内有定义, 如果极限

$$\lim_{\Delta x\to 0}\frac{f(x_0+\Delta x,y_0,z_0)-f(x_0,y_0,z_0)}{\Delta x}$$

存在, 则称此极限为函数 $u=f(x,y,z)$ 在点 (x_0,y_0,z_0) 处对 x 的偏导数, 记作

$$\frac{\partial u}{\partial x}(x_0,y_0,z_0),\quad \frac{\partial f}{\partial x}(x_0,y_0,z_0),\quad u_x(x_0,y_0,z_0),\quad \frac{\partial f(x_0,y_0,z_0)}{\partial x}\text{或}f_x(x_0,y_0,z_0).$$

一般地, 设 n 元函数 $u=f(x_1,\cdots,x_i,\cdots,x_n)$ 在点 $(x_{10},\cdots,x_{i0},\cdots,x_{n0})$ 的某一邻域内有定义, 如果极限

$$\lim_{\Delta x_i\to 0}\frac{f(x_{10},\cdots,x_{i0}+\Delta x_i,\cdots,x_{n0})-f(x_{10},\cdots,x_{i0},\cdots,x_{n0})}{\Delta x_i}$$

存在, 则称此极限为函数 $u=f(x_1,\cdots,x_i,\cdots,x_n)$ 在点 $(x_{10},\cdots,x_{i0},\cdots,x_{n0})$ 处对 x_i 的偏导数, 记作

$$\frac{\partial u}{\partial x_i}(x_{10},\cdots,x_{i0},\cdots,x_{n0}),\quad \frac{\partial f}{\partial x_i}(x_{10},\cdots,x_{i0},\cdots,x_{n0}),\quad u_{x_i}(x_{10},\cdots,x_{i0},\cdots,x_{n0}),$$

$$\frac{\partial f(x_{10},\cdots,x_{i0},\cdots,x_{n0})}{\partial x_i}\text{或}f_{x_i}(x_{10},\cdots,x_{i0},\cdots,x_{n0}).$$

注记 3　对于一元函数 $y=f(x)$, 函数 y 关于 x 在点 x_0 处的偏导数, 也称为 y 关于 x 在点 x_0 处的导数, 改记为 $\frac{\mathrm{d}y}{\mathrm{d}x}(x_0)$, $\frac{\mathrm{d}f}{\mathrm{d}x}(x_0)$, $y'(x_0)$, $\frac{\mathrm{d}f(x_0)}{\mathrm{d}x}$ 或 $f'(x_0)$.

注记 4　有了偏导数概念, 速度是路程函数对时间的偏导数; 理想气体体积 V 关于压强 P 的偏导数是函数 V 关于 P 的变化率. 类似地, 有关变化率的物理量都可以用偏导数来表示, 如加速度是速度函数对时间的偏导数, 比热是热量函数对温度的偏导数, 等等.

由偏导数的定义可知, 求函数 $z=f(x,y)$ 关于 x 在 (x_0,y_0) 处的偏导数 $\frac{\partial z}{\partial x}(x_0,y_0)$, 可以分为以下三个步骤:

(1) 求增量: $\Delta_x z=f(x_0+\Delta x,y_0)-f(x_0,y_0)$;

(2) 算差商: $\frac{\Delta_x z}{\Delta x}=\frac{f(x_0+\Delta x,y_0)-f(x_0,y_0)}{\Delta x}$;

(3) 取极限: $\frac{\partial z}{\partial x}(x_0,y_0)=\lim\limits_{\Delta x\to 0}\frac{\Delta_x z}{\Delta x}$.

例 1.3　设函数

$$f(x,y)=\begin{cases}\dfrac{xy}{x^2+y^2}, & x^2+y^2\neq 0,\\ 0, & x^2+y^2=0.\end{cases}$$

求函数 f 在 $(0,0)$ 的偏导数 $f_x(0,0)$ 和 $f_y(0,0)$.

解　在 $(0,0)$ 处, 注意到

$$\Delta_x z=f(0+\Delta x,0)-f(0,0)=0.$$

因此, 由偏导数定义,

$$f_x(0,0)=\lim_{\Delta x\to 0}\frac{\Delta_x z}{\Delta x}=\lim_{\Delta x\to 0}0=0.$$

同理,

$$f_y(0,0)=\lim_{\Delta y\to 0}\frac{f(0,0+\Delta y)-f(0,0)}{\Delta y}=\lim_{\Delta y\to 0}0=0.$$

这说明 $f(x,y)$ 在原点处两个偏导数都存在. 注意到

$$\lim_{\substack{x\to 0\\ y=kx\to 0}}f(x,y)=\lim_{x\to 0}\frac{kx^2}{x^2+k^2x^2}=\frac{k}{1+k^2}.$$

它随着 k 的不同而不同. 因此, 极限 $\lim\limits_{(x,y)\to(0,0)}f(x,y)$ 不存在, 函数 $f(x,y)$ 在原点处不连续.

例 1.4 由例 1.2, $V=R\dfrac{T}{P}$, 求 $\dfrac{\partial V}{\partial P},\dfrac{\partial V}{\partial T}$.

解 由于

$$\Delta_P V=R\frac{T}{P+\Delta P}-R\frac{T}{P}=-RT\frac{\Delta P}{P(P+\Delta P)},$$

因此, 由偏导数定义,

$$\frac{\partial V}{\partial P}=\lim_{\Delta P\to 0}\frac{\Delta_P V}{\Delta P}=-RT\lim_{\Delta P\to 0}\frac{1}{P(P+\Delta P)}=-R\frac{T}{P^2}.$$

类似地,

$$\frac{\partial V}{\partial T}=\lim_{\Delta T\to 0}\frac{\Delta_T V}{\Delta T}=\lim_{\Delta T\to 0}\frac{1}{\Delta T}\left(R\frac{T+\Delta T}{P}-R\frac{T}{P}\right)=R\frac{1}{P}.$$

4.1.3 偏导数的几何意义

以二元函数为例. 我们知道, 函数 $z=f(x,y)$, $(x,y)\in D$, 在空间直角坐标系下表示曲面. 取定曲面上点 $M(x_0,y_0,f(x_0,y_0))$, $(x_0,y_0)\in D$. 如果 $f_x(x_0,y_0)$ 存在, 则根据偏导数定义,

$$f_x(x_0,y_0)=\lim_{\Delta x\to 0}k(x_0,y_0,\Delta x), \tag{1.1}$$

其中

$$k(x_0,y_0,\Delta x)=\frac{f(x_0+\Delta x,y_0)-f(x_0,y_0)}{\Delta x}. \tag{1.2}$$

记 $N(x_0+\Delta x,y_0,f(x_0+\Delta x,y_0))$, $(x_0+\Delta x,y_0)\in D$, 则 N 是空间曲线 C:

$$\begin{cases} z=f(x,y),\\ y=y_0\end{cases}$$

上的点, 如图 4-1.

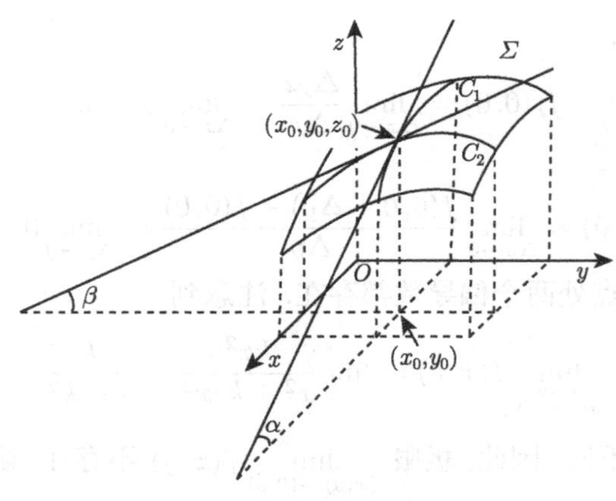

图 4-1

结合 (1.2) 式, $k(x_0,y_0,\Delta x)$ 是空间曲线 C 的割线 MN 的斜率. 令 $\Delta x\to 0$, 一方面 $k(x_0,y_0,\Delta x)\to f_x(x_0,y_0)$; 另一方面, 割线 MN 趋于其极限位置 MT. 因此, 可定义 $f_x(x_0,y_0)$ 为直线 MT 的斜率, 同时定义直线 MT 为曲线 C 在 M 点的切线. 类似地, 可讨论偏导数 $f_y(x_0,y_0)$.

总结以上, 我们得到, 偏导数 $f_x(x_0,y_0)$ 和 $f_y(x_0,y_0)$ 分别表示空间曲线

$$\begin{cases} z=f(x,y), \\ y=y_0 \end{cases} \quad 和 \quad \begin{cases} z=f(x,y), \\ x=x_0 \end{cases}$$

在 $M(x_0,y_0,f(x_0,y_0))$ 点切线的斜率. 特别地, 对于一元函数, 导数 $f'(x_0)$ 表示曲线 $y=f(x)$ 在点 $(x_0,f(x_0))$ 处切线的斜率.

4.1.4　函数的偏导数存在与连续性之间的关系

我们分一元函数和多元函数两种情况讨论. 多元函数以二元函数为例, 三元以上函数可类似处理.

1) 一元函数

若函数 $y=f(x)$ 在 x_0 点可导, 即

$$\lim_{\Delta x\to 0}\frac{\Delta y}{\Delta x}=f'(x_0)$$

存在, 由极限与无穷小的关系, 就有

$$\frac{\Delta y}{\Delta x}=f'(x_0)+\alpha \quad (当\Delta x\to 0时, \alpha\to 0).$$

等式两边乘以 Δx, 得

$$\Delta y=f'(x_0)\Delta x+\alpha\Delta x.$$

由此可见, 当 $\Delta x \to 0$ 时, 有 $\Delta y \to 0$. 于是,

$$\lim_{x\to x_0} f(x) = \lim_{x\to x_0}(f(x_0)+\Delta y) = f(x_0).$$

这说明函数 $y=f(x)$ 在点 x_0 处连续. 这样我们获得如下的定理.

定理 1.1 若一元函数在某点存在导数, 则其在该点连续.

一个一元函数在某点连续, 它却未必在这点可导. 举例说明如下.

例 1.5 考察函数 $y=|x|$ 在 $x=0$ 处的连续性和可导性.

解 容易看出, 在 $x=0$ 处函数是连续的. 设自变量在 $x=0$ 处有增量 Δx. 于是,

$$\frac{\Delta y}{\Delta x} = \frac{|0+\Delta x|-|0|}{\Delta x} = \frac{|\Delta x|}{\Delta x}.$$

当 $\Delta x \to 0$ 时, 它的左极限和右极限分别是

$$\lim_{\Delta x\to -0}\frac{\Delta y}{\Delta x} = \lim_{\Delta x\to -0}\frac{|\Delta x|}{\Delta x} = \lim_{\Delta x\to -0}\frac{-\Delta x}{\Delta x} = -1,$$
$$\lim_{\Delta x\to +0}\frac{\Delta y}{\Delta x} = \lim_{\Delta x\to +0}\frac{|\Delta x|}{\Delta x} = \lim_{\Delta x\to +0}\frac{\Delta x}{\Delta x} = 1,$$

即

$$\lim_{\Delta x\to -0}\frac{\Delta y}{\Delta x} \neq \lim_{\Delta x\to +0}\frac{\Delta y}{\Delta x}.$$

所以 $\lim\limits_{\Delta x\to 0}\dfrac{\Delta y}{\Delta x}$ 不存在. 这说明 $y=|x|$ 在 $x=0$ 处导数不存在.

2) 多元函数

以二元函数为例. 由例 1.3 及其说明可知, 存在二元函数在某点有偏导数, 但函数在该点不连续. 另一方面, 也存在这样的多元函数, 其在某点连续, 但函数在该点偏导数不存在. 例如, 二元函数 $f(x,y)=|x|+|y|$. 因此, 多元函数偏导数和连续是两个有着本质区别的概念. 这一区别产生的原因是, 在偏导数定义中极限的选取是沿着特殊路径进行的, 而连续的定义要求极限沿任何路径都一致地趋于函数值.

习 题 4.1

1. 设函数 $f(x)$ 在 x_0 处可导, 且 $f'(x_0)=a$, 试用 a 来表示下列极限:

(1) $\lim\limits_{h\to 0}\dfrac{f(x_0+h)-f(x_0)}{h}$;

(2) $\lim\limits_{x\to x_0}\dfrac{f(x)-f(x_0)}{x-x_0}$;

(3) 若 $x_0=0, f(0)=0$, 求 $\lim\limits_{x\to 0}\dfrac{f(x)}{x}$;

(4) $\lim\limits_{\Delta x\to 0}\dfrac{f(x_0-\Delta x)-f(x_0)}{\Delta x}$;

(5) $\lim\limits_{\Delta x\to 0}\dfrac{f(x_0+\Delta x)-f(x_0-\Delta x)}{\Delta x}$.

2. 证明:

(1) $y=|\sin x|$ 在 $x=0$ 处连续, 但不可导;

(2) $y=\begin{cases} x\sin\dfrac{1}{x}, & x\neq 0,\\ 0, & x=0\end{cases}$ 在 $x=0$ 处连续, 但不可导;

(3) $y=x|\sin x|$ 在 $x=0$ 处可导;

(4) $y=\begin{cases} x^2\sin\dfrac{1}{x}, & x\neq 0,\\ 0, & x=0\end{cases}$ 在 $x=0$ 处可导.

3. 设函数 $g(x)$ 在 a 点连续, 证明函数 $y=(x-a)g(x)$ 在 a 点可导, 并求 $y'(x)|_{x=a}$.

4. 已知在抛物线 $y=x^2$ 上的两点 $A(1,1)$ 和 $B(3,9)$, 在抛物线上求一点 M, 使得 M 点处的切线平行于割线 AB.

5. 证明: 奇函数的导函数为偶函数; 偶函数的导函数为奇函数.

4.2 基本初等函数导数的计算

根据偏导数的定义, 计算偏导数需要三个步骤, 其核心是计算差商比的极限. 在这一节, 我们从一元函数开始, 通过推导得到一系列计算导数的公式, 摆脱对定义的依赖, 达到快速 "求导" 的目的. 对于多元函数, 根据偏导数的定义, 对于某个自变量求偏导, 其他自变量都可以视为取值常数. 因此, 通过讨论一元函数获得的求导数的计算公式, 可以自然应用到对多元函数求偏导.

我们从最常见的基本初等函数开始.

例 2.1 设 $y=c$, c 为常数, 则 $\dfrac{\mathrm{d}c}{\mathrm{d}x}=0$.

证 由于 $\Delta y=c-c=0$, 所以

$$\lim_{\Delta x\to 0}\frac{\Delta y}{\Delta x}=\lim_{\Delta x\to 0}\frac{0}{\Delta x}=0,$$

即

$$\frac{\mathrm{d}c}{\mathrm{d}x}=0.$$

注记 1 若 $u=f(x,y)=f(y)$, 即函数不依赖于自变量 x, 则必有 $\dfrac{\partial u}{\partial x}=0$.

例 2.2 $\dfrac{\mathrm{d}}{\mathrm{d}x}(x^n)=nx^{n-1}$, n 为正整数.

证 令 $y=x^n$, 则根据二项式定理, 有

$$\Delta y=(x+\Delta x)^n-x^n=nx^{n-1}\Delta x+\frac{n(n-1)}{2!}x^{n-2}(\Delta x)^2+\cdots+(\Delta x)^n,$$

所以

$$\frac{\Delta y}{\Delta x}=nx^{n-1}+\frac{n(n-1)}{2!}x^{n-2}\Delta x+\cdots+(\Delta x)^{n-1}.$$

由极限的四则运算法则, 令 $\Delta x\to 0$, 就得

$$\lim_{\Delta x\to 0}\frac{\Delta y}{\Delta x}=nx^{n-1},$$

即

$$\frac{\mathrm{d}x^n}{\mathrm{d}x}=nx^{n-1}.$$

以后我们还将证明, 对一切实数 μ, 都有

$$(x^\mu)'=\mu x^{\mu-1}. \tag{2.1}$$

例如, 当 $\mu=\frac{1}{2}$ 时, 就有

$$(\sqrt{x})'=\left(x^{\frac{1}{2}}\right)'=\frac{1}{2}x^{\frac{1}{2}-1}=\frac{1}{2\sqrt{x}}.$$

例 2.3 $(\sin x)'=\cos x.$

证 令 $y=\sin x$, 则

$$\Delta y=\sin(x+\Delta x)-\sin x=2\cos\left(x+\frac{\Delta x}{2}\right)\sin\frac{\Delta x}{2}.$$

于是,

$$\lim_{\Delta x\to 0}\frac{\Delta y}{\Delta x}=\lim_{\Delta x\to 0}\cos\left(x+\frac{\Delta x}{2}\right)\frac{\sin\frac{\Delta x}{2}}{\frac{\Delta x}{2}}=\lim_{\Delta x\to 0}\cos\left(x+\frac{\Delta x}{2}\right)\lim_{\Delta x\to 0}\frac{\sin\frac{\Delta x}{2}}{\frac{\Delta x}{2}}=\cos x,$$

即

$$(\sin x)'=\cos x.$$

同理可证

$$(\cos x)'=-\sin x.$$

例 2.4 $(\ln x)'=\frac{1}{x}.$

证　令 $y=\ln x$, 于是

$$\Delta y=\ln(x+\Delta x)-\ln x=\ln\left(1+\frac{\Delta x}{x}\right).$$

从而

$$\frac{\Delta y}{\Delta x}=\frac{1}{\Delta x}\ln\left(1+\frac{\Delta x}{x}\right)=\frac{1}{x}\ln\left(1+\frac{\Delta x}{x}\right)^{\frac{x}{\Delta x}}.$$

取极限, 得

$$\lim_{\Delta x\to 0}\frac{\Delta y}{\Delta x}=\lim_{\Delta x\to 0}\frac{1}{x}\ln\left(1+\frac{\Delta x}{x}\right)^{\frac{x}{\Delta x}}=\frac{1}{x}\ln\lim_{\Delta x\to 0}\left(1+\frac{\Delta x}{x}\right)^{\frac{x}{\Delta x}}=\frac{1}{x}\ln \mathrm{e}=\frac{1}{x}.$$

这就是所要证明的.

根据导数的几何意义, 平面曲线 $y=f(x)$ 在点 $M_0(x_0,y_0)$ 处的切线方程为

$$y-y_0=f'(x_0)(x-x_0).$$

如果 $y=f(x)$ 在 x_0 处导数为无穷大, 那么曲线 $y=f(x)$ 在点 $M_0(x_0,y_0)$ 处就具有垂直于 x 轴的切线, 切线方程为

$$x=x_0.$$

过切点 M_0 且与切线垂直的直线叫做曲线 $y=f(x)$ 在点 M_0 的法线. 若 $f'(x_0)\neq 0$, 则法线斜率为 $-\dfrac{1}{f'(x)}$, 从而法线方程为

$$y-y_0=-\frac{1}{f'(x_0)}(x-x_0).$$

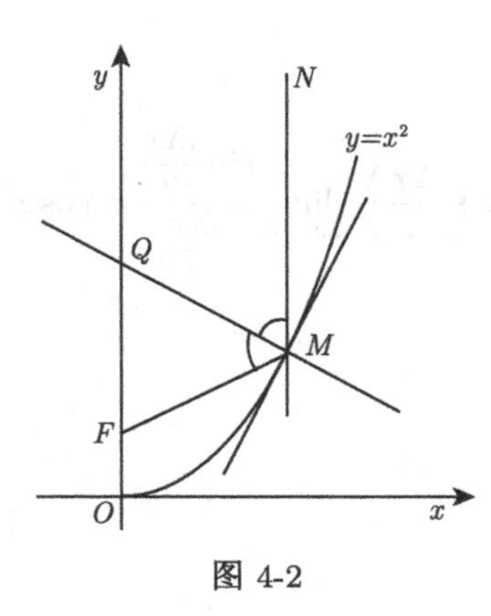

图 4-2

例 2.5　设有一个抛物线, F 为它的焦点, M 为其上的任意点. 证明: $\angle FMN$ 被 M 点处的法线所平分, 其中 MN 是平行于该抛物线对称轴的直线 (图 4-2).

证　设抛物线方程为 $y=x^2$, 则焦点的坐标为 $F\left(0,\dfrac{1}{4}\right)$. 在抛物线上任取一点 $M(x_0,x_0^2)$, 过 M 点的法线与抛物线轴 Oy 轴交点为 Q. 这时, M 点处切线斜率为

$$f'(x_0)=(x^2)'|_{x=x_0}=2x_0.$$

因此, 法线方程是

$$y - x_0^2 = -\frac{1}{2x_0}(x - x_0),$$

令 $x = 0$ 便得 Q 点的坐标: $Q\left(0, \frac{1}{2} + x_0^2\right)$. 由平面解析几何知识得

$$|FQ| = \frac{1}{4} + x_0^2,$$

$$|FM| = \sqrt{x_0^2 + \left(x_0^2 - \frac{1}{4}\right)^2} = x_0^2 + \frac{1}{4}.$$

从而 $|FQ| = |FM|$, 即

$$\angle FQM = \angle FMQ,$$

但 MN 与 y 轴平行, 故

$$\angle FQM = \angle QMN,$$

于是,

$$\angle FMQ = \angle QMN.$$

这是所要证明的.

抛物线的这一性质在工程上有很多应用. 例如探照灯通常做成旋转抛物面的形状, 工程上选择用这种形状基于下面理由: 如果把光源放在焦点处, 那么根据入射角和反射角相同的原理, 从光源投射到镜面上的光线反射后必然和抛物线轴平行.

习 题 4.2

1. 用公式计算下列函数的导数:

(1) $y = x^4$; (2) $y = \sqrt[3]{x^2}$; (3) $y = \frac{1}{\sqrt{x}}$; (4) $y = \frac{x^2\sqrt[3]{x^2}}{\sqrt{x^5}}$.

2. 求曲线 $y = x^3$ 在点 $(2, 8)$ 处的切线斜率.

3. 设 $f(x) = \cos x$.

(1) 证明 $f'(x) = -\sin x$;

(2) 求 $f'\left(\frac{\pi}{3}\right)$;

(3) 求曲线 $y = \cos x$ 在点 $\left(\frac{\pi}{3}, \frac{1}{2}\right)$ 处的切线方程.

4. 已知物体的运动规律为 $s = t^3$ 米, 求该物体在 $t = 2$ 秒时的速度.

5. 证明在抛物线 $y = px^2, p > 0$ 上任一点 $M(x_0, y_0)$ 处的切线与 x 轴的交点的横坐标必为 $\frac{x_0}{2}$.

6. 证明曲线 $xy = 1$ 上任一点处的切线与两坐标轴所围成的三角形的面积为一常数.

4.3 偏导数的运算法则和初等函数的导数

根据初等函数的定义, 如果我们知道了所有基本初等函数的导数, 并且掌握了函数四则运算和复合函数的求偏导法则, 那么就可以求出任何初等函数的导数. 本节介绍函数和、差、积、商的求偏导数法则和一元函数反函数的求导法则, 进而推出基本初等函数的偏导公式. 从现在开始, 不失一般性, 我们以二元函数代替多元函数. 二元函数的所有结果都可以自然地推广到一般的多元函数.

4.3.1 函数的和、差、积、商的求偏导法则

法则 1 如果函数 $u=u(x,y)$ 及 $v=v(x,y)$ 都存在偏导数, 则 $u(x,y)\pm v(x,y)$ 也存在偏导数, 并且

$$\frac{\partial}{\partial x}(u\pm v)=\frac{\partial u}{\partial x}\pm\frac{\partial v}{\partial x},\quad \frac{\partial}{\partial y}(u\pm v)=\frac{\partial u}{\partial y}\pm\frac{\partial v}{\partial y}. \tag{3.1}$$

证 设 $z=u(x,y)+v(x,y)$, 则

$$\begin{aligned}\Delta_x z&=(u(x+\Delta x,y)+v(x+\Delta x,y))-(u(x,y)+v(x,y))\\&=(u(x+\Delta x,y)-u(x,y))+(v(x+\Delta x,y)-(x,y))\\&=\Delta_x u+\Delta_x v.\end{aligned}$$

所以,

$$\frac{\Delta_x z}{\Delta x}=\frac{\Delta_x u}{\Delta x}+\frac{\Delta_x v}{\Delta x}.$$

对上式关于 Δx 取极限, 得到

$$\begin{aligned}\lim_{\Delta x\to 0}\frac{\Delta_x z}{\Delta x}&=\lim_{\Delta x\to 0}\left(\frac{\Delta_x u}{\Delta x}+\frac{\Delta_x v}{\Delta x}\right)\\&=\lim_{\Delta x\to 0}\frac{\Delta_x u}{\Delta x}+\lim_{\Delta x\to 0}\frac{\Delta_x v}{\Delta x}=\frac{\partial u}{\partial x}+\frac{\partial v}{\partial x}.\end{aligned}$$

同理可证,

$$\frac{\partial}{\partial y}(u+v)=\frac{\partial u}{\partial y}+\frac{\partial v}{\partial y}.$$

类似地, 可以证明,

$$\frac{\partial}{\partial x}(u-v)=\frac{\partial u}{\partial x}-\frac{\partial v}{\partial x},\quad \frac{\partial}{\partial y}(u-v)=\frac{\partial u}{\partial y}-\frac{\partial v}{\partial y}.$$

法则 2 如果函数 $u=u(x,y)$ 及 $v=v(x,y)$ 都存在偏导数, 则 $u(x,y)\cdot v(x,y)$ 也存在偏导数, 并且

$$\frac{\partial}{\partial x}(u\cdot v)=\frac{\partial u}{\partial x}\cdot v+u\cdot\frac{\partial v}{\partial x},\quad \frac{\partial}{\partial y}(u\cdot v)=\frac{\partial u}{\partial y}\cdot v+u\cdot\frac{\partial v}{\partial y}. \tag{3.2}$$

证 设 $z=u(x,y)\cdot v(x,y)$, 则

$$\begin{aligned}\Delta_y z&=u(x,y+\Delta y)v(x,y+\Delta y)-u(x,y)v(x,y)\\&=(u(x,y+\Delta y)-u(x,y))v(x,y+\Delta y)+u(x,y)(v(x,y+\Delta y)-v(x,y))\\&=\Delta_y u\cdot v(x,y+\Delta y)+u(x,y)\cdot\Delta_y v.\end{aligned}$$

从而

$$\frac{\Delta_y z}{\Delta y}=\frac{\Delta_y u}{\Delta y}\cdot v(x,y+\Delta y)+u(x,y)\cdot\frac{\Delta_y v}{\Delta y}. \tag{3.3}$$

因为对于每一个给定的 x, 作为关于 y 的一元函数 $v=v(x,y)$ 在 y 点存在导数, 所以一元函数 $v=v(x,y)$ 在 y 点关于 y 连续. 因此,

$$\lim_{\Delta y\to 0}v(x,y+\Delta y)=v(x,y).$$

于是, 对 (3.3) 式取极限, 得到

$$\begin{aligned}\lim_{\Delta y\to 0}\frac{\Delta_y z}{\Delta y}&=\lim_{\Delta y\to 0}\left(\frac{\Delta_y u}{\Delta y}\cdot v(x,y+\Delta y)+u(x,y)\cdot\frac{\Delta_y v}{\Delta y}\right)\\&=\lim_{\Delta y\to 0}\frac{\Delta_y u}{\Delta y}\cdot\lim_{\Delta y\to 0}v(x,y+\Delta y)+u(x,y)\cdot\lim_{\Delta y\to 0}\frac{\Delta_y v}{\Delta y},\end{aligned}$$

因此,

$$\frac{\partial}{\partial y}(u\cdot v)=\frac{\partial u}{\partial y}\cdot v+u\cdot\frac{\partial v}{\partial y}.$$

这证明了公式 (3.2) 中的第二个公式. 同理可证公式 (3.2) 中的第一个公式.

注记 1 在公式 (3.2) 中, 若 $v(x,y)\equiv C$, 则有

$$\frac{\partial}{\partial x}(Cu)=C\frac{\partial u}{\partial x},\quad \frac{\partial}{\partial y}(Cu)=C\frac{\partial u}{\partial y}. \tag{3.4}$$

注记 2 对有限个函数乘积的求偏导法则, 可以根据公式 (3.2) 归纳推得. 例如, 对三个函数 $u=u(x,y)$, $v=v(x,y)$, $w=w(x,y)$ 来说, 其乘积的偏导数为

$$\begin{aligned}\frac{\partial}{\partial x}(uvw)&=\frac{\partial}{\partial x}((uv)w)=\frac{\partial(uv)}{\partial x}\cdot w+(uv)\cdot\frac{\partial w}{\partial x}=vw\cdot\frac{\partial u}{\partial x}+uw\cdot\frac{\partial v}{\partial x}+uv\cdot\frac{\partial w}{\partial x},\\\frac{\partial}{\partial y}(uvw)&=\frac{\partial}{\partial y}((uv)w)=\frac{\partial(uv)}{\partial y}\cdot w+(uv)\cdot\frac{\partial w}{\partial y}=vw\cdot\frac{\partial u}{\partial y}+uw\cdot\frac{\partial v}{\partial y}+uv\cdot\frac{\partial w}{\partial y}.\end{aligned}$$

注记 3 在应用公式 (3.2) 时, 函数可以有多种依赖关系. 例如, 设 $u=u(x)$, $v=v(x,y)$, $w=w(x,y,z)$, $f(x,y,z)=uvw$, 则有

$$f_x(x,y,z)=vw\cdot\frac{\mathrm{d}u}{\mathrm{d}x}+uw\cdot\frac{\partial v}{\partial x}+uv\cdot\frac{\partial w}{\partial x},$$

$$f_y(x,y,z)=uw\cdot\frac{\partial v}{\partial y}+uv\cdot\frac{\partial w}{\partial y},$$
$$f_z(x,y,z)=uv\cdot\frac{\partial w}{\partial z}.$$

法则 3 如果 $u=u(x,y)$ 存在偏导数, 且 $u(x,y)\neq 0$, 则 $\dfrac{1}{u(x,y)}$ 也有偏导数, 并且

$$\frac{\partial}{\partial x}\left(\frac{1}{u}\right)=-\frac{u_x}{u^2},\quad \frac{\partial}{\partial y}\left(\frac{1}{u}\right)=-\frac{u_y}{u^2}. \tag{3.5}$$

证 设 $z=\dfrac{1}{u(x,y)}$, 则

$$\begin{aligned}\Delta_x z&=\frac{1}{u(x+\Delta x,y)}-\frac{1}{u(x,y)}\\&=\frac{u(x,y)-u(x+\Delta x,y)}{u(x+\Delta x,y)\cdot u(x,y)}\\&=-\frac{\Delta_x u}{u(x+\Delta x,y)\cdot u(x,y)}.\end{aligned}$$

因此,

$$\frac{\Delta_x z}{\Delta x}=-\frac{1}{u(x+\Delta x,y)\cdot u(x,y)}\cdot\frac{\Delta_x u}{\Delta x}. \tag{3.6}$$

因为对于每一个给定的 y, $u(x,y)$ 关于 x 的偏导数存在, 所以 $u(x,y)$ 作为一元函数关于 x 连续. 因此,

$$\lim_{\Delta x\to 0}u(x+\Delta x,y)=u(x,y).$$

于是, 对 (3.6) 式两端取极限, 有

$$\lim_{\Delta x\to 0}\frac{\Delta_x z}{\Delta x}=\frac{1}{u(x,y)\cdot\lim\limits_{\Delta x\to 0}u(x+\Delta x,y)}\cdot\lim_{\Delta x\to 0}\frac{\Delta_x u}{\Delta x}=-\frac{u_x}{u^2}.$$

同理,

$$\lim_{\Delta y\to 0}\frac{\Delta_y z}{\Delta y}=\frac{1}{u(x,y)\cdot\lim\limits_{\Delta y\to 0}u(x,y+\Delta y)}\cdot\lim_{\Delta y\to 0}\frac{\Delta_y u}{\Delta y}=-\frac{u_y}{u^2}.$$

这就证明了公式 (3.5).

利用 (3.2) 式和 (3.5) 式得

$$\frac{\partial}{\partial x}\left(\frac{v}{u}\right)=\frac{v_x u-vu_x}{u^2},\quad \frac{\partial}{\partial y}\left(\frac{v}{u}\right)=\frac{v_y u-vu_y}{u^2}. \tag{3.7}$$

例 3.1 求以 a, $a>0$ 为底的对数 $y=\log_a x$ 的导数.

解 $(\log_a x)'=\left(\dfrac{\ln x}{\ln a}\right)'=\dfrac{1}{\ln a}(\ln x)'=\dfrac{1}{x\ln a},$

即

$$(\log_a x)' = \frac{1}{x\ln a}.$$

例 3.2 已知 $z = 2x - \sqrt[3]{x} + 3\sin x - \ln y$, 求 z_x.

解

$$\begin{aligned} z_x &= \frac{\partial}{\partial x}(2x - \sqrt[3]{x} + 3\sin x - \ln y) \\ &= \frac{\partial}{\partial x}(2x) - \frac{\partial}{\partial x}(x^{\frac{1}{3}}) + 3\frac{\partial}{\partial x}(\sin x) - \frac{\partial}{\partial x}(\ln y) \\ &= 2 - \frac{1}{3}x^{-\frac{2}{3}} + 3\cos x. \end{aligned}$$

例 3.3 $z = \sqrt{xy}\ln x$, 求 z_x, z_y.

解

$$\begin{aligned} z_x &= \sqrt{y}\frac{\partial}{\partial x}(\sqrt{x}\ln x) = \sqrt{y}\left(\frac{\partial}{\partial x}(\sqrt{x})\ln x + \sqrt{x}\frac{\partial}{\partial x}(\ln x)\right) \\ &= \sqrt{y}\left(\frac{1}{2\sqrt{x}}\ln x + \frac{\sqrt{x}}{x}\right) = \frac{\sqrt{y}}{2\sqrt{x}}(\ln x + 2); \end{aligned}$$

$$z_y = \sqrt{x}\ln x\frac{\partial}{\partial y}(\sqrt{y}) = \frac{\sqrt{x}\ln x}{2\sqrt{y}}.$$

例 3.4 $y = \tan x$, 求 y'.

解

$$\begin{aligned} y' &= \left(\frac{\sin x}{\cos x}\right)' = \frac{(\sin x)'\cos x - \sin x(\cos x)'}{\cos^2 x} \\ &= \frac{\cos^2 x + \sin^2 x}{\cos^2 x} = \frac{1}{\cos^2 x} \\ &= \sec^2 x, \end{aligned}$$

即

$$(\tan x)' = \sec^2 x.$$

类似地可推出

$$(\cot x)' = -\csc^2 x.$$

例 3.5 $y = \sec x$, 求 y'.

解

$$\begin{aligned} y' &= (\sec x)' = \left(\frac{1}{\cos x}\right)' \\ &= -\frac{(\cos x)'}{\cos^2 x} = \frac{\sin x}{\cos^2 x} \\ &= \sec x \cdot \tan x, \end{aligned}$$

即

$$(\sec x)' = \sec x \cdot \tan x.$$

同理

$$(\csc x)' = -\csc x \cdot \cot x.$$

4.3.2　反函数的导数

法则 4　如果严格单调函数 $x=\varphi(y)$ 在某一区间内可导, 而且 $\varphi'(y)\neq 0$, 那么它的反函数 $y=f(x)$ 在对应区间内可导, 并且

$$(f(x))' = \frac{1}{\varphi'(y)}. \tag{3.8}$$

证　设反函数 $y=f(x)$ 在 x 点有增量 $\Delta x, \Delta x\neq 0$, 由直接函数 $x=\varphi(y)$ 的严格单调性可知, 反函数 $y=f(x)$ 也严格单调. 于是

$$\Delta y = f(x+\Delta x) - f(x) \neq 0,$$

从而

$$\frac{\Delta y}{\Delta x} = \frac{1}{\dfrac{\Delta x}{\Delta y}}. \tag{3.9}$$

又由直接函数 $x=\varphi(y)$ 的连续性可知反函数 $y=f(x)$ 也连续, 故当 $\Delta x\to 0$ 时必有 $\Delta y\to 0$. 再由假设知

$$\lim_{\Delta x\to 0}\frac{\Delta x}{\Delta y} = \varphi'(y) \neq 0,$$

于是由 (3.9) 式得

$$\lim_{\Delta x\to 0}\frac{\Delta y}{\Delta x} = \lim_{\Delta y\to 0}\frac{1}{\dfrac{\Delta x}{\Delta y}} = \frac{1}{\lim\limits_{\Delta y\to 0}\dfrac{\Delta x}{\Delta y}} = \frac{1}{\varphi'(y)}.$$

这就证明了 (3.8) 式.

根据反函数的求导法则, 下面计算指数函数和反三角函数的导数.

例 3.6　设 $y=a^x\ (a>0, a\neq 1)$, 求 y'.

解　我们知道指数函数 $y=a^x$ 是对数函数 $x=\log_a y$ 的反函数, 而对数函数在区间 $(0,+\infty)$ 内严格单调且可导, 它的导数为

$$(\log_a y)' = \frac{1}{y\ln a} \neq 0,$$

所以 $y=a^x$ 于 $(-\infty,+\infty)$ 内可导, 并且

$$(a^x)' = \frac{1}{(\log_a y)'} = y\ln a = a^x\ln a,$$

即

$$(a^x)' = a^x \ln a,$$

特别地

$$(\mathrm{e}^x)' = \mathrm{e}^x.$$

例 3.7 证明

$$(\arcsin x)' = \frac{1}{\sqrt{1-x^2}},$$
$$(\arccos x)' = -\frac{1}{\sqrt{1-x^2}}.$$

证 因为 $y = \arcsin x$ 是 $x = \sin y, -\frac{\pi}{2} \leqslant y \leqslant \frac{\pi}{2}$ 的反函数, 而 $x = \sin y$ 于 $\left(-\frac{\pi}{2}, \frac{\pi}{2}\right)$ 上严格单调且

$$(\sin y)' = \cos y = \cos(\arcsin x) = \sqrt{1-x^2},$$

于是, 在 $(-1, 1)$ 内有

$$(\arcsin x)' = \frac{1}{(\sin y)'} = \frac{1}{\sqrt{1-x^2}},$$

即

$$(\arcsin x)' = \frac{1}{\sqrt{1-x^2}},$$

同理

$$(\arccos x)' = -\frac{1}{\sqrt{1-x^2}}.$$

例 3.8 证明

$$(\arctan x)' = \frac{1}{1+x^2},$$
$$(\operatorname{arccot} x)' = -\frac{1}{1+x^2}.$$

证 因为 $y = \arctan x$ 是 $x = \tan y, -\frac{\pi}{2} < y < \frac{\pi}{2}$ 的反函数, 而 $x = \tan y$ 于 $\left(-\frac{\pi}{2}, \frac{\pi}{2}\right)$ 上严格单调, 且由例 3.4 知

$$(\tan y)' = \sec^2 y = 1 + \tan^2 y = 1 + x^2 > 0.$$

因此, $y = \arctan x$ 在 $(-\infty, +\infty)$ 内可导, 且

$$(\arctan x)' = \frac{1}{(\tan y)'} = \frac{1}{\sec^2 y} = \frac{1}{1+x^2},$$

即

$$(\arctan x)' = \frac{1}{1+x^2}.$$

同理

$$(\operatorname{arccot} x)' = -\frac{1}{1+x^2}.$$

综上所述, 我们得到了如下基本初等函数的导数公式:

(1) $(C)' = 0$;

(2) $(x^\mu)' = \mu x^{\mu-1}$;

(3) $(\sin x)' = \cos x$;

(4) $(\cos x)' = -\sin x$;

(5) $(\tan x)' = \sec^2 x$;

(6) $(\cot x)' = -\csc^2 x$;

(7) $(\sec x)' = \sec x \cdot \tan x$;

(8) $(\csc x)' = -\csc x \cdot \cot x$;

(9) $(\ln x)' = \dfrac{1}{x}$;

(10) $(\log_a x)' = \dfrac{1}{x\ln a}$;

(11) $(\mathrm{e}^x)' = \mathrm{e}^x$;

(12) $(a^x)' = a^x \ln a$;

(13) $(\arcsin x)' = \dfrac{1}{\sqrt{1-x^2}}$;

(14) $(\arccos x)' = -\dfrac{1}{\sqrt{1-x^2}}$;

(15) $(\arctan x)' = \dfrac{1}{1+x^2}$;

(16) $(\operatorname{arccot} x)' = -\dfrac{1}{1+x^2}$.

例 3.9　求 $f(x,y) = \ln x \sin y$ 在 $\left(1, \dfrac{\pi}{4}\right)$ 处的偏导数.

解　对于一个二元函数 $f(x,y)$, 关于 x 求偏导可以把 y 视为常数, 进而视 $f(x,y)$ 为 x 的一元函数, 对 f 关于 x 求导. 因此, 偏导函数为

$$f_x(x,y) = \sin y \cdot \frac{\mathrm{d}}{\mathrm{d}x}(\ln x) = \frac{\sin y}{x}.$$

类似得到

$$f_y(x,y) = \ln x \cdot \frac{\mathrm{d}}{\mathrm{d}y}(\sin y) = \ln x \cos y.$$

于是,

$$f_x\left(1, \frac{\pi}{4}\right) = \frac{\sqrt{2}}{2}, \quad f_y\left(1, \frac{\pi}{4}\right) = 0.$$

例 3.10 设 $z = x^y (x > 0, x \neq 1, y$ 为任意实数), 求证:

$$\frac{x}{y}\frac{\partial z}{\partial x} + \frac{1}{\ln x}\frac{\partial z}{\partial y} = 2z.$$

证 因为 $\dfrac{\partial z}{\partial x} = yx^{y-1}, \dfrac{\partial z}{\partial y} = x^y \ln x$, 所以,

$$\frac{x}{y}\frac{\partial z}{\partial x} + \frac{1}{\ln x}\frac{\partial z}{\partial y} = \frac{x}{y} yx^{y-1} + \frac{1}{\ln x} x^y \ln x = x^y + x^y = 2z.$$

习 题 4.3

1. 求下列函数的偏导数:

(1) $z = x^3 + y^3 - 3xy$; (2) $z = \dfrac{x-y}{x+y}$.

2. 过曲面 $z = 2x^2 + y^2$ 上的点 $M(1, 2, 6)$ 引平行于 xOz 的平面, 试确定截线在 M 点处的切线与 x 轴正向所成的角度.

3. 验证:

(1) $u = (x-y)(y-z)(z-x)$ 满足 $\dfrac{\partial u}{\partial x} + \dfrac{\partial u}{\partial y} + \dfrac{\partial u}{\partial z} = 0$;

(2) $T = 2\pi\sqrt{\dfrac{l}{g}}$ 满足 $l\dfrac{\partial T}{\partial l} + g\dfrac{\partial T}{\partial g} = 0$.

4. 求下列函数的导数:

(1) $y = \sqrt{x} + \mathrm{e}^x$; (2) $y = \sqrt[3]{x} + \dfrac{1}{\sqrt{x}} + \dfrac{1}{x^3}$;

(3) $y = (2x-1)^2$; (4) $y = 3\ln x - \dfrac{2}{x}$;

(5) $y = \sin x - 3\tan x$; (6) $y = \sqrt[5]{x^3} + 5^{x+1}$;

(7) $y = x^{10} + 10^x$; (8) $y = \log_a \sqrt{x} + a^x$;

(9) $y = \tan x + \cot x$; (10) $y = \dfrac{x}{\mathrm{e}^x}$;

(11) $y = \dfrac{1}{x} - \dfrac{x}{\cos x}$; (12) $y = x\ln x$;

(13) $y = \dfrac{1}{1+x+x^2}$; (14) $y = \dfrac{1-\ln x}{1+\ln x}$;

(15) $y = \dfrac{1}{1+\sqrt{x}} + \dfrac{1}{1-\sqrt{x}}$; (16) $y = \dfrac{\sin x}{1+\sec x}$;

(17) $y = \sqrt{x}\sin x$; (18) $y = x\tan x - \cot x$;

(19) $y = \dfrac{1}{2}\sin 2x + x$; (20) $y = \dfrac{1-\tan x}{1+\tan x}$.

5. 求曲线 $y = 2\mathrm{e}^x + x^2$ 上横坐标为 $x = 0$ 点处的切线方程和法线方程.

6. 一球在斜面上向上滚动, 在 t 秒之后与开始的距离为 $s=3t-t^2$ (s 的单位为米), 问该球的初速度为多少? 何时开始向下滚动?

7. 求下列函数在给定点的导数值:

(1) $\rho=\varphi\sin\varphi+\dfrac{1}{2}\cos\varphi$, 在 $\varphi=\dfrac{\pi}{4}$ 处;

(2) $f(t)=\dfrac{1-\sqrt{t}}{1+\sqrt{t}}$, 在 $t=4$ 处.

8. 求下列函数的导数:

(1) $y=\dfrac{1}{\sqrt{x}}+\arctan x$;

(2) $y=\dfrac{\arctan x}{\sqrt{x}}$;

(3) $y=2\mathrm{e}^x+\operatorname{arccot} x$;

(4) $y=x\arcsin x$;

(5) $y=\dfrac{(1+x^2)\arctan x-x}{2}$;

(6) $y=\sqrt{x}\arccos x$;

(7) $y=\dfrac{1}{\arccos x}$;

(8) $y=\mathrm{e}^x\arcsin x$;

(9) $y=\dfrac{1-\arccos x}{1+\arccos x}$;

(10) $y=\arcsin x\cdot\arctan x$;

(11) $y=\dfrac{\arcsin x}{\arccos x}$.

4.4 全微分、方向导数、梯度

4.4.1 全微分

对于一个函数, 给自变量一个增量, 那么, 对应地, 函数也有一个增量. 函数的增量可否用自变量增量的线性组合近似表示? 我们从一元函数开始讨论这个问题.

1. 一元函数的微分

对于一元函数 $y=f(x)$, 当自变量在 x 点处有增量 Δx 时, 函数的增量可表示为 $\Delta y=f(x+\Delta x)-f(x)$, 称为函数 $f(x)$ 在点 x 对应于自变量增量 Δx 的**增量**.

如果

$$\Delta y=f(x+\Delta x)-f(x)=A\Delta x+o(\Delta x),$$

即函数增量可以用自变量增量线性组合近似表示, 则由导数定义, 得

$$f'(x)=\lim_{\Delta x\to 0}\frac{\Delta y}{\Delta x}=A+\lim_{\Delta x\to 0}\frac{o(\Delta x)}{\Delta x}=A.$$

反过来, 如果 $f(x)$ 在 x 点导数存在, 则

$$\lim_{\Delta x\to 0}\frac{\Delta y-f'(x)\Delta x}{\Delta x}=\lim_{\Delta x\to 0}\frac{\Delta y}{\Delta x}-f'(x)=0,$$

说明 $\Delta y=f'(x)\Delta x+o(\Delta x)$.

定义 4.1 设 $f(x)$ 在 x 点存在导数. 称 $f'(x)\cdot\Delta x$ 为 $f(x)$ 在 x 点处的**微分**, 记作 $\mathrm{d}y$ 或 $\mathrm{d}f(x)$, 即 $\mathrm{d}y=f'(x)\Delta x$.

注记 1 (1) 若 $f'(x)\neq 0$, 当 $\Delta x\to 0$ 时, 微分 $\mathrm{d}y$ 是函数增量 Δy 的主要部分.

(2) 微分 $\mathrm{d}y=f'(x)\Delta x$ 是 Δx 的线性函数. 因此, 在 $f'(x)\neq 0$ 的条件下, 人们说微分 $\mathrm{d}y$ 是函数增量 Δy 的线性主部 (当 $\Delta x\to 0$). 从而, 当 $|\Delta x|$ 很小时, 有

$$\Delta y\approx \mathrm{d}y=f'(x)\Delta x.$$

由于函数 $y=x$ 的微分 $\mathrm{d}y=\mathrm{d}x=\Delta x$, 从而可以在微分表达式 $f'(x)\cdot\Delta x$ 中, 用 $\mathrm{d}x$ 代替 Δx. 这样, 微分可写成

$$\mathrm{d}y=f'(x)\mathrm{d}x. \tag{4.1}$$

从上式可以看出, $\mathrm{d}y$ 除以 $\mathrm{d}x$ 就得到 $\dfrac{\mathrm{d}y}{\mathrm{d}x}=f'(x)$. 这也是有些教科书把导数称作微商的原因.

下面来讨论微分的几何意义. 函数 $y=f(x)$ 的图像如图 4-3 所示.

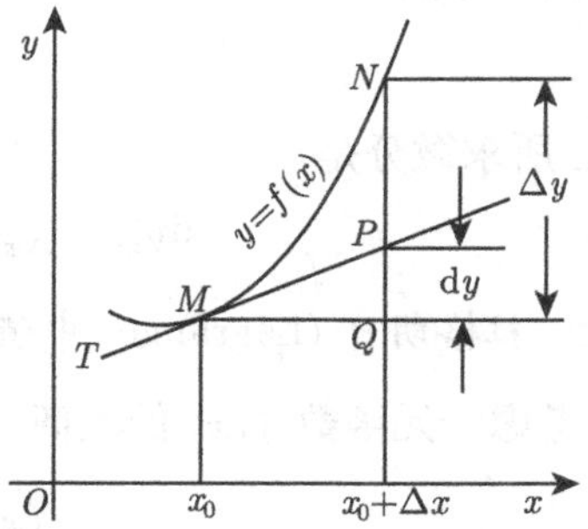

图 4-3

设自变量 x 在 x_0 处有增量 Δx, 记

$$y_0=f(x_0),\quad y_0+\Delta y=f(x_0+\Delta x),$$

M 点坐标是 (x_0,y_0), N 点的坐标是 $(x_0+\Delta x,y_0+\Delta y)$. 于是, 函数增量 Δy 是 N 点纵坐标和 M 点纵坐标之差. 曲线 $y=f(x)$ 在点 M 处的切线方程为

$$y=y_0+f'(x_0)(x-x_0),$$

将 $x=x_0+\Delta x$ 代入上式, 便得上述切线与直线 $x=x_0+\Delta x$ 的交点 P 的坐标 $(x_0+\Delta x,y_0+f'(x_0)\Delta x)$. 因此,

$$\mathrm{d}y=\overline{QP}.$$

由此可见, 如果 Δy 是曲线 $y=f(x)$ 上一点的纵坐标的增量, $\mathrm{d}y$ 就是曲线的切线上点的纵坐标的相应增量. 由于 $\Delta x\to 0$ 时, 有 $\Delta y-\mathrm{d}y=o(\Delta x)$, 这样, 在点 M 附近可用切线近似地代替曲线段.

根据微分定义可以看出, 函数在哪一点有导数, 它就在哪一点有微分, 由于在一点的微分就是在这一点的导数乘以 $\mathrm{d}x$, 所以会求导数, 就会求微分, 求导数有什

么法则, 求微分也就有相应的法则. 例如,

$$
\begin{aligned}
&\mathrm{d}(u+v)=\mathrm{d}u+\mathrm{d}v;\\
&\mathrm{d}(Cu)=C\mathrm{d}u,\quad C\ \text{为常数};\\
&\mathrm{d}(u\cdot v)=v\mathrm{d}u+u\mathrm{d}v;\\
&\mathrm{d}\left(\frac{u}{v}\right)=\frac{1}{v^2}(v\mathrm{d}u-u\mathrm{d}v).
\end{aligned}
$$

当要说明函数在一点 x_0 的微分时, 则记微分为 $\mathrm{d}y|_{x=x_0}$.

例 4.1 求 $y=x^2+\sin x$ 在 $x=\frac{\pi}{4}$ 处的微分.

解 因为

$$\frac{\mathrm{d}y}{\mathrm{d}x}=2x+\cos x,$$

故

$$\mathrm{d}y|_{x=\frac{\pi}{4}}=(2x+\cos x)|_{x=\frac{\pi}{4}}\mathrm{d}x=\left(\frac{\pi}{2}+\frac{\sqrt{2}}{2}\right)\mathrm{d}x.$$

例 4.2 求 $y=x\ln x$ 在 $x=\mathrm{e}$ 处当 $\Delta x=0.1$ 时的微分.

解 由于

$$\frac{\mathrm{d}y}{\mathrm{d}x}=1+\ln x,$$

因此, 所求微分是

$$\mathrm{d}y|_{x=\mathrm{e},\Delta x=0.1}=(1+\ln\mathrm{e})\cdot 0.1=0.2.$$

2. 拉格朗日 (Lagrange) 中值定理

考虑一元函数 $f(x)$ 的差商

$$\frac{f(x_2)-f(x_1)}{x_2-x_1}=\frac{\Delta f(x)}{\Delta x}.$$

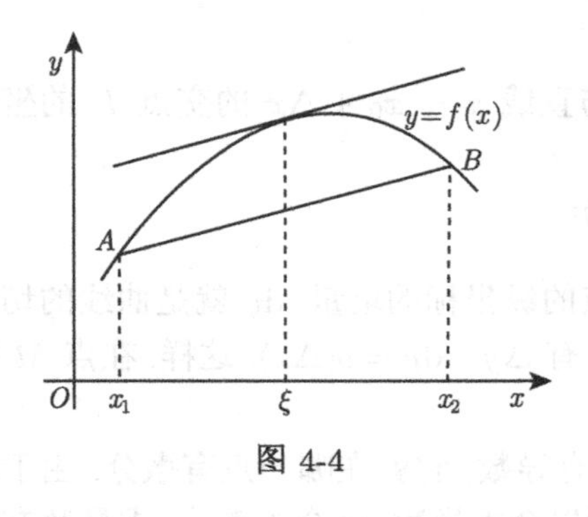

图 4-4

假定此函数在区间 (x_1,x_2) 上处处可导, 使得其曲线处处有切线. 那么, 这个差商就是割线 AB 的斜率, 如图 4-4 所示. 这时从直观上容易相信曲线弧 AB 上一定会有平行于割线 AB 的切线. 设此切点坐标为 $(\xi,f(\xi))$, 那么切线的斜率 $f'(\xi)$ 恰好等于割线 AB 的斜率:

$$\frac{f(x_2)-f(x_1)}{x_2-x_1}=f'(\xi).\tag{4.2}$$

在物理上看, 如果把函数 $s=f(t)$ 当成某一变速直线运动物体的路程函数, 那么它在时间段 $[t_1,t_2]$ 内所走过的路程是 $f(t_2)-f(t_1)$. 因此, 在这段时间内的平均速度是

$$\frac{f(t_2)-f(t_1)}{t_2-t_1}=\bar{v}.$$

根据常识, 在这段时间内的每一时刻的瞬时速度既不能总是小于这一平均速度, 也不能总是大于平均速度. 由于速度变化的连续性, 至少有一次在 $t=t_0$ 的某一时刻, 物体的瞬时速度 $f'(t_0)$ 等于平均速度:

$$\frac{f(t_2)-f(t_1)}{t_2-t_1}=f'(t_0),$$

它在形式上与 (4.2) 式完全类似.

这些结果被抽象成拉格朗日中值定理.

定理 4.1 (拉格朗日中值定理) 如果函数 $y=f(x)$ 在闭区间 $[a,b]$ 上连续, 而在开区间 (a,b) 内可导, 那么它在区间 (a,b) 内至少有一点 ξ, $a<\xi<b$, 使等式

$$f(b)-f(a)=f'(\xi)(b-a)$$

成立.

这个定理的严格证明将在 5.1 节给出.

3. 多元函数的全微分

现在, 考虑多元函数. 设有函数 $z=f(x,y)$, 当自变量 x,y 在 (x,y) 点处同时有增量 Δx 和 Δy 时, 函数 $z=f(x,y)$ 的相应增量为 $\Delta z=f(x+\Delta x,y+\Delta y)-f(x,y)$. 称 Δz 为函数 $f(x,y)$ 在点 $P(x,y)$ 处对应于自变量增量 Δx 和 Δy 的**全增量**.

类似于一元函数的讨论, 对二元函数 $z=f(x,y)$ 我们可以研究同样的问题, 即可否在适当条件下全增量 Δz 近似表示为

$$\Delta z=A\Delta x+B\Delta y+o(\rho), \tag{4.3}$$

其中 A,B 不依赖于 Δx 和 Δy, 而仅与 x 和 y 有关.

注意, 如果 (4.3) 式成立, 由 $\Delta x,\Delta y$ 的任意性, 特别当 $\Delta y=0$ 时,

$$\rho=|\Delta x|,\quad \Delta z=f(x+\Delta x,y)-f(x,y).$$

于是, (4.3) 式变成

$$f(x+\Delta x,y)-f(x,y)=A\Delta x+o(|\Delta x|).$$

两端除以 Δx, 并令 $\Delta x \to 0$, 有 $A = \dfrac{\partial z}{\partial x}$. 同理, $B = \dfrac{\partial z}{\partial y}$. 因此, (4.3) 式等价于

$$\Delta z = \frac{\partial z}{\partial x}\Delta x + \frac{\partial z}{\partial y}\Delta y + o(\rho). \tag{4.4}$$

这说明, 如果全增量 Δz 用自变量的增量 Δx 和 Δy 的线性函数来近似表示 (其误差 $o(\rho)$), 必须而且只需将 Δz 表示为 (4.4) 式的形式. 反过来, 如果偏导数存在, 全增量 Δz 能否表示成 (4.4) 式的形式? 我们看一个例子. 考虑函数

$$f(x,y) = \begin{cases} \dfrac{xy}{\sqrt{x^2+y^2}}, & x^2+y^2 \neq 0, \\ 0, & x^2+y^2 = 0. \end{cases}$$

一方面, 根据偏导数的定义, $f_x(0,0) = f_y(0,0) = 0$. 另一方面, 经计算

$$\Delta z - (f_x(0,0)\cdot\Delta x + f_y(0,0)\cdot\Delta y) = \frac{\Delta x\cdot\Delta y}{\sqrt{(\Delta x)^2+(\Delta y)^2}}.$$

如果考虑点 $(\Delta x, \Delta y)$ 沿直线 $y = x$ 趋于 $(0,0)$, 则

$$\frac{\dfrac{\Delta x\cdot\Delta y}{\sqrt{(\Delta x)^2+(\Delta y)^2}}}{\rho} = \frac{\Delta x\cdot\Delta y}{(\Delta x)^2+(\Delta y)^2} = \frac{\Delta x\cdot\Delta x}{(\Delta x)^2+(\Delta x)^2} = \frac{1}{2},$$

不能随 $\rho \to 0$ 而趋近于 0. 因此, $\Delta z - (f_x(0,\ 0)\cdot\Delta x + f_y(0,\ 0)\cdot\Delta y)$ 并不是 ρ 的高阶无穷小量. 所以, 我们需要修改定义 4.1, 来重新定义多元函数的全微分的概念.

定义 4.2 设函数 $z = f(x,y)$ 在区域 D 上有定义. 如果 $f(x,y)$ 在点 $P(x,y)$ 具有偏导数 $f_x(x,y)$, $f_y(x,y)$, 且

$$\Delta z = f_x(x,y)\Delta x + f_y(x,y)\Delta y + o(\rho), \tag{4.5}$$

$\rho = \sqrt{(\Delta x)^2+(\Delta y)^2}$, 则称 $f_x(x,y)\Delta x + f_y(x,y)\Delta y$ 为函数 $z = f(x,y)$ 在 $P(x,\ y)$ 处的**全微分**, 记作 $\mathrm{d}z$, 即

$$\mathrm{d}z = f_x(x,y)\Delta x + f_y(x,y)\Delta y.$$

如果函数 $z = f(x,y)$ 在 $P(x,y)$ 存在全微分, 就说函数 $f(x,y)$ 在 $P(x,y)$ 点处是可微的.

前面的例子说明, 偏导数的存在, 不能蕴含着函数的全微分存在. 因此, 多元函数的可微需要更强的条件加以保证.

定理 4.2 如果函数 $z = f(x,\ y)$ 的偏导数 $f_x(x,y)$ 和 $f_y(x,y)$ 在点 $P(x,\ y)$ 处连续, 则函数在该点处可微分.

证 由于偏导数在 (x, y) 点连续, 那么偏导数必然在 (x,y) 的某个邻域内存在. 任取 $(x+\Delta x, y+\Delta y)$ 属于这个邻域, 考虑全增量

$$\begin{aligned}\Delta z &= f(x+\Delta x, y+\Delta y) - f(x,y) \\ &= (f(x+\Delta x, y+\Delta y) - f(x, y+\Delta y)) + (f(x, y+\Delta y) - f(x,y)).\end{aligned}$$

上式第一个括号内的差, 由于 $y+\Delta y$ 可以看成不变的, 因此, 可以看作 x 的一元函数 $f(x, y+\Delta y)$ 的增量. 于是, 应用拉格朗日中值定理, 得到

$$f(x+\Delta x, y+\Delta y) - f(x, y+\Delta y) = f_x(x+\theta_1\Delta x, y+\Delta y)\Delta x, \quad 0 < \theta_1 < 1.$$

根据 $f_x(x,y)$ 的连续性, 有

$$f(x+\Delta x, y+\Delta y) - f(x, y+\Delta y) = f_x(x,y)\Delta x + \varepsilon_1\Delta x,$$

其中当 $\Delta x \to 0, \Delta y \to 0$ 时, $\varepsilon_1 \to 0$. 同理

$$f(x, y+\Delta y) - f(x,y) = f_y(x,y)\Delta y + \varepsilon_2\Delta y,$$

其中, 当 $\Delta y \to 0$ 时, $\varepsilon_2 \to 0$. 于是,

$$\Delta z = f_x(x,y)\Delta x + f_y(x,y)\Delta y + \varepsilon_1\Delta x + \varepsilon_2\Delta y. \tag{4.6}$$

注意到,

$$\left|\frac{\varepsilon_1\Delta x + \varepsilon_2\Delta y}{\rho}\right| \leqslant |\varepsilon_1| + |\varepsilon_2| \to 0.$$

从而,

$$\Delta z = f_x(x,y)\Delta x + f_y(x,y)\Delta y + o(\rho).$$

综上所述, 偏导数连续是函数可微的充分条件, 而偏导数存在, 则是它的必要条件.

习惯上, 也可以把自变量的增量 $\Delta x, \Delta y$ 分别记作 $\mathrm{d}x, \mathrm{d}y$. 这样, 全微分就可写为

$$\mathrm{d}z = \frac{\partial z}{\partial x}\mathrm{d}x + \frac{\partial z}{\partial y}\mathrm{d}y.$$

上述结果可以完全类似地推广到三元和三元以上的函数.

例 4.3 计算 $z = \mathrm{e}^{xy}$ 在点 (2, 1) 的全微分.

解 因为 $\dfrac{\partial z}{\partial x} = y\mathrm{e}^{xy}, \dfrac{\partial z}{\partial y} = x\mathrm{e}^{xy}$,

$$\left.\frac{\partial z}{\partial x}\right|_{\substack{x=2\\y=1}} = \mathrm{e}^2, \quad \left.\frac{\partial z}{\partial y}\right|_{\substack{x=2\\y=1}} = 2\mathrm{e}^2,$$

因此, 在点 $(2,1)$ 的全微分

$$\mathrm{d}z = \mathrm{e}^2\mathrm{d}x + 2\mathrm{e}^2\mathrm{d}y.$$

例 4.4 计算函数 $u = x + \mathrm{e}^{yz}$ 的全微分.

解 注意到, $u_x = 1$, $u_y = z\mathrm{e}^{yz}$, $u_z = y\mathrm{e}^{yz}$. 于是,

$$\mathrm{d}u = \mathrm{d}x + z\mathrm{e}^{yz}\mathrm{d}y + y\mathrm{e}^{yz}\mathrm{d}z.$$

由全微分定义和全微分存在定理容易知道, 当函数 $f(x,y)$ 的两个偏导数在 (x,y) 处连续, 且 $|\Delta x|, |\Delta y|$ 都较小时, 有如下近似公式:

$$f(x+\Delta x, y+\Delta y) \approx f(x,y) + f_x(x,y)\Delta x + f_y(x,y)\Delta y. \tag{4.7}$$

例 4.5 求 $\sqrt[3]{7.97} + 1.02^{100}$ 的近似值.

解 令 $f(x,y) = \sqrt[3]{x} + y^{100}$, 则

$$f_x = \frac{1}{3}\sqrt[3]{x^{-2}}, \quad f_y = 100y^{99}.$$

于是, 对 $x = 8$, $y = 1$, $\Delta x = -0.03$, $\Delta y = 0.02$. 利用 (4.7) 式得

$$\sqrt[3]{7.97} + 1.02^{100} \approx 3 - \frac{1}{3}\sqrt[3]{8^{-2}} \times 0.03 + 100 \times 0.02 = 4.9975.$$

4.4.2 方向导数与梯度

我们知道, 偏导数 f_x 和 f_y 分别表示函数 $f(x,\ y)$ 沿着坐标轴方向的变化率. 现在来讨论函数沿着其他任意方向的变化率问题.

设函数 $z = f(x,\ y)$ 在点 $P(x,\ y)$ 的某一邻域内有定义. 自点 P 引有向直线 $\boldsymbol{l}$, $\boldsymbol{l}$ 与 x 轴正向的夹角为 α, 在 $\boldsymbol{l}$ 上任取一点 $P_1(x+\Delta x, y+\Delta y)$. 那么, 点 $P(x,\ y)$ 变到 $P_1(x+\Delta x, y+\Delta y)$ 时函数的相应增量为

$$\Delta z = f(x+\Delta x, y+\Delta y) - f(x,y).$$

于是, 若令 $\rho = |P_1P| = \sqrt{(\Delta x)^2 + (\Delta y)^2}$, 则函数 $f(x,\ y)$ 沿着有向直线 $\boldsymbol{l}$ 从 P 到 P_1 的平均变化率为

$$\frac{\Delta z}{\rho} = \frac{f(x+\Delta x, y+\Delta y) - f(x,y)}{\rho}.$$

当 P_1 沿着 $\boldsymbol{l}$ 趋近 P 时, 如果上述平均变化率的极限存在, 那么称该极限值为函数 $f(x,\ y)$ 在点 P 沿着方向 $\boldsymbol{l}$ 的方向导数, 记作

$$\frac{\partial f}{\partial \boldsymbol{l}} = \lim_{\rho \to 0} \frac{f(x+\Delta x,\ y+\Delta y) - f(x,y)}{\rho}.$$

注记 2 由上述定义不难看出, 当偏导数 f_x 和 f_y 存在时, 它们依次是函数 $f(x,y)$ 沿着坐标轴方向 $\boldsymbol{i}=\{1,0\}$ 和 $\boldsymbol{j}=\{0,1\}$ 的导数. 所以, 方向导数是偏导数概念的推广.

下面进一步讨论方向导数的存在与计算问题.

设函数 $z=f(x,y)$ 在 $P(x,y)$ 点可微 (全微分存在). 那么, 由 (4.5) 知, 对自变量的增量 $\Delta x,\Delta y$, 函数相应的增量可表示为

$$f(x+\Delta x,\ y+\Delta y)-f(x,y)=\frac{\partial f}{\partial x}\Delta x+\frac{\partial f}{\partial y}\Delta y+o(\rho).$$

两边各除以 ρ, 得到

$$\begin{aligned}\frac{f(x+\Delta x,\ y+\Delta y)-f(x,y)}{\rho}&=\frac{\partial f}{\partial x}\frac{\Delta x}{\rho}+\frac{\partial f}{\partial y}\frac{\Delta y}{\rho}+\frac{o(\rho)}{\rho}\\&=\frac{\partial f}{\partial x}\cos\alpha+\frac{\partial f}{\partial y}\sin\alpha+\frac{o(\rho)}{\rho},\end{aligned}$$

其中 α 为 $\boldsymbol{l}$ 与 x 轴正向的夹角. 所以, 令 $\rho\to 0$, 取极限便得

$$\frac{\partial f}{\partial \boldsymbol{l}}=\frac{\partial f}{\partial x}\cos\alpha+\frac{\partial f}{\partial y}\sin\alpha.$$

利用向量的数量积, 将上式可改写为

$$\frac{\partial f}{\partial \boldsymbol{l}}=\left(\frac{\partial f}{\partial x}\boldsymbol{i}+\frac{\partial f}{\partial y}\boldsymbol{j}\right)\cdot(\cos\alpha\boldsymbol{i}+\sin\alpha\boldsymbol{j}),$$

其中向量 $\boldsymbol{l}^0=\cos\alpha\boldsymbol{i}+\sin\alpha\boldsymbol{j}$ 表示有向直线 $\boldsymbol{l}$ 方向的单位矢量. 因此, 方向导数 $\dfrac{\partial f}{\partial \boldsymbol{l}}$ 实际上是向量 $\dfrac{\partial f}{\partial x}\boldsymbol{i}+\dfrac{\partial f}{\partial y}\boldsymbol{j}$ 在 $\boldsymbol{l}^0$ 上的投影. 这个向量只与函数 $f(x,y)$ 在 $P(x,y)$ 点的偏导数有关, 称为梯度, 简记为 $\mathrm{grad}f(x,y)$. 因此,

$$\frac{\partial f}{\partial \boldsymbol{l}}=\mathrm{grad}f(x,y)\cdot\boldsymbol{l}^0.$$

对三元及三元以上的函数也有类似的结果. 例如, 对 $f(x,y,z)$ 有

$$\frac{\partial f}{\partial \boldsymbol{l}}=\mathrm{grad}f(x,y,z)\cdot\boldsymbol{l}^0,$$

其中 $\boldsymbol{l}^0=\cos\alpha\boldsymbol{i}+\cos\beta\boldsymbol{j}+\cos\gamma\boldsymbol{k}$, 且 $\mathrm{grad}f(x,y,z)=f_x\boldsymbol{i}+f_y\boldsymbol{j}+f_z\boldsymbol{k}$.

例 4.6 求 $z=x^2+y^2$ 在点 $(1,2)$ 处沿从 $A(1,2)$ 到 $B(2,2+\sqrt{3})$ 方向的方向导数.

解 因为

$$\overrightarrow{AB}=\{1,\sqrt{3}\},\quad \boldsymbol{l}^0=\frac{\overrightarrow{AB}}{\sqrt{1+(\sqrt{3})^2}}=\left\{\frac{1}{2},\frac{\sqrt{3}}{2}\right\},$$

$$\operatorname{grad}(x^2+y^2)|_{(1,2)}=(2x)|_{(1,2)}\boldsymbol{i}+(2y)|_{(1,2)}\boldsymbol{j}=\{2,4\},$$

因此,

$$\frac{\partial f}{\partial \boldsymbol{l}}=\{2,4\}\cdot\left\{\frac{1}{2},\frac{\sqrt{3}}{2}\right\}=1+2\sqrt{3}.$$

习 题 4.4

1. 已知 $y=x^3-x$, 求在 $x=2$ 处当 Δx 分别等于 $1, 0.1, 0.01$ 时的 Δy 及 $\mathrm{d}y$.

2. 将适当的函数填入下列括号内:

(1) $\mathrm{d}(\quad)=\dfrac{1}{\sqrt{x}}\mathrm{d}x$;　　(2) $\mathrm{d}(\quad)=\dfrac{1}{1+x}\mathrm{d}x$;

(3) $\mathrm{d}(\quad)=\dfrac{1}{\sqrt{1-x^2}}\mathrm{d}x$;　　(4) $\mathrm{d}(\quad)=\dfrac{1}{1+x^2}\mathrm{d}x$;

(5) $\mathrm{d}(\quad)=\sec^2 x\mathrm{d}x$;　　(6) $\mathrm{d}(\quad)=3^x\mathrm{e}^x\mathrm{d}x$.

3. 求下列函数的微分:

(1) $y=\dfrac{1}{x}+2\sqrt{x}$;　　(2) $y=\dfrac{\arcsin x}{\sqrt{x}}$;

(3) $y=x\ln x-x$;　　(4) $z=\csc x+\tan y$;

(5) $z=\mathrm{e}^{xy}+\ln x+\ln y$;　　(6) $u=x^{yz}$.

4. 在下列情况下, 分别求出函数 $f(x,y)=x^2y$ 在点 $(1,2)$ 的全增量与全微分之差:

(1) $\Delta x=1, \Delta y=2$;　　(2) $\Delta x=0.1, \Delta y=0.2$.

5. 求 $25.003^{\frac{1}{2}}\cdot 1000.1^{\frac{1}{3}}$ 的近似值.

6. 求函数 $z=x^2-xy-2y^2$ 在点 $P(1,2)$ 沿与 Ox 轴构成 60° 角方向的方向导数.

7. 求函数 $u=xyz$ 在点 $(5,1,2)$ 处沿点 $(5,1,2)$ 到 $(9,4,14)$ 的方向的方向导数.

4.5 偏导数的计算 (1)

我们首先从一元函数的导数计算开始, 然后, 同前面的思路一样, 再将对于一元函数获得的结果推广到多元函数.

4.5.1 一元函数的复合函数求导法则

对于一元函数, 由基本初等函数构成更复杂的初等函数时, 一般是通过函数的复合过程来实现的. 函数的复合运算是一个基本的运算. 计算初等函数的导数时也不可避免地要遇到各种复合函数. 下面我们就来解决复合函数的求导问题.

设有复合函数 $y=f(\varphi(x))$. 如果函数 $u=\varphi(x)$ 在 x 点处可导, 则 $y=f(u)$ 在对应点 $u=\varphi(x)$ 处也可导. 于是, 给 x 增量 Δx, 则 u 有增量 Δu; 增量 Δu 又使函数 y 有增量 Δy. 从而, 当 $\Delta u\neq 0$ 时, 有

$$\frac{\Delta y}{\Delta x}=\frac{\Delta y}{\Delta u}\cdot\frac{\Delta u}{\Delta x}.$$

注意到, 由函数 $u=\varphi(x)$ 的连续性, 当 $\Delta x\to 0$ 时, 有 $\Delta u\to 0$, 于是, 在上式中取极限就得到

$$\lim_{\Delta x\to 0}\frac{\Delta y}{\Delta x}=\lim_{\Delta u\to 0}\frac{\Delta y}{\Delta u}\cdot\lim_{\Delta x\to 0}\frac{\Delta u}{\Delta x}=f'(u)\varphi'(x).$$

这样, 我们得到如下复合函数的求导法则.

法则 5 设函数 $u=\varphi(x)$ 在 x 点处可导, 而函数 $y=f(u)$ 在对应点 u 处可导. 那么, 复合函数 $y=f(\varphi(x))$ 在 x 点处是可导的, 并且

$$\frac{\mathrm{d}y}{\mathrm{d}x}=\frac{\mathrm{d}y}{\mathrm{d}u}\cdot\frac{\mathrm{d}u}{\mathrm{d}x}. \tag{5.1}$$

注记 1 法则 5 可以推广到多个中间变量的情形. 现以两个中间变量为例, 设 $y=f(u),u=\varphi(v),v=\psi(x)$, 它们都是可导的. 那么, 复合函数 $y=f(\varphi(\psi(x)))$ 也可导, 且

$$\frac{\mathrm{d}y}{\mathrm{d}x}=\frac{\mathrm{d}y}{\mathrm{d}u}\cdot\frac{\mathrm{d}u}{\mathrm{d}v}\cdot\frac{\mathrm{d}v}{\mathrm{d}x}. \tag{5.2}$$

例 5.1 $y=(2x+1)^3$, 求 $\dfrac{\mathrm{d}y}{\mathrm{d}x}$.

解 令 $u=2x+1$, 则 $y=(2x+1)^3$ 就是 $y=u^3$ 与 $u=2x+1$ 复合而成的复合函数. 于是,

$$\frac{\mathrm{d}y}{\mathrm{d}x}=\frac{\mathrm{d}y}{\mathrm{d}u}\cdot\frac{\mathrm{d}u}{\mathrm{d}x}=(u^3)'\cdot(2x+1)'=3u^2\cdot 2=6(2x+1)^2.$$

例 5.2 $y=\tan\sqrt{x}$, 求 $\dfrac{\mathrm{d}y}{\mathrm{d}x}$.

解 $y=\tan\sqrt{x}$ 可以分解为 $y=\tan u$ 和 $u=\sqrt{x}$. 因此,

$$\frac{\mathrm{d}y}{\mathrm{d}x}=\frac{\mathrm{d}y}{\mathrm{d}u}\cdot\frac{\mathrm{d}u}{\mathrm{d}x}=\sec^2 u\cdot\frac{1}{2\sqrt{x}}=\frac{1}{2\sqrt{x}}\cdot\sec^2\sqrt{x}.$$

对复合函数的分解比较熟悉以后, 计算过程中就不必写出中间变量, 直接套用链锁规则就可以了.

例 5.3 $y=\sin(\ln(\sqrt{x}+1))$, 求 $\dfrac{\mathrm{d}y}{\mathrm{d}x}$.

解　$y' = \cos(\ln(\sqrt{x}+1)) \cdot (\ln(\sqrt{x}+1))'$

$$
\begin{aligned}
&= \cos(\ln(\sqrt{x}+1)) \cdot \frac{1}{\sqrt{x}+1}(\sqrt{x}+1)' \\
&= \cos(\ln(\sqrt{x}+1)) \cdot \frac{1}{\sqrt{x}+1} \cdot \frac{1}{2\sqrt{x}} \\
&= \frac{\cos(\ln(\sqrt{x}+1))}{2(x+\sqrt{x})}.
\end{aligned}
$$

例 5.4　$y = \sqrt{\cot\frac{x}{2}}$, 求 $\frac{\mathrm{d}y}{\mathrm{d}x}$.

解　$y' = \frac{1}{2\sqrt{\cot\frac{x}{2}}}\left(\cot\frac{x}{2}\right)'$

$$
\begin{aligned}
&= -\frac{1}{2\sqrt{\cot\frac{x}{2}}}\left(\csc^2\frac{x}{2}\right)\left(\frac{x}{2}\right)' \\
&= -\frac{1}{4\sqrt{\cot\frac{x}{2}}}\csc^2\frac{x}{2} \\
&= -\frac{1}{4}\sqrt{\tan\frac{x}{2}}\csc^2\frac{x}{2}.
\end{aligned}
$$

例 5.5　证明幂函数的求导公式:

$$
(x^\mu)' = \mu x^{\mu-1}, \quad \mu \text{ 为常数}, \quad \mu \neq 0, \quad x > 0.
$$

证　因为 $x^\mu = \mathrm{e}^{\mu\ln x}$, 所以

$$
\begin{aligned}
(x^\mu)' &= (\mathrm{e}^{\mu\ln x})' = \mathrm{e}^{\mu\ln x}(\mu\ln x)' \\
&= \frac{\mu}{x} \cdot x^\mu = \mu x^{\mu-1}.
\end{aligned}
$$

例 5.6　$y = x^x, x > 0$. 求 y'.

解　因为 $x^x = \mathrm{e}^{x\ln x}$, 所以

$$
y' = (\mathrm{e}^{x\ln x})' = \mathrm{e}^{x\ln x}(x\ln x)' = x^x(\ln x + x(\ln x)') = x^x(\ln x + 1).
$$

例 5.7　$y = x^{\sin x}, x > 0$. 求 y'.

解　因为 $x^{\sin x} = \mathrm{e}^{\sin x\ln x}$, 所以

$$
y' = (\mathrm{e}^{\sin x\ln x})' = \mathrm{e}^{\sin x\ln x}(\sin x\ln x)' = x^{\sin x}\left(\cos x\ln x + \frac{\sin x}{x}\right).
$$

例 5.8 证明

$$(\ln|x|)' = \frac{1}{x}.$$

证 当 $x > 0$ 时, 前面已经证明公式成立. 现在证 $x < 0$ 的情形. 令 $u = -x$, 则 $\ln|x|$ 是 $y = \ln u$ 与 $u = -x$ 的复合函数, 从而

$$(\ln|x|)' = (\ln u)' \cdot (-x)' = \frac{1}{u} \cdot (-1) = \frac{1}{-u} = \frac{1}{x}.$$

例 5.9 一架飞机在离地面 2 千米的高度上, 以每小时 200 千米的速度飞向某目标上空, 以便对目标进行航空摄影. 试求飞机到达目标正上方时, 摄影机转动的角速度是多大?

解 以目标作为坐标原点, 以飞机飞来的方向的地平线作为 x 轴 (图 4-5). 用 t 表示飞机从所处位置飞到目标上空所需时间, $x(t)$ 表示飞机所处位置与目标之间的地面距离, θ 表示飞机俯视目标的俯角. 于是, 所求的摄影机转动角速度就是 $\left.\frac{\mathrm{d}\theta}{\mathrm{d}t}\right|_{t=0}$. 由于

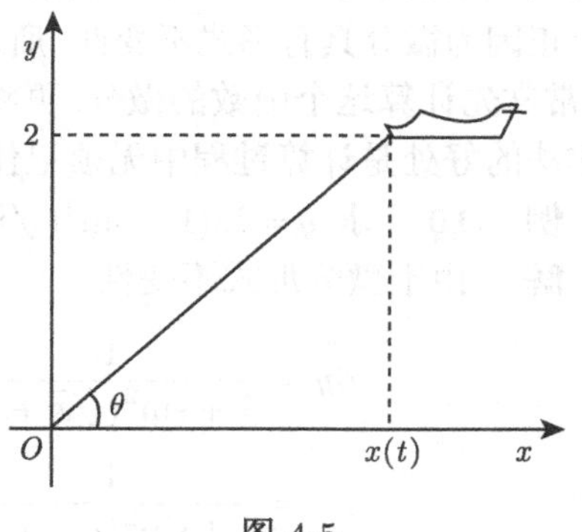

图 4-5

$$\theta = \arctan\frac{2}{x}, \quad \theta \text{ 用弧度表示},$$

所以

$$\frac{\mathrm{d}\theta}{\mathrm{d}t} = \frac{\mathrm{d}\theta}{\mathrm{d}x} \cdot \frac{\mathrm{d}x}{\mathrm{d}t} = \left(\arctan\frac{2}{x}\right)' \frac{\mathrm{d}x}{\mathrm{d}t} = \frac{1}{1 + \left(\frac{2}{x}\right)^2} \left(\frac{2}{x}\right)' \frac{\mathrm{d}x}{\mathrm{d}t}$$

$$= \frac{x^2}{x^2+4} \cdot \left(-\frac{2}{x^2}\right) \cdot \frac{\mathrm{d}x}{\mathrm{d}t}$$

$$= -\frac{2}{x^2+4} \cdot \frac{\mathrm{d}x}{\mathrm{d}t}.$$

注意到, 飞机飞行速度 $\frac{\mathrm{d}x}{\mathrm{d}t} = -200$(千米 / 小时), 而 $x|_{\theta=\frac{\pi}{2}} = 0$, 这样飞机飞到目标正上方时, 摄影机转动的角速度是

$$\left.\frac{\mathrm{d}\theta}{\mathrm{d}t}\right|_{\theta=\frac{\pi}{2}} = \frac{2 \times 200}{0^2+4} = 100(\text{弧度 / 小时}) = \frac{5}{\pi}(\text{弧度/秒}).$$

4.5.2　一元函数的微分形式不变性

现在我们来考察复合函数 $y=f(\varphi(x))$ 的微分. 由微分定义, 令 $u=\varphi(x)$, 则

$$\mathrm{d}y=(f(\varphi(x)))'\mathrm{d}x=f'(u)\varphi'(x)\mathrm{d}x.$$

但 $\mathrm{d}u=\varphi'(x)\mathrm{d}x$, 所以上式又可写成

$$\mathrm{d}y=f'(u)\mathrm{d}u.$$

另一方面, 当 u 是自变量的情形时, 函数 $y=f(u)$ 的微分也是 $\mathrm{d}y=f'(u)\mathrm{d}u$ 的形式. 这样一来, 无论 u 是自变量还是中间变量, 函数 $y=f(u)$ 的微分都具有相同的表达式. 微分的这一性质叫做**微分形式不变性**.

正因为微分具有形式不变性, 所以在计算含有多个中间变量的复合函数的导数时, 常常先计算这个函数的微分, 再将函数微分除以自变量的微分, 就得到导数. 这种作法的好处是计算过程中无须记住中间变量.

例 5.10　求 $y=\ln(1+\sin^2(\sqrt{x}+1))$ 的导数.

解　由于微分形式不变性

$$\begin{aligned}\mathrm{d}y&=\frac{1}{1+\sin^2(\sqrt{x}+1)}\mathrm{d}(1+\sin^2(\sqrt{x}+1))\\&=\frac{1}{1+\sin^2(\sqrt{x}+1)}\cdot 2\sin(\sqrt{x}+1)\mathrm{d}\sin(\sqrt{x}+1)\\&=\frac{2\sin(\sqrt{x}+1)\cos(\sqrt{x}+1)}{1+\sin^2(\sqrt{x}+1)}\cdot\frac{\mathrm{d}x}{2\sqrt{x}}\\&=\frac{\sin 2(\sqrt{x}+1)}{2\sqrt{x}(1+\sin^2(\sqrt{x}+1))}\cdot\mathrm{d}x,\end{aligned}$$

故

$$\frac{\mathrm{d}y}{\mathrm{d}x}=\frac{\sin 2(\sqrt{x}+1)}{2\sqrt{x}(1+\sin^2(\sqrt{x}+1))}.$$

在计算隐函数的导数和由参数方程表示的函数的导数时, 运用微分形式不变性将带来很大方便.

4.5.3　隐函数的导数

有些隐函数虽然也能化成显函数, 但却要花费一番工夫; 有些隐函数根本就不能化成显函数. 下面我们通过例子说明, 不管隐函数能否化成显函数, 都可直接由方程算出隐函数的导数.

例 5.11　求方程 $\mathrm{e}^y+xy-\mathrm{e}=0$ 确定的函数 $y=y(x)$ 的导数.

解 将方程所确定的函数 $y=y(x)$ 代入方程, 就得到恒等式

$$\mathrm{e}^{y(x)}+x\cdot y(x)-\mathrm{e}\equiv 0.$$

在上式两边求微分, 得

$$\mathrm{e}^{y}\mathrm{d}y+y\mathrm{d}x+x\mathrm{d}y=0.$$

从而

$$(x+\mathrm{e}^{y})\mathrm{d}y=-y\mathrm{d}x,$$

得

$$\frac{\mathrm{d}y}{\mathrm{d}x}=-\frac{y}{x+\mathrm{e}^{y}}.$$

例 5.12 求椭圆 $\dfrac{x^2}{16}+\dfrac{y^2}{9}=1$ 在点 $M\left(2,\dfrac{3\sqrt{3}}{2}\right)$ 处的切线方程.

解 对方程两端微分, 得

$$\frac{x}{8}\mathrm{d}x+\frac{2y}{9}\mathrm{d}y=0,$$

从而

$$\frac{\mathrm{d}y}{\mathrm{d}x}=-\frac{9}{16}\cdot\frac{x}{y}.$$

由此知切线斜率

$$k=y'\Big|_{x=2,y=\frac{3\sqrt{3}}{2}}=-\frac{9\times 2}{16\times\dfrac{3\sqrt{3}}{2}}=-\frac{\sqrt{3}}{4},$$

于是所求切线方程为

$$y-\frac{3\sqrt{3}}{2}=-\frac{\sqrt{3}}{4}(x-2),$$

即

$$\sqrt{3}x+4y-8\sqrt{3}=0.$$

例 5.13 求 $y=\left(\dfrac{(x-1)x^2}{(x-2)(x-4)}\right)^{1/3}$ 的导数.

解 先在两端取对数, 得

$$\ln y=\frac{1}{3}\left(\ln(x-1)+2\ln x-\ln(x-2)-\ln(x-4)\right).$$

两端微分, 得

$$\frac{1}{y}\mathrm{d}y=\frac{1}{3}\left(\frac{1}{x-1}+\frac{2}{x}-\frac{1}{x-2}-\frac{1}{x-4}\right)\mathrm{d}x.$$

因此,

$$\frac{\mathrm{d}y}{\mathrm{d}x}=\frac{y}{3}\left(\frac{1}{x-1}+\frac{2}{x}-\frac{1}{x-2}-\frac{1}{x-4}\right).$$

4.5.4　由参数方程所确定的函数的导数

物理上, 运动轨迹的方程常是以时间 t 作为参数的参数方程; 几何上, 有些典型的曲线也是用参数方程表达更为明了. 于是, 求运动轨迹的切线, 或求参数方程所确定的曲线的切线, 就涉及计算参数方程所确定的函数的导数.

对参数方程

$$x=\varphi(t),\quad y=\psi(t),$$

利用微分形式不变性, 方程两端分别微分, 得

$$\mathrm{d}x=\varphi'(t)\mathrm{d}t,$$
$$\mathrm{d}y=\psi'(t)\mathrm{d}t.$$

因此, 当 $\varphi'(t)\neq 0$ 时,

$$\frac{\mathrm{d}y}{\mathrm{d}x}=\frac{\psi'(t)}{\varphi'(t)}. \tag{5.3}$$

例 5.14　已知一火炮炮身与水平成 α_0 角, 炮弹以 v_0 的速度射出, 若不考虑空气阻力, 试求炮弹的运动方向, 并指出 α_0 为多大时, 射程最远.

解　由于炮弹的水平初速度和铅直初速度分别为

$$v_x=v_0\cos\alpha_0,\quad v_y=v_0\sin\alpha_0,$$

所以, 炮弹的运动轨迹可表示为

$$\begin{cases} x=v_0\cos\alpha_0\cdot t,\\ y=v_0\sin\alpha_0\cdot t-\dfrac{1}{2}gt^2, \end{cases}$$

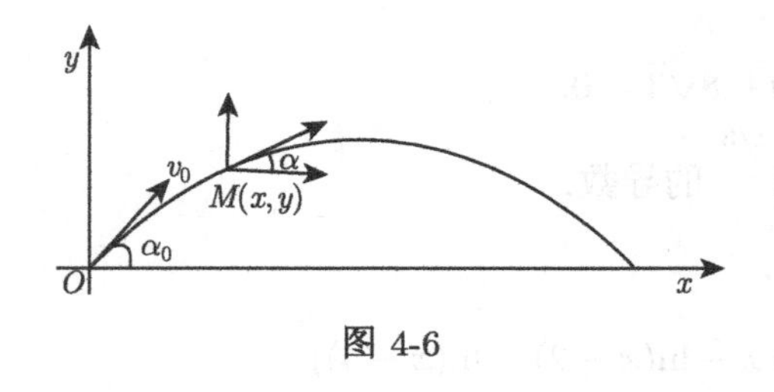

图 4-6

其中 v_x, v_y 分别是炮弹初速度的水平、铅直分量, g 是重力加速度, t 是飞行时间, x 和 y 是飞行中炮弹在铅直平面上的位置的横坐标和纵坐标 (图 4-6). 设 t 时刻, 炮弹的运动方向和水平方向夹角为 α, 则

$$\tan\alpha=\frac{\mathrm{d}y}{\mathrm{d}x}=\frac{\left(v_0\sin\alpha_0\cdot t-\dfrac{1}{2}gt^2\right)'}{(v_0\cos\alpha_0\cdot t)'}=\frac{v_0\sin\alpha_0-gt}{v_0\cos\alpha_0},$$

即

$$\alpha=\arctan\left(\frac{v_0\sin\alpha_0-gt}{v_0\cos\alpha_0}\right).$$

再由炮弹的轨迹方程, 便知: 当 $t=\dfrac{2v_0\sin\alpha_0}{g}$ 时, $y=0$. 说明, 当炮弹被射出后, 经过时间 $T=\dfrac{2v_0\sin\alpha_0}{g}$ 落到目标物. 所以, 射程

$$x=v_0\cos\alpha_0\cdot T=v_0\cos\alpha_0\cdot\frac{2v_0\sin\alpha_0}{g}.$$

由此可见, 当 $\sin 2\alpha_0=1$, 即 $\alpha_0=\dfrac{\pi}{4}$ 时, 射程最远.

前面指出,

$$f(x)\approx f(x_0)+f'(x_0)(x-x_0). \tag{5.4}$$

作为本节的结束, 我们简单地介绍一下用微分来作近似计算的方法.

例 5.15 有一批半径为 1 厘米的球, 为提高球面的光洁度, 要镀上一层铜, 厚度定为 0.01 厘米, 估计一下每只球需用铜多少克 (铜的比重是 8.9 克 / 厘米^3)?

解 先求出镀层的体积, 它等于两个球体体积之差, 也就是球体体积 $V=\dfrac{4}{3}\pi R^3$, 当 R 自 R_0 取得增量 ΔR 时的体积增量为 ΔV. 由

$$V'|_{R=R_0}=\left(\frac{4}{3}\pi R^3\right)'\bigg|_{R=R_0}=4\pi R_0^2,$$

便得

$$\Delta V\approx \mathrm{d}V=4\pi R_0^2\Delta R,$$

将 $R_0=1,\Delta R=0.01$ 代入上式得

$$\Delta V\approx 4\times 3.14\times 1^2\times 0.01\approx 0.13(\text{厘米}^3).$$

于是, 镀每只球需用的铜为

$$0.13\times 8.9\approx 1.16(\text{克}).$$

例 5.16 利用微分计算 $\sin 30°30'$ 的近似值.

解 把 $30°30'$ 化为弧度, 得

$$30°30'=\frac{\pi}{6}+\frac{\pi}{360}.$$

令 $f(x)=\sin x$, 则

$$f'(x)=\cos x.$$

取 $x_0=\dfrac{\pi}{6},\Delta x=\dfrac{\pi}{360}$. 于是

$$\mathrm{d}f|_{x=\frac{\pi}{6},\Delta x=\frac{\pi}{360}}=\cos\frac{\pi}{6}\cdot\frac{\pi}{360},$$

从而由 (5.4) 式得

$$\begin{aligned}\sin 30°30' &= \sin\left(\frac{\pi}{6}+\frac{\pi}{360}\right)\\ &\approx \sin\frac{\pi}{6}+\cos\frac{\pi}{6}\times\frac{\pi}{360}\\ &= \frac{1}{2}+\frac{\sqrt{3}}{2}\cdot\frac{\pi}{360}\approx 0.5076.\end{aligned}$$

利用 (5.4) 式, 可推出以下几个常用的近似公式.

(1) $\sqrt[n]{1+x}\approx 1+\frac{1}{n}x$;

(2) $\sin x\approx x$, x 的单位是弧度;

(3) $\tan x\approx x$, x 的单位是弧度;

(4) $\mathrm{e}^x\approx 1+x$;

(5) $\ln(1+x)\approx x$.

事实上, 对于 (1), 取 $f(x)=(1+x)^{\frac{1}{n}}$, 则 $f(0)=1$. 而

$$f'(x)=\frac{1}{n}(1+x)^{\frac{1}{n}-1},$$

从而, 将 $f(0)=1$, $f'(0)=\frac{1}{n}$ 代入 (5.4) 式便得公式 (1).

其余几个近似公式的证明也完全类似.

习　题　4.5

1. 若 $f(x)$ 可导, 写出下列函数的导数:

(1) $y=f^3(x)$;　　(2) $y=f(x^3)$;

(3) $y=f(\ln^2 x)$;　　(4) $y=f(x\sin x)$;

(5) $y=f^2(x+\mathrm{e}^x)$;　　(6) $y=f\left(\frac{\tan x}{x}\right)$.

2. 求下列函数的导数:

(1) $y=(x+2\sqrt{x})^{10}$;　　(2) $y=\sqrt{x+\sqrt{x}}$;

(3) $y=\frac{1}{x}\sqrt{x^2+1}$;　　(4) $y=(x+\sin^2 x)^4$;

(5) $y=\sin^n x\cdot\cos nx$;　　(6) $y=\tan^2(x^2+2\sqrt{x}+1)$;

(7) $y=\cos(x\sqrt{x}+\sin x)$;　　(8) $y=\ln(x+\sqrt{x^2+a^2})$;

(9) $y=\ln\ln(x^2+\sqrt{x})$;　　(10) $y=\arctan\sqrt{\sec x}$;

(11) $y=2\arcsin\sqrt{2\sqrt{x}-x}$;　　(12) $y=x\arcsin\frac{x}{2}+\sqrt{4-x^2}$;

(13) $y=\mathrm{e}^{\arctan x}$;　　(14) $y=a^{\sqrt{x}\tan\sqrt{x}}$;

(15) $y=x^{2\sqrt{x}}$;　　(16) $y=x^{\frac{1}{x}}$;

(17) $y=(\sin x)^x$;　(18) $y=x\arctan x-\ln\sqrt{x^2+1}$;

(19) $y=\ln(\cos^2 x+\sqrt{1+\cos^4 x})$;　(20) $y=\dfrac{1}{6}\ln\dfrac{(x+1)^3}{x^3+1}+\dfrac{2}{\sqrt{3}}\arctan\dfrac{2x-1}{\sqrt{3}}$;

(21) $y=\dfrac{1}{\sqrt{2}}\arctan\dfrac{\sqrt{2}x}{\sqrt{1-x^2}}$;　(22) $y=\sqrt{(2-x)(1+x)}+\arcsin\sqrt{\dfrac{x+1}{3}}$.

3. 设 $f(x)$ 可导, 求 $y'|_{x=0}$:

(1) $y=f(\sqrt{x+1})$;　(2) $y=f(\mathrm{e}^{\tan x})$.

4. 一移动目标从 O 点向正东运动, 速度为 v 米 / 秒, 今有一射手在 O 点正北 a 米处对目标进行瞄准, 问当目标行至距 O 点 b 米时, 目标与射手之间的距离对时间的变化率为多少?

5. 溶液从深 18 厘米、顶直径 12 厘米的正圆形漏斗中漏入一直径为 10 厘米的圆柱形筒中, 开始时漏斗中盛满了水, 已知当溶液在漏斗中的深度为 12 厘米时, 其水平面下落的速度为 1 厘米/分. 求此时筒中的水面的上升速度.

6. 用微分形式不变性求下列函数的导数:

(1) $y=x\mathrm{e}^x(\sin x+\cos x)$;　(2) $y=\ln(1+x+\sqrt{2x+x^2})$.

7. 求由下列方程所确定的隐函数 $y(x)$ 的导数:

(1) $xy=\mathrm{e}^{x+y}$;　(2) $x^y=y^x$;

(3) $\mathrm{e}^{xy}+y\ln x=\sin x$;　(4) $\ln\sqrt{x^2+y^2}=\arctan\dfrac{y}{x}$.

8. 用对数求导法求下列函数的导数:

(1) $y=\left(1+\dfrac{1}{x}\right)^x$;　(2) $y=\sqrt{\dfrac{x-5}{\sqrt[5]{x^2+2}}}$;

(3) $y=(\tan 2x)^{\sin x}$;　(4) $y=\sqrt{x\sin x\sqrt{1-\mathrm{e}^x}}$.

9. 求下列参数方程所确定的函数的导数:

(1) $\begin{cases}x=\sin t,\\ y=\ln(t+1);\end{cases}$　(2) $\begin{cases}x=\ln(1+t^2),\\ y=t-\arctan t;\end{cases}$　(3) $\begin{cases}x=\ln\sin t,\\ y=\ln\cos 2t.\end{cases}$

10. 求下列曲线在已给点处的切线方程和法线方程:

(1) $x=\dfrac{3t}{1+t^2},y=\dfrac{3t^2}{1+t^2}$, 在 $t=2$ 处;　(2) $x=2\mathrm{e}^t,y=\mathrm{e}^{-t}$, 在 $t=0$ 处;

(3) $xy+\ln y=1$, 在 $(1,1)$ 处.

11. 证明曲线 $\sqrt{x}+\sqrt{y}=\sqrt{a}$ 上任一点处的切线, 截两个坐标轴的截距之和为 a.

12. 已知单摆的震动周期为 $T=2\pi\sqrt{\dfrac{l}{g}}$, 其中 $g=980$ 厘米 / 秒^2, l 为摆长 (单位为厘米), 设摆长为 20 厘米, 为使周期 T 增大 0.05 秒, 摆长约需加长多少?

13. 计算下列数值的近似值:

(1) $\cos 29°$;　(2) $\tan 136°$;

(3) $\arcsin 0.5002$;　(4) $\sqrt[3]{996}$.

14. 当 $|x|$ 较小时, 证明下列近似公式:

(1) $\tan x\approx x$(x 是角的弧度值);　(2) $\ln(1+x)\approx x$;

(3) $\mathrm{e}^x\approx x+1$;　(4) $\dfrac{1}{1+x}\approx 1-x$.

4.6　偏导数的计算 (2)

在 4.5 节中, 我们给出了一元复合函数的求导法则. 在这个法则中, 每一次复合只有一个中间变量. 注意到, 一元函数常常可以通过多元函数多个中间变量复合得到. 因此, 建立通过多元函数复合获得一元函数的导数的计算法则是重要的. 我们先从一般的多元函数开始.

4.6.1　复合函数的求偏导法则

定理 6.1 (链锁规则)　如果函数 $u=\varphi(x,y)$, $v=\psi(x,y)$ 在点 (x,y) 有偏导数, 函数 $z=f(u,v)$ 在对应点 (u,v) 具有连续偏导数, 那么, 复合函数 $z=f(\varphi(x,y),\psi(x,y))$ 在点 (x,y) 的两个偏导数存在, 并且

$$\frac{\partial z}{\partial x}=\frac{\partial z}{\partial u}\cdot\frac{\partial u}{\partial x}+\frac{\partial z}{\partial v}\cdot\frac{\partial v}{\partial x},\tag{6.1}$$

$$\frac{\partial z}{\partial y}=\frac{\partial z}{\partial u}\cdot\frac{\partial u}{\partial y}+\frac{\partial z}{\partial v}\cdot\frac{\partial v}{\partial y}.\tag{6.2}$$

证　设 x 有增量 Δx, y 保持不变. 那么, 函数 $u=\varphi(x,y)$, $v=\psi(x,y)$ 也分别有相应的增量 Δu, Δv. 又 u, v 分别有增量 Δu 和 Δv, 函数 $z=f(u,v)$ 也相应得到增量 Δz. 根据公式 (4.6), 有

$$\Delta z=\frac{\partial z}{\partial u}\Delta u+\frac{\partial z}{\partial v}\Delta v+\varepsilon_1\Delta u+\varepsilon_2\Delta v.$$

此处, 当 $\Delta u\to 0$, $\Delta v\to 0$ 时, $\varepsilon_1\to 0$, $\varepsilon_2\to 0$. 将上式两端除以 Δx. 注意到, 当 $\Delta x\to 0$ 时, $\Delta u\to 0$, $\Delta v\to 0$, 并且 $\dfrac{\Delta u}{\Delta x}\to\dfrac{\partial u}{\partial x}$, $\dfrac{\Delta v}{\Delta x}\to\dfrac{\partial v}{\partial x}$, 有

$$\lim_{\Delta x\to 0}\frac{\Delta z}{\Delta x}=\frac{\partial z}{\partial u}\frac{\partial u}{\partial x}+\frac{\partial z}{\partial v}\frac{\partial v}{\partial x},$$

即

$$\frac{\partial z}{\partial x}=\frac{\partial z}{\partial u}\frac{\partial u}{\partial x}+\frac{\partial z}{\partial v}\frac{\partial v}{\partial x}.$$

同理

$$\frac{\partial z}{\partial y}=\frac{\partial z}{\partial u}\frac{\partial u}{\partial y}+\frac{\partial z}{\partial v}\frac{\partial v}{\partial y}.$$

公式 (6.1) 和 (6.2) 通常叫做链锁规则, 它对具有三个以上中间变量的多元函数也成立. 例如, $z=f(u,v,w)$, 而 $u=\varphi(x,y)$, $v=\psi(x,y)$, $w=w(x,y)$, 当它们都满足所需要的条件时, 有

$$\begin{aligned}\frac{\partial z}{\partial x}&=\frac{\partial z}{\partial u}\frac{\partial u}{\partial x}+\frac{\partial z}{\partial v}\frac{\partial v}{\partial x}+\frac{\partial z}{\partial w}\frac{\partial w}{\partial x},\\ \frac{\partial z}{\partial y}&=\frac{\partial z}{\partial u}\frac{\partial u}{\partial y}+\frac{\partial z}{\partial v}\frac{\partial v}{\partial y}+\frac{\partial z}{\partial w}\frac{\partial w}{\partial y}.\end{aligned}\tag{6.3}$$

又如, 只有一个中间变量的情形: $z=f(u,x,y)$, 而 $u=\varphi(x,y)$, 则复合函数 $z=f(\varphi(x,y),x,y)$, 当它们都满足所需条件时, 有

$$\begin{aligned}\frac{\partial z}{\partial x}&=f_u\cdot u_x+f_x,\\ \frac{\partial z}{\partial y}&=f_u\cdot u_y+f_y.\end{aligned}\tag{6.4}$$

这里特别要注意的是, 左端的 $\frac{\partial z}{\partial x}$ 和右端的 f_x 是不同的, $\frac{\partial z}{\partial x}$ 是把 $z=f(\varphi(x,y),x,y)$ 中的y 当作常数时对 x 求的偏导数, 而 f_x 是把 $f(u,x,y)$ 中 (x 作为中间变量) u,y 当作常数而对 x 求的偏导数. $\frac{\partial z}{\partial y}$ 与 f_y 也有类似的区别. 更特殊地, 如果只有一个自变量, 例如, $z=f(u,v,w)$, 而 $u=\varphi(t)$, $v=\psi(t)$, $w=\omega(t)$, 则 $z=f(\varphi(t),\psi(t),\omega(t))$ 就变成了一个自变量的函数了. 于是,

$$\frac{\mathrm{d}z}{\mathrm{d}t}=\frac{\partial z}{\partial u}\cdot\frac{\mathrm{d}u}{\mathrm{d}t}+\frac{\partial z}{\partial v}\cdot\frac{\mathrm{d}v}{\mathrm{d}t}+\frac{\partial z}{\partial w}\cdot\frac{\mathrm{d}w}{\mathrm{d}t}.\tag{6.5}$$

$\frac{\mathrm{d}z}{\mathrm{d}t}$ 有时叫做函数 z 对 t 的全导数.

利用链锁规则计算复合函数的偏导数时, 最重要的一步是正确区分复合函数的中间变量和自变量, 以免发生错乱.

例 6.1 设 $z=\mathrm{e}^{xy}\sin(x+y)$, 求 z_x,z_y.

解 令 $u=xy,v=x+y,z=\mathrm{e}^u\sin v$, 则

$$\begin{aligned}\frac{\partial z}{\partial x}&=\frac{\partial z}{\partial u}\cdot\frac{\partial u}{\partial x}+\frac{\partial z}{\partial v}\cdot\frac{\partial v}{\partial x}\\ &=\mathrm{e}^u\sin v\cdot y+\mathrm{e}^u\cos v\cdot 1\\ &=\mathrm{e}^{xy}(y\sin(x+y)+\cos(x+y)),\\ \frac{\partial z}{\partial y}&=\frac{\partial z}{\partial u}\cdot\frac{\partial u}{\partial y}+\frac{\partial z}{\partial v}\cdot\frac{\partial v}{\partial y}\\ &=\mathrm{e}^u\sin v\cdot x+\mathrm{e}^u\cos v\cdot 1\\ &=\mathrm{e}^{xy}(x\sin(x+y)+\cos(x+y)).\end{aligned}$$

例 6.2 设 $u=f(x,y,z)=\mathrm{e}^{x^2+y^2+z^2}$, 而 $z=x^2\sin y$. 求 $\frac{\partial u}{\partial x}$ 和 $\frac{\partial u}{\partial y}$.

解
$$\begin{aligned}\frac{\partial u}{\partial x}&=\frac{\partial f}{\partial x}+\frac{\partial f}{\partial z}\cdot\frac{\partial z}{\partial x}\\ &=2x\mathrm{e}^{x^2+y^2+z^2}+2z\mathrm{e}^{x^2+y^2+z^2}\cdot 2x\sin y\\ &=2x(1+2x^2\sin^2 y)\mathrm{e}^{x^2+y^2+x^4\sin^2 y}.\end{aligned}$$

$$\frac{\partial u}{\partial y}=\frac{\partial f}{\partial y}+\frac{\partial f}{\partial z}\cdot\frac{\partial z}{\partial y}$$

$$
\begin{aligned}
&= 2y\mathrm{e}^{x^2+y^2+z^2} + 2z\mathrm{e}^{x^2+y^2+z^2} \cdot x^2\cos y \\
&= 2(y + x^4\sin y\cos y)\mathrm{e}^{x^2+y^2+x^4\sin^2 y}.
\end{aligned}
$$

例 6.3　设 $u = f(x+y+z, xyz)$, f 具有连续偏导数. 求 u_x, u_z.

解　为书写简便起见, 引入记号: $f_1' = \dfrac{\partial f(\xi,\eta)}{\partial \xi}, f_2' = \dfrac{\partial f(\xi,\eta)}{\partial \eta}$, 其中 $\xi = x + y + z, \eta = xyz$. 于是,

$$
u_x = f_1' + yzf_2', \quad u_z = f_1' + xyf_2'.
$$

4.6.2　全微分形式不变性

设 $z = f(u,v)$, 而 $u = \varphi(x,y)$, $v = \psi(x,y)$. 在公式 (6.1) 和 (6.2) 两端分别乘以 $\mathrm{d}x$ 和 $\mathrm{d}y$, 再相加, 得

$$
\begin{aligned}
\mathrm{d}z &= \frac{\partial z}{\partial x}\mathrm{d}x + \frac{\partial z}{\partial y}\mathrm{d}y \\
&= \frac{\partial z}{\partial u}\left(\frac{\partial u}{\partial x}\mathrm{d}x + \frac{\partial u}{\partial y}\mathrm{d}y\right) + \frac{\partial z}{\partial v}\left(\frac{\partial v}{\partial x}\mathrm{d}x + \frac{\partial v}{\partial y}\mathrm{d}y\right) \\
&= \frac{\partial z}{\partial u}\mathrm{d}u + \frac{\partial z}{\partial v}\mathrm{d}v.
\end{aligned}
$$

这就是说, 函数 $z = f(u,v)$, 当 u,v 为自变量时, 全微分为

$$
\mathrm{d}z = \frac{\partial z}{\partial u}\mathrm{d}u + \frac{\partial z}{\partial v}\mathrm{d}v;
$$

当 u,v 为中间变量时, 全微分 $\mathrm{d}z$ 仍是上式的形式. 换句话说, 对函数 $z = f(u,v)$, 不论 u,v 是自变量, 还是中间变量, 总有

$$
\mathrm{d}z = \frac{\partial z}{\partial u}\mathrm{d}u + \frac{\partial z}{\partial v}\mathrm{d}v. \tag{6.6}
$$

这叫做**全微分形式不变性**. 这一结果当然对二元以上的函数也是成立的.

利用公式 (6.6) 及常用的微分公式

$$
\begin{aligned}
&\mathrm{d}(u \pm v) = \mathrm{d}u \pm \mathrm{d}v, \\
&\mathrm{d}(uv) = u\mathrm{d}v + v\mathrm{d}u, \\
&\mathrm{d}\left(\frac{u}{v}\right) = \frac{v\mathrm{d}u - u\mathrm{d}v}{v^2}, \quad v \neq 0
\end{aligned}
$$

等, 可以将复合函数的偏导数运算变得更加灵活, 不必去顾虑自变量还是中间变量.

例 6.4　$z = \arctan\dfrac{x}{x^2+y^2}$. 求 $\dfrac{\partial z}{\partial x}, \dfrac{\partial z}{\partial y}$.

解
$$\mathrm{d}z = \frac{\mathrm{d}\left(\dfrac{x}{x^2+y^2}\right)}{1+\left(\dfrac{x}{x^2+y^2}\right)^2}$$
$$= \frac{(x^2+y^2)^2}{(x^2+y^2)^2+x^2} \cdot \frac{(x^2+y^2)\mathrm{d}x - x\mathrm{d}(x^2+y^2)}{(x^2+y^2)^2}$$
$$= \frac{(x^2+y^2)\mathrm{d}x - 2x^2\mathrm{d}x - 2xy\mathrm{d}y}{(x^2+y^2)^2+x^2}$$
$$= \frac{(y^2-x^2)\mathrm{d}x}{(x^2+y^2)^2+x^2} - \frac{2xy\mathrm{d}y}{(x^2+y^2)^2+x^2}.$$

因此,
$$\frac{\partial z}{\partial x} = \frac{y^2-x^2}{(x^2+y^2)^2+x^2}, \quad \frac{\partial z}{\partial y} = \frac{-2xy}{(x^2+y^2)^2+x^2}.$$

例 6.5 设 $u = f(x,y,z), y = \varphi(x,t), t = \psi(x,z)$. 求 $\dfrac{\partial u}{\partial x}$.

解 这里, 中间变量和自变量混杂在一起, 显得错综复杂. 要用链锁规则直接求偏导数, 应先分清自变量和中间变量. 现在利用公式 (6.6), 得

$$\mathrm{d}u = \frac{\partial f}{\partial x}\mathrm{d}x + \frac{\partial f}{\partial y}\mathrm{d}y + \frac{\partial f}{\partial z}\mathrm{d}z$$
$$= \frac{\partial f}{\partial x}\mathrm{d}x + \frac{\partial f}{\partial y}\left(\frac{\partial \varphi}{\partial x}\mathrm{d}x + \frac{\partial \varphi}{\partial t}\mathrm{d}t\right) + \frac{\partial f}{\partial z}\mathrm{d}z$$
$$= \frac{\partial f}{\partial x}\mathrm{d}x + \frac{\partial f}{\partial y}\left(\frac{\partial \varphi}{\partial x}\mathrm{d}x + \frac{\partial \varphi}{\partial t}\left(\frac{\partial \psi}{\partial x}\mathrm{d}x + \frac{\partial \psi}{\partial z}\mathrm{d}z\right)\right) + \frac{\partial f}{\partial z}\mathrm{d}z$$
$$= \left(\frac{\partial f}{\partial x} + \frac{\partial f}{\partial y}\left(\frac{\partial \varphi}{\partial x} + \frac{\partial \varphi}{\partial t}\cdot\frac{\partial \psi}{\partial x}\right)\right)\mathrm{d}x + \left(\frac{\partial f}{\partial z} + \frac{\partial f}{\partial y}\frac{\partial \varphi}{\partial t}\cdot\frac{\partial \psi}{\partial z}\right)\mathrm{d}z.$$

因此,
$$\frac{\partial u}{\partial x} = \frac{\partial f}{\partial x} + \frac{\partial f}{\partial y}\left(\frac{\partial \varphi}{\partial x} + \frac{\partial \varphi}{\partial t}\cdot\frac{\partial \psi}{\partial x}\right).$$

前面, 我们曾经提出了隐函数的概念, 并且给出了直接从隐函数方程中求隐函数的导数的方法. 现在根据复合函数的求导法, 可以导出隐函数的求导公式.

例 6.6 设方程
$$F(x,y) = 0 \tag{6.7}$$
确定了 y 是 x 的函数. 证明
$$\frac{\mathrm{d}y}{\mathrm{d}x} = -\frac{\partial F}{\partial x}\Big/\frac{\partial F}{\partial y}. \tag{6.8}$$

证　设 $y=f(x)$. 将它代入 (6.7) 式就得恒等式

$$F(x,f(x))\equiv 0.$$

上式右端是 x 的函数. 由全导数公式 (6.5) 得

$$F_x+F_y\cdot\frac{\mathrm{d}y}{\mathrm{d}x}=0.$$

从而, 当 $F_y\neq 0$ 时, 就得到公式 (6.8).

例 6.7　设方程

$$F(x,y,z)=0 \tag{6.9}$$

确定了 z 是 x,y 的二元函数. 证明

$$\frac{\partial z}{\partial x}=-\frac{\partial F}{\partial x}\Big/\frac{\partial F}{\partial z},\quad \frac{\partial z}{\partial y}=-\frac{\partial F}{\partial y}\Big/\frac{\partial F}{\partial z}. \tag{6.10}$$

证　设 $z=f(x,y)$. 将它代入 (6.9) 式得

$$F(x,y,f(x,y))\equiv 0.$$

于是, 由链锁规则, 得

$$F_x+F_z\cdot\frac{\partial z}{\partial x}=0,\quad F_y+F_z\cdot\frac{\partial z}{\partial y}=0.$$

由此解出 $\dfrac{\partial z}{\partial x},\dfrac{\partial z}{\partial y}$, 便得出所要证明的公式 (6.10).

例 6.8　设 $y=f(x,t)$, 而 t 是由方程 $F(x,y,t)=0$ 所确定的 x,y 函数, 试证:

$$\frac{\mathrm{d}y}{\mathrm{d}x}=\left(\frac{\partial f}{\partial x}\cdot\frac{\partial F}{\partial t}-\frac{\partial f}{\partial t}\cdot\frac{\partial F}{\partial x}\right)\Big/\left(\frac{\partial f}{\partial t}\cdot\frac{\partial F}{\partial y}+\frac{\partial F}{\partial t}\right),$$

其中 f,F 都具有一阶连续偏导数.

证　由 $y=f(x,t)$ 求全微分, 得

$$\mathrm{d}y=\frac{\partial f}{\partial x}\mathrm{d}x+\frac{\partial f}{\partial t}\mathrm{d}t. \tag{6.11}$$

再对方程 $F(x,y,t)=0$ 两边求微分, 得

$$\frac{\partial F}{\partial x}\mathrm{d}x+\frac{\partial F}{\partial y}\mathrm{d}y+\frac{\partial F}{\partial t}\mathrm{d}t=0.$$

因此,

$$\mathrm{d}t=-\left(\frac{\partial F}{\partial x}\mathrm{d}x+\frac{\partial F}{\partial y}\mathrm{d}y\right)\Big/\frac{\partial F}{\partial t}.$$

将它代入 (6.11) 式, 得

$$\mathrm{d}y=\frac{\partial f}{\partial x}\mathrm{d}x-\frac{\partial f}{\partial t}\left(\frac{\partial F}{\partial x}\mathrm{d}x+\frac{\partial F}{\partial y}\mathrm{d}y\right)\Big/\frac{\partial F}{\partial t}.$$

两端乘以 $\dfrac{\partial F}{\partial t}$, 并整理, 得

$$\left(\frac{\partial F}{\partial t}+\frac{\partial f}{\partial t}\cdot\frac{\partial F}{\partial y}\right)\mathrm{d}y=\left(\frac{\partial f}{\partial x}\cdot\frac{\partial F}{\partial t}-\frac{\partial f}{\partial t}\cdot\frac{\partial F}{\partial x}\right)\mathrm{d}x,$$

于是用 $\left(\dfrac{\partial F}{\partial t}+\dfrac{\partial f}{\partial t}\cdot\dfrac{\partial F}{\partial y}\right)\mathrm{d}x$ 除上式两端, 最后得到所要证明的结果.

习 题 4.6

1. 求下列函数的偏导数:

(1) $z=u^2\ln v, u=\dfrac{x}{y}, v=x+y$, 求 $\dfrac{\partial z}{\partial x},\dfrac{\partial z}{\partial y}$;

(2) $u=x^2y-xy^2, x=r\cos\theta, y=r\sin\theta$, 求 $\dfrac{\partial u}{\partial r},\dfrac{\partial u}{\partial \theta}$;

(3) $u=\ln\sin\dfrac{x}{\sqrt{y}}$, 其中 $x=3t^2, y=\sqrt{t^2+1}$, 求 $\dfrac{\mathrm{d}u}{\mathrm{d}t}$;

(4) $z=x^y$, 其中 $y=\varphi(x)$, 求 $\dfrac{\partial z}{\partial x}$ 和 $\dfrac{\mathrm{d}z}{\mathrm{d}x}$;

(5) $u=\dfrac{\mathrm{e}^{ax}(y-z)}{a^2+1}, y=a\sin x, z=\cos x$, 求 $\dfrac{\mathrm{d}u}{\mathrm{d}x}$.

2. $f(u)$ 为可微函数, 验证:

(1) 若 $u=\sin x+f(\sin y-\sin x)$, 则 $\dfrac{\partial u}{\partial y}\cos x+\dfrac{\partial u}{\partial x}\cos y=\cos x\cdot\cos y$;

(2) 若 $u=xy+xf\left(\dfrac{y}{x}\right)$, 则 $x\dfrac{\partial u}{\partial x}+y\dfrac{\partial u}{\partial y}=u+xy$;

(3) 若 $u=\varphi(x^2+y^2+z^2)$, 其中

$$x=R\cos\varphi\cos\psi,\quad y=R\cos\varphi\sin\psi,\quad z=R\sin\varphi,$$

则 $\dfrac{\partial u}{\partial \varphi}=0, \dfrac{\partial u}{\partial \psi}=0$.

3. 求下列函数的偏导数 (其中 f 具有连续偏导数):

(1) $u=f(x^2-y^2,\mathrm{e}^{xy})$;　　(2) $u=f(x,xy,xyz)$.

4. 利用全微分形式不变性求下列函数的一阶偏导数:

(1) $z=\sin\dfrac{x}{y}\cos\dfrac{y}{x}$;　　(2) $z=\dfrac{\mathrm{e}^{xy}}{\mathrm{e}^x+\mathrm{e}^y}$.

5. 求由下列方程确定的隐函数 $z=z(x,y)$ 的偏导数:

(1) $\dfrac{x}{z}=\ln\dfrac{x}{y}$, 求 $\dfrac{\partial z}{\partial x}$;　　(2) $x+2y+z-2\sqrt{xyz}=0$, 求 $\dfrac{\partial z}{\partial y}$;

6. 设 z 是由方程 $z=x+y\varphi(z^2)$ 所确定的 x,y 的函数, 且 $1-2yz\varphi'(z^2)\neq 0$, 证明: $\dfrac{\partial z}{\partial y}=\varphi(z^2)\dfrac{\partial z}{\partial x}$.

7. 设 $u=f(x,y,z)=xy^2z^3$, 而 $z=z(x,y)$ 是由 $x^2+y^2+z^2-3xyz=0$ 确定的隐函数, 求 $\dfrac{\partial u}{\partial x}$.

4.7　高阶偏导数

我们知道, 函数 $z=f(x,y)$ 的两个偏导函数 $\dfrac{\partial z}{\partial x}$ 和 $\dfrac{\partial z}{\partial y}$ 仍然是 x 和 y 的函数. 如果 $\dfrac{\partial z}{\partial x}$, $\dfrac{\partial z}{\partial y}$ 对 x 和 y 的偏导数又都存在, 那么我们说这些偏导数为 $z=f(x,y)$ 的二阶偏导数, 并记作

$$\frac{\partial}{\partial x}\left(\frac{\partial z}{\partial x}\right)=\frac{\partial^2 z}{\partial x^2}=f_{xx}(x,y),\quad \frac{\partial}{\partial y}\left(\frac{\partial z}{\partial x}\right)=\frac{\partial^2 z}{\partial x\partial y}=f_{xy}(x,y),$$
$$\frac{\partial}{\partial x}\left(\frac{\partial z}{\partial y}\right)=\frac{\partial^2 z}{\partial y\partial x}=f_{yx}(x,y),\quad \frac{\partial}{\partial y}\left(\frac{\partial z}{\partial y}\right)=\frac{\partial^2 z}{\partial y^2}=f_{yy}(x,y),$$

其中第二、三个偏导数叫做混合偏导数. 同样, 可以定义三阶、四阶、$\cdots$、n 阶偏导数. 二阶以上偏导数统称为高阶偏导数. 特别地, 对于一元函数 $y=f(x)$, 其导函数 $y'=f'(x)$ 若可导, 我们称 $y'=f'(x)$ 的导数叫做 $y=f(x)$ 的二阶导数, 记作 y'', 或 $\dfrac{\mathrm{d}^2y}{\mathrm{d}x^2}$, 即 $y''=(y')'$, 或 $\dfrac{\mathrm{d}^2y}{\mathrm{d}x^2}=\dfrac{\mathrm{d}}{\mathrm{d}x}\left(\dfrac{\mathrm{d}y}{\mathrm{d}x}\right)$. 类似地, 把 $y=f(x)$ 的二阶导函数的导数, 叫做 $y=f(x)$ 的三阶导数, $\cdots$, 而把 $y=f(x)$ 的 $n-1$ 阶导函数的导数, 就叫做 $y=f(x)$ 的 n 阶导数, 分别记作 $y''',y^{(4)},\cdots,y^{(n)}$, 或 $\dfrac{\mathrm{d}^3y}{\mathrm{d}x^3},\dfrac{\mathrm{d}^4y}{\mathrm{d}x^4},\cdots,\dfrac{\mathrm{d}^ny}{\mathrm{d}x^n}$.

函数 $y=f(x)$ 具有 n 阶导数, 也常说成函数 $f(x)$ 为 n 阶可导, 二阶和高于二阶的导数统称为高阶导数. 为了区别起见, 又把 $f'(x)$ 叫做一阶导数.

由定义可以看出, 求高阶偏导数只需一次一次地逐次求偏导数, 并不需要什么特殊技巧.

例 7.1　$y=\mathrm{e}^x$, 求 $y^{(n)}$.

解　因为 $(\mathrm{e}^x)'=\mathrm{e}^x$, 所以对 e^x 多次求导仍然是 e^x, 故

$$y^{(n)}=(\mathrm{e}^x)^{(n)}=\mathrm{e}^x.$$

例 7.2　$y=\sin x$, 求 $y^{(n)}$.

解　$y'=(\sin x)'=\cos x=\sin\left(x+\dfrac{\pi}{2}\right)$,

$$y''=\left(\sin\left(x+\frac{\pi}{2}\right)\right)'=\cos\left(x+\frac{\pi}{2}\right)=\sin(x+\pi),$$

$$y''' = (\sin(x+\pi))' = \cos(x+\pi) = \sin\left(x+\frac{3\pi}{2}\right),$$

类似地继续求下去, 不难得到

$$y^{(n)} = (\sin x)^{(n)} = \sin\left(x+\frac{n\pi}{2}\right).$$

同理, 函数 $y=\cos x$ 的 n 阶导数

$$y^{(n)} = (\cos x)^{(n)} = \cos\left(x+\frac{n\pi}{2}\right).$$

例 7.3 $y=\ln(1+x)$, 求 $y^{(n)}$.

解 对 $y=\ln(1+x)$ 逐次求导, 得到

$$\begin{aligned} y' &= \frac{1}{1+x}, \\ y'' &= -\frac{1}{(1+x)^2}, \\ y''' &= \frac{1\cdot 2}{(1+x)^3}, \\ &\cdots\cdots \end{aligned}$$

不难推出

$$y^{(n)} = (\ln(1+x))^{(n)} = (-1)^{n-1}\frac{(n-1)!}{(1+x)^n}.$$

例 7.4 (飞机自动降落系统) 设计一个地面控制的飞机自动降落系统, 要求飞机从下降开始处到着陆点之间的降落轨道是一个三次多项式. 下降过程中飞机在水平方向速度保持常值 u_0, 而在垂直方向的加速度的最大绝对值不超过 $0.1g$ (g 是重力加速度). 试求降落轨道方程, 以及飞机在高度 h_0 开始下降所能容许的最小地面距离.

解 取着陆点为坐标原点, 跑道取作 x 轴. 假设飞机在高度 h_0 离着陆点地面距离 x_0 处开始下降 (图 4-7), 并从开始下降计时.

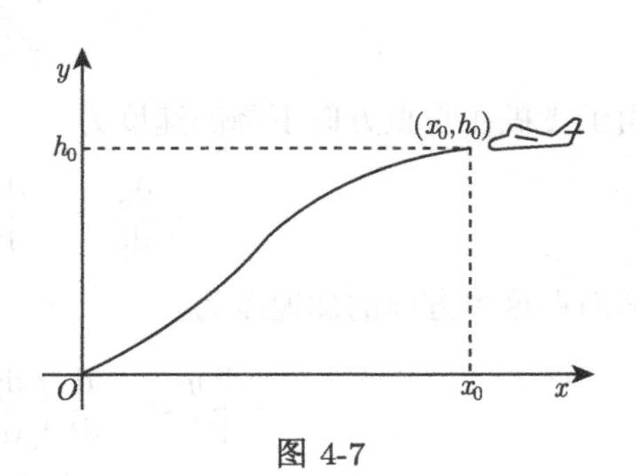

图 4-7

由于飞机水平速度为常数 u_0, 故 $\frac{\mathrm{d}x}{\mathrm{d}t}=-u_0$, 于是在时刻 t, 飞机距离原点的地面距离为

$$x = x_0 - u_0 t.$$

根据已知条件, 不妨假设降落轨道方程为

$$y = ax^3 + bx^2 + cx + d, \tag{7.1}$$

其中 a, b, c, d 是待定常数. 对上式求导数, 得

$$y' = 3ax^2 + 2bx + c. \tag{7.2}$$

由于当 $x = 0$ 和 $x = x_0$ 时, 轨道的切线应为水平直线, 所以,

$$y'|_{x=0} = y'|_{x=x_0} = 0. \tag{7.3}$$

代入 (7.2) 式得

$$\begin{cases} c = 0, \\ 3ax_0^2 + 2bx_0 + c = 0. \end{cases} \tag{7.4}$$

又由 $y|_{x=0} = 0, y(x_0) = h_0$ 得

$$\begin{cases} d = 0, \\ ax_0^3 + bx_0^2 = h_0. \end{cases} \tag{7.5}$$

由 (7.4) 式和 (7.5) 式得

$$\begin{cases} c = d = 0, \\ a = -\dfrac{2h_0}{x_0^3}, \\ b = \dfrac{3h_0}{x_0^2}. \end{cases}$$

所以飞机降落的轨道方程为

$$y = -\frac{2h_0}{x_0^3}x^3 + \frac{3h_0}{x_0^2}x^2. \tag{7.6}$$

由于飞机在垂直方向下降的速度为

$$-\frac{\mathrm{d}y}{\mathrm{d}t} = -\frac{\mathrm{d}y}{\mathrm{d}x} \cdot \frac{\mathrm{d}x}{\mathrm{d}t} = u_0\frac{\mathrm{d}y}{\mathrm{d}x},$$

从而在这个方向的加速度为

$$\begin{aligned} -\frac{\mathrm{d}^2y}{\mathrm{d}t^2} &= -\frac{\mathrm{d}}{\mathrm{d}t}\left(\frac{\mathrm{d}y}{\mathrm{d}t}\right) = \frac{\mathrm{d}}{\mathrm{d}t}\left(u_0\frac{\mathrm{d}y}{\mathrm{d}x}\right) \\ &= u_0\frac{\mathrm{d}}{\mathrm{d}x}\left(\frac{\mathrm{d}y}{\mathrm{d}x}\right) \cdot \frac{\mathrm{d}x}{\mathrm{d}t} = -u_0^2\frac{\mathrm{d}^2y}{\mathrm{d}x^2}. \end{aligned} \tag{7.7}$$

由 (7.6) 式,

$$\frac{\mathrm{d}^2y}{\mathrm{d}x^2}=\left(-\frac{2h_0}{x_0^3}x^3+\frac{3h_0}{x_0^2}x^2\right)''=-\frac{12h_0}{x_0^3}x+\frac{6h_0}{x_0^2}.$$

代入 (7.7) 式得

$$\frac{\mathrm{d}^2y}{\mathrm{d}t^2}=\frac{6u_0^2h_0}{x_0^2}\left(1-\frac{2x}{x_0}\right). \tag{7.8}$$

上式说明, 垂直方向加速度的最大绝对值出现在 $x=0$ 与 $x=x_0$ 的情形, 所以加速度最大绝对值是 $\frac{6u_0^2h_0}{x_0^2}$, 要求它不超过 $0.1g$, 即

$$\frac{6u_0^2h_0}{x_0^2}\leqslant\frac{g}{10},$$

所以, $x_0\geqslant u_0\sqrt{\frac{60h_0}{g}}$. 这就是说, 飞机从高度 h_0 下降, 开始下降点到着陆点的垂直距离不能小于 $u_0\sqrt{\frac{60h_0}{g}}$.

例 7.5 验证函数 $z=\ln\sqrt{x^2+y^2}$ 满足方程

$$\frac{\partial^2z}{\partial x^2}+\frac{\partial^2z}{\partial y^2}=0.$$

证 因为 $z=\frac{1}{2}\ln(x^2+y^2)$, 所以

$$\begin{aligned}
\frac{\partial z}{\partial x}&=\frac{x}{x^2+y^2},\\
\frac{\partial z}{\partial y}&=\frac{y}{x^2+y^2},\\
\frac{\partial^2z}{\partial x^2}&=\frac{(x^2+y^2)-x\cdot 2x}{(x^2+y^2)^2}=\frac{y^2-x^2}{(x^2+y^2)^2},\\
\frac{\partial^2z}{\partial y^2}&=\frac{(x^2+y^2)-y\cdot 2y}{(x^2+y^2)^2}=\frac{x^2-y^2}{(x^2+y^2)^2}.
\end{aligned}$$

因此,

$$\frac{\partial^2z}{\partial x^2}+\frac{\partial^2z}{\partial y^2}=\frac{x^2-y^2}{(x^2+y^2)^2}+\frac{y^2-x^2}{(x^2+y^2)^2}=0.$$

例 7.6 设 $f(x,y,z)=3x^2y+zxy^2+x\mathrm{e}^{yz}$, 求 f_{xy},f_{yx}.

解 $f_x=6xy+zy^2+\mathrm{e}^{yz}$,

$$f_y=3x^2+2xzy+xz\mathrm{e}^{yz},$$

$$f_{xy}=\frac{\partial}{\partial y}\left(\frac{\partial f}{\partial x}\right)=6x+2yz+z\mathrm{e}^{yz},$$

$$f_{yx} = \frac{\partial}{\partial x}\left(\frac{\partial f}{\partial y}\right) = 6x + 2yz + z\mathrm{e}^{yz}.$$

从上例中容易发现$\dfrac{\partial^2 f}{\partial x \partial y} = \dfrac{\partial^2 f}{\partial y \partial x}$. 因此, 自然会问: 对一般的函数, 它们的混合偏导数与求导的次序是否无关? 对此, 在数学上已经证明: 若 $f(x, y)$ 在区域 D 内具有连续的二阶偏导数 $f_{xy}(x, y)$ 和 $f_{yx}(x, y)$, 则在 D 内每一点 $f_{xy}(x, y)$ 和 $f_{yx}(x, y)$ 相等. 对三元以上的函数, 也有完全类似的结果. 不仅如此, 二阶以上的高阶混合偏导数在偏导数连续的条件下也与求导次序无关.

例 7.7　设 $u = \dfrac{1}{r}$, $r = \sqrt{x^2 + y^2 + z^2}$. 证明

$$\frac{\partial^2 u}{\partial x^2} + \frac{\partial^2 u}{\partial y^2} + \frac{\partial^2 u}{\partial z^2} = 0.$$

证　由题意知

$$\frac{\partial u}{\partial x} = -\frac{1}{r^2} \cdot \frac{\partial r}{\partial x} = -\frac{1}{r^2} \cdot \frac{x}{r} = -\frac{x}{r^3},$$
$$\frac{\partial^2 u}{\partial x^2} = -\frac{1}{r^3} + \frac{3x}{r^4} \cdot \frac{\partial r}{\partial x} = -\frac{1}{r^3} + \frac{3x^2}{r^5}.$$

由 u 对自变量的对称性, 得

$$\frac{\partial^2 u}{\partial y^2} = -\frac{1}{r^3} + \frac{3y^2}{r^5}, \quad \frac{\partial^2 u}{\partial z^2} = -\frac{1}{r^3} + \frac{3z^2}{r^5}.$$

因此,

$$\frac{\partial^2 u}{\partial x^2} + \frac{\partial^2 u}{\partial y^2} + \frac{\partial^2 u}{\partial z^2} = -\frac{3}{r^3} + \frac{3(x^2 + y^2 + z^2)}{r^5} = -\frac{3}{r^3} + \frac{3r^2}{r^5} = 0.$$

例 7.5 和例 7.7 的两个方程叫做拉普拉斯方程, 在引力场和静电场理论中有很重要的应用.

例 7.8　设 $r = \sqrt{x^2 + y^2 + z^2}$. 证明

$$\left(\frac{\partial r}{\partial x}\right)^2 + \left(\frac{\partial r}{\partial y}\right)^2 + \left(\frac{\partial r}{\partial z}\right)^2 = 1.$$

证　因为

$$\frac{\partial r}{\partial x} = \frac{x}{\sqrt{x^2 + y^2 + z^2}} = \frac{x}{r},$$
$$\frac{\partial r}{\partial y} = \frac{y}{r},$$
$$\frac{\partial r}{\partial z} = \frac{z}{r},$$

所以,

$$\left(\frac{\partial r}{\partial x}\right)^2+\left(\frac{\partial r}{\partial y}\right)^2+\left(\frac{\partial r}{\partial z}\right)^2=\frac{x^2+y^2+z^2}{r^2}=1.$$

例 7.9 设 $x^2+y^2+z^2-4z=0$, 求 $\dfrac{\partial^2 z}{\partial x^2}$.

解 这里

$$F(x,y,z)=x^2+y^2+z^2-4z,\quad F_x=2x,\quad F_z=2z-4,$$

应用公式 (6.10) 得

$$\frac{\partial z}{\partial x}=\frac{x}{2-z}.$$

因此,

$$\frac{\partial^2 z}{\partial x^2}=\frac{(2-z)+x\dfrac{\partial z}{\partial x}}{(2-z)^2}=\frac{(2-z)+x\left(\dfrac{x}{2-z}\right)}{(2-z)^2}=\frac{(2-z)^2+x^2}{(2-z)^3}.$$

例 7.10 设 $u=f(x+y+z,xyz)$, f 具有二阶连续偏导数, 求 u_{xz}.

解 引入如下记号: $f_1'=\dfrac{\partial f(\xi,\eta)}{\partial\xi}, f_2'=\dfrac{\partial f(\xi,\eta)}{\partial\eta}, f_{12}''=\dfrac{\partial^2 f(\xi,\eta)}{\partial\xi\partial\eta}$. 于是,

$$\begin{aligned}u_x&=f_1'+yzf_2',\\u_{xz}&=f_{11}''+xyf_{12}''+yf_2'+yzf_{21}''+xy^2zf_{22}''\\&=f_{11}''+y(x+z)f_{12}''+yf_2'+xy^2zf_{22}''.\end{aligned}$$

习 题 4.7

1. 求下列函数的二阶导数:

(1) $y=x\cos x$; (2) $y=2x^2+\ln x$;

(3) $y=\sqrt{a^2-x^2}$; (4) $y=xe^{x^2}$;

(5) $y=e^{-t}\sin t$; (6) $y=(1+x^2)\arctan x$;

(7) $y=\dfrac{e^x}{x}$; (8) $y=x^x$.

2. 若 $f(x)$ 二阶可导, 求下列函数的二阶导数:

(1) $y=f(x^2)$; (2) $y=f(\sin x)$; (3)$y=\ln f(x)$.

3. 验证函数 $y=\sqrt{2x-x^2}$ 满足关系式: $y^3y''+1=0$.

4. 验证函数 $y=\cos e^x+\sin e^x$ 满足关系式: $y''-y'+ye^{2x}=0$.

5. 求下列函数的 n 阶导数的一般表达式:

(1) $y=xe^x$; (2) $y=a^x$;

(3) $y = x\ln x$;　　(4) $y = \sin^2 x$;

(5) $y = \ln(1 - x^2)$;　　(6) $y = \dfrac{1-x}{1+x}$.

6. 求下列函数的二阶偏导数 $\dfrac{\partial^2 z}{\partial x \partial y}$:

(1) $z = x^4 + y^4 - 4x^2y^2$;　　(2) $z = \ln(x^2 + y)$;

(3) $z = \sqrt{2xy + y^2}$;　　(4) $z = \arctan \dfrac{x+y}{1-xy}$.

7. 求下列参数方程所确定的函数的二阶导数:

(1) $\begin{cases} x = \dfrac{t^2}{2}, \\ y = 1 - t; \end{cases}$　　(2) $\begin{cases} x = \mathrm{e}^t \sin t, \\ y = \mathrm{e}^t \cos t; \end{cases}$

(3) $\begin{cases} x = f'(t), \\ y = tf'(t) - f(t), \end{cases}$ 其中$f''(t)$存在且不为零.

8. 求由下列方程所确定的隐函数的二阶导数:

(1) $y = \sin(x + y)$;　　(2) $y = x + \arctan y$;

(3) $y = x\mathrm{e}^y$;　　(4) $x - y + \dfrac{1}{2}\sin y = 0$;

(5) $\mathrm{e}^z - xyz = 0$, 求 $\dfrac{\partial^2 z}{\partial x^2}$;

(6) $z^3 - 3xyz = a^3$, 求 $\dfrac{\partial^2 z}{\partial x \partial y}$.

9. 求下列函数的二阶偏导数 (其中 f 具有二阶连续偏导数):

(1) $z = f(x^2 + y^2)$;　　(2) $z = f\left(x, \dfrac{x}{y}\right)$.

第 5 章 微分学的应用

在这一章里，我们介绍微分学的应用. 首先介绍中值定理，它们不但在微积分学理论研究中起着重要的作用，而且也是理论通向应用的桥梁之一. 然后，我们介绍如何用导数来研究函数与曲线的某些性态，并用这些知识解决一些实际问题. 最后，我们介绍偏导数的几何应用和泰勒 (Taylor) 公式.

5.1 拉格朗日中值定理与函数单调性的判定法

5.1.1 罗尔定理与拉格朗日中值定理的证明

为了证明拉格朗日中值定理，我们需要以下定理.

定理 1.1 (费马 (Fermat) 引理) 设函数 $f(x)$ 在 x_0 的某邻域 $N(x_0,\delta)$ 内有定义，并且在 x_0 处可导. 如果对于所有 $x\in N(x_0,\delta)$，有

$$f(x)\leqslant f(x_0),$$

或者对于所有 $x\in N(x_0,\delta)$，有

$$f(x)\geqslant f(x_0),$$

则 $f'(x_0)=0$.

证 不妨考虑第一种情况，第二种情况类似. 由左、右极限和导数定义，

$$f'(x_0)=\lim_{x\to x_0-0}\frac{f(x)-f(x_0)}{x-x_0}\geqslant 0;$$

$$f'(x_0)=\lim_{x\to x_0+0}\frac{f(x)-f(x_0)}{x-x_0}\leqslant 0.$$

因此，$f'(x_0)=0$.

定理 1.2 (罗尔 (Rolle) 定理) 设函数 $f(x)$ 在 $[a,b]$ 上连续，在 (a,b) 内可导，并且 $f(a)=f(b)$，则在 (a,b) 内存在一点 $\xi\in(a,b)$，使得 $f'(\xi)=0$.

证 由闭区间上连续函数的性质，$f(x)$ 在 $[a,b]$ 上存在最大值 M 和最小值 m. 根据定理 1.1，只需证明 M 和 m 至少有一个在 (a,b) 内取到.

(1) $M=m$. 由假设，$f(x)=f(a),x\in(a,b)$，即 $f(x)$ 是常数，可以在 (a,b) 内取到最值.

(2) $M > m$. 由假设 $f(a) = f(b)$, 最大值 M 和最小值 m 中必有一个在 (a,b) 内.

拉格朗日中值定理的证明　构造辅助函数

$$\varphi(x) = f(x) - f(a) - \frac{f(b)-f(a)}{b-a}(x-a).$$

显然, 由定理的假设知 $\varphi(x)$ 在 $[a,b]$ 上连续, 在 (a,b) 内可导, 并且 $\varphi(a) = \varphi(b) = 0$. 因此, 由罗尔定理, 存在一点 $\xi \in (a,b)$, 使得 $\varphi'(\xi) = 0$, 即

$$\varphi'(\xi) = f'(\xi) - \frac{f(b)-f(a)}{b-a} = 0.$$

注记 1　设 $x, x+\Delta x \in [a,b]$, 则在区间 $[x, x+\Delta x]$ 或 $[x+\Delta x, x]$ 上,

$$f(x+\Delta x) - f(x) = f'(x+\theta\Delta x)\cdot\Delta x, \tag{1.1}$$

其中 θ 是在 0 和 1 之间的某一正数, 所以 $x+\theta\Delta x$ 在 x 与 $x+\Delta x$ 之间.

注记 2　若记 $y = f(x)$, 则 (1.1) 式又可写成

$$\frac{\Delta y}{\Delta x} = f'(x+\theta\Delta x), \quad 0 < \theta < 1. \tag{1.2}$$

这表示函数在一个区间上的差商与它在该区间上某点处的导数之间的关系.

例 1.1　证明如果函数 $f(x)$ 在区间 (a,b) 内的导数恒为零, 那么 $f(x)$ 在 (a,b) 内是一个常数.

证　在 (a,b) 内任取两点 x_1 和 $x_2, x_1 < x_2$, 利用 (1.1) 式得

$$f(x_2) - f(x_1) = f'(\xi)(x_2 - x_1), \quad x_1 < \xi < x_2.$$

由于 $f'(\xi) = 0$, 所以 $f(x_2) - f(x_1) = 0$, 即 $f(x_1) = f(x_2)$. 由 x_1 和 x_2 的任意性, $f(x)$ 在 (a,b) 内为一个常数.

例 1.2　证明当 $x > 0$ 时,

$$\frac{x}{1+x} < \ln(1+x) < x.$$

证　对任意 $x > 0$, 在区间 $[0,x]$ 上考虑函数 $f(t) = \ln(t+1)$. 因为函数 $\ln(t+1)$ 在 $[0,x]$ 上连续, 在 $(0,x)$ 内可导, 所以由拉格朗日中值定理, 有

$$f(x) - f(0) = x\cdot f'(\xi), \quad 0 < \xi < x.$$

因此,

$$\ln(1+x) - \ln 1 = \frac{x}{1+\xi},$$

即

$$\ln(1+x)=\frac{x}{1+\xi},\quad 0<\xi<x.$$

但对 $0<\xi<x$, 总有

$$\frac{x}{1+x}<\frac{x}{1+\xi}<x.$$

于是,

$$\frac{x}{1+x}<\ln(1+x)<x.$$

5.1.2 函数单调性的判定法

在这一段, 我们利用拉格朗日中值定理来讨论函数的单调性. 设函数 $f(x)$ 在 $[a,b]$ 上连续, 在 (a,b) 内可导. 在 $[a,b]$ 上任取两点 $x_1,x_2,x_1<x_2$, 由拉格朗日中值定理, 有

$$f(x_2)-f(x_1)=f'(\xi)(x_2-x_1),\quad x_1<\xi<x_2.$$

如果在 (a,b) 内总有 $f'(x)>0$, 则 $f'(\xi)>0$. 于是, $f(x_2)-f(x_1)>0$, 即

$$f(x_2)>f(x_1).$$

因此, $f(x)$ 在 $[a,b]$ 上严格单调增加. 同理可证, 如果在 (a,b) 内总有 $f'(x)<0$, 则 $f(x)$ 在 $[a,b]$ 上严格单调减少.

归纳上述讨论, 我们得到用导数判定函数单调性的法则.

定理 1.3 设函数 $y=f(x)$ 在 $[a,b]$ 上连续, 在 (a,b) 内可导.

(1) 如果在 (a,b) 内 $f'(x)>0$, 那么 $f(x)$ 在 $[a,b]$ 上严格单调增加;

(2) 如果在 (a,b) 内 $f'(x)<0$, 那么 $f(x)$ 在 $[a,b]$ 上严格单调减少.

注记 3 把上述判定法中的闭区间换成其他各种区间 (包括无穷区间), 结论仍然成立.

注记 4 若把条件中的 $f'(x)>0(f'(x)<0)$ 换成 $f'(x)\geqslant 0(f'(x)\leqslant 0)$, 则 “严格单调增加”(“严格单调减少”) 换成 “单调增加”(“单调减少”).

例 1.3 判定函数 $y=x-\sin x$ 在 $[0,2\pi]$ 上的单调性.

解 因为在 $(0,2\pi)$ 内

$$y'=1-\cos x>0,$$

所以, 函数 $y=x-\sin x$ 在 $[0,2\pi]$ 上严格单调增加.

例 1.4 讨论 $y=\mathrm{e}^x-x-1$ 的单调性.

解 $y'=\mathrm{e}^x-1$. 注意到函数 $y=\mathrm{e}^x-x-1$ 的定义域为 $(-\infty,+\infty)$, 而当 $-\infty<x<0$ 时, $y'<0$; 当 $0<x<+\infty$ 时, $y'>0$. 所以, $y=\mathrm{e}^x-x-1$ 在 $(-\infty,0]$ 上单调减少; 在 $[0,+\infty)$ 上单调增加.

从例 1.4 中可以看出, 有些函数在它的定义区间上是连续的, 但它的导数并不保持同号. 因此, 函数在它的定义区间上不是单调的, 这时可将定义区间用导数等于零的点来划分为若干个子区间, 使得导数在每个子区间内保持同号, 从而函数在各个子区间上单调. 这个结论对于在定义区间上具有连续导数的函数都是成立的. 如果函数在某些点处不可导, 则划分函数的定义区间分点, 还应包括这些导数不存在的点.

例 1.5 确定函数 $f(x)=2x^3-9x^2+12x-3$ 的单调区间.

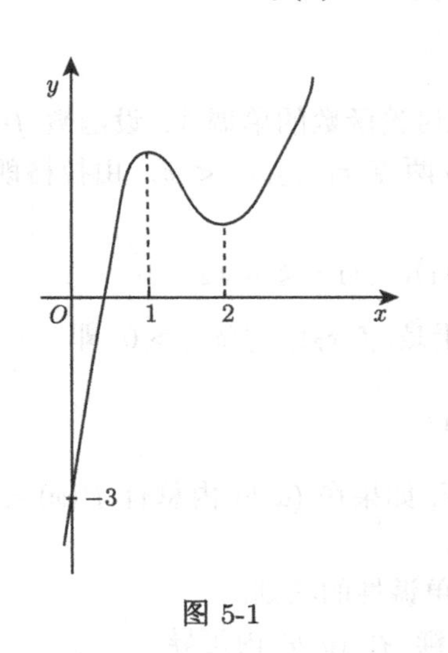

图 5-1

解 $f(x)$ 在整个数轴上有定义且连续, 它的导数为

$$f'(x)=6x^2-18x+12=6(x-1)(x-2).$$

令 $f'(x)=0$, 得 $x_1=1$, $x_2=2$. 用 1 和 2 将区间 $(-\infty,+\infty)$ 分成三个子区间 $(-\infty,1]$, $[1,2]$ 和 $[2,+\infty)$.

由于在 $(-\infty,1)$ 内, $f'(x)>0$, 因此 $f(x)$ 在 $(-\infty,1]$ 上严格单调增加. 同样, 在 $(1,2)$ 内 $f'(x)<0, f(x)$ 在 $[1,2]$ 上严格单调减少; 在 $(2,+\infty)$ 内, $f'(x)>0, f(x)$ 在 $[2,+\infty)$ 上严格单调增加. 函数的图形如图 5-1 所示.

例 1.6 确定函数 $y=\sqrt[3]{x^2}$ 的单调区间.

解 这个函数在整个实轴上处处有定义且连续, 它的导数为

$$y'=\frac{2}{3\sqrt[3]{x}},\quad x\neq 0.$$

除了 $x=0$ 点外, 其他点导数都存在. 不可导点将 $(-\infty,+\infty)$ 分成两个子区间 $(-\infty,0]$ 和 $[0,+\infty)$. 由于在 $(-\infty,0)$ 内, $y'<0$, 故函数 $y=\sqrt[3]{x^2}$ 在 $(-\infty,0]$ 上严格单调减少; 在 $(0,+\infty)$ 内, $y'>0$, 函数 $y=\sqrt[3]{x^2}$ 在 $[0,+\infty)$ 上严格单调增加. 函数 $y=\sqrt[3]{x^2}$ 的图形如图 5-2 所示.

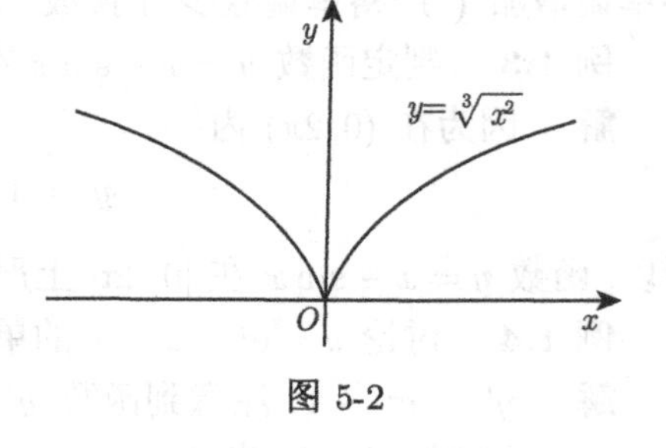

图 5-2

例 1.7 证明 $\mathrm{e}^x\geqslant 1+x, x\geqslant 0$.

证 令 $f(x)=\mathrm{e}^x-1-x$, $x\geqslant 0$. 于是, $f(x)$ 在 $[0,+\infty)$ 上连续. 而导数

$f'(x)=\mathrm{e}^x-1$ 在所论区间内处处存在, 且 $f'(x)>0$, 因此, $f(x)$ 在 $[0,+\infty)$ 上是严格单调增加的. 但是, 在区间的左端处 $f(0)=0$, 说明

$$f(x)=\mathrm{e}^x-1-x\geqslant 0,\quad x\geqslant 0,$$

即当 $x\geqslant 0$ 时, 有 $\mathrm{e}^x\geqslant 1+x$.

注记 5 在判定函数的单调性时, 如果函数 $f(x)$ 的导数 $f'(x)$ 在所讨论区间内的有限个点处为零, 在其余各点处均为正 (负) 时, 那么函数 $f(x)$ 在该区间上仍旧是严格单调增加 (严格单调减少) 的. 例如函数 $f(x)=x+\cos x$ 的导数 $f'(x)=1-\sin x$, 在数轴上的任一区间 (a,b) 内除有限个点 $x_1=2k\pi+\dfrac{\pi}{2}$ 外均为正, 因此, $f(x)$ 在 $[a,b]$ 上严格单调增加. 于是, $f(x)=x+\cos x$ 在整个数轴上严格单调增加.

习 题 5.1

1. 设 $f(x)$ 在 $(a,\,b)$ 上满足中值定理的条件, 且 $f(b)>f(a)$. 证明在 $(a,\,b)$ 内必有 ξ, 使 $f'(\xi)>0$.

2. 证明恒等式 $\arcsin x+\arccos x=\dfrac{\pi}{2},-1\leqslant x\leqslant 1$.

3. 已知 $a_0+\dfrac{a_1}{2}+\dfrac{a_2}{3}+\cdots+\dfrac{a_n}{n+1}=0$, 应用罗尔定理证明方程 $a_0+a_1x+a_2x^2+\cdots+a_nx^n=0$ 在 $(0,\,1)$ 内至少有一实根.

4. 设 $f(x)=x(x-1)(x-2)(x-3)$. 证明方程 $f'(x)=0$ 有三个实根, 并分别指出它们所在的区间.

5. 利用拉格朗日定理证明下列不等式:

(1) $\dfrac{b-a}{1+b^2}<\arctan b-\arctan a<\dfrac{b-a}{1+a^2},\ \ b>a$;

(2) $\mathrm{e}^x>\mathrm{e}x, x\geqslant 1$;

(3) $\sec^2 a<\dfrac{\tan b-\tan a}{b-a}<\sec^2 b,\ 0\leqslant a<b<\dfrac{\pi}{2}$.

6. 设 $f(x)$ 在 $x=0$ 的某一邻域内有连续的一阶导数. 证明:

$$\lim_{n\to+\infty}n^2\left(f\left(\frac{a}{n}\right)-f\left(\frac{a}{n+1}\right)\right)=af'(0),$$

并计算 $\displaystyle\lim_{n\to+\infty}n^2\left(\arctan\frac{a}{n}-\arctan\frac{a}{n+1}\right)$.

7. 判定函数 $f(x)=\arctan x-x$ 的单调性.

8. 确定下列函数的单调区间:

(1) $y=2x^3-6x^2-18x-7$;

(2) $y=2x+\dfrac{8}{x},x>0$;

(3) $y=\ln\left(x+\sqrt{1+x^2}\right)$.

9. 利用函数单调性证明下列不等式:

(1) $x>\ln(1+x)$, $x>0$;

(2) $2x\arctan x\geqslant\ln(1+x^2)$;

(3) $x-\dfrac{x^3}{6}<\sin x,\ x>0$.

10. 证明若 $f(a)=g(a)$, 且当 $x>a$ 时, 有 $f'(x)>g'(x)$, 则 $f(x)>g(x)$.

11. 试证方程 $e^x=1+x$ 只有一个实根.

5.2　柯西中值定理与洛必达法则

5.2.1　柯西中值定理

拉格朗日中值定理表明, 如果平面曲线弧 $\overset{\frown}{AB}$ 是除端点外处处具有不垂直于横轴切线的连续曲线, 那么, 在这段弧上至少有一点 C, 使曲线在 C 点处的切线平行于弦 AB. 现在假设 $\overset{\frown}{AB}$ 由参数方程

$$\begin{cases} X=g(x), \\ Y=f(x), \end{cases}\quad a\leqslant x\leqslant b$$

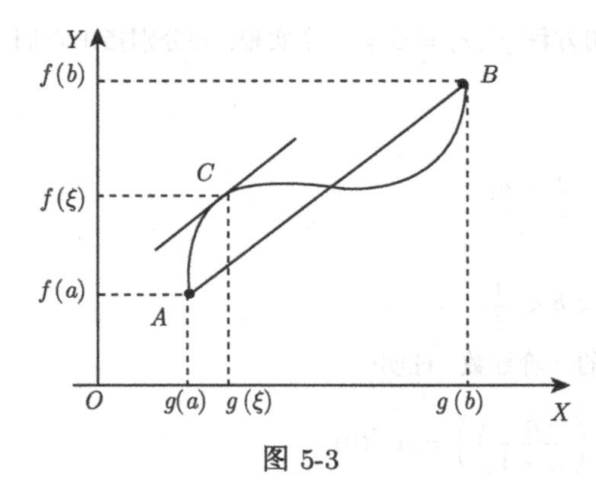

图 5-3

给出 (图 5-3), 其中 x 为参数. 那么, 由参数方程所表示函数的微分法知, 曲线上任一点 (X,Y) 处的切线斜率为

$$\frac{\mathrm{d}Y}{\mathrm{d}X}=\frac{f'(x)}{g'(x)}.$$

而弦 AB 的斜率为

$$\frac{f(b)-f(a)}{g(b)-g(a)}.$$

假定点 C 对应于参数 $x=\xi$. 于是, 就有

$$\frac{f(b)-f(a)}{g(b)-g(a)}=\frac{f'(\xi)}{g'(\xi)}$$

成立. 这一事实是柯西 (Cauchy) 中值定理的内容.

定理 2.1 (柯西中值定理)　如果函数 $f(x)$ 和 $g(x)$ 在闭区间 $[a,b]$ 上连续, 在开区间 (a,b) 内具有导数, 且 $g'(x)\neq 0, a<x<b$, 那么, 在 (a,b) 内至少有一点 ξ,

满足

$$\frac{f(b)-f(a)}{g(b)-g(a)}=\frac{f'(\xi)}{g'(\xi)}. \tag{2.1}$$

证 构造辅助函数

$$\varphi(x)=f(x)-f(a)-\frac{f(b)-f(a)}{g(b)-g(a)}(g(x)-g(a)).$$

由定理 2.1 的假设知 $\varphi(x)$ 在 $[a,b]$ 上连续, 在 (a,b) 内可导, 并且 $\varphi(a)=\varphi(b)=0$. 因此, 由罗尔定理, 存在一点 $\xi\in(a,b)$, 使得 $\varphi'(\xi)=0$, 即

$$\varphi'(\xi)=f'(\xi)-\frac{f(b)-f(a)}{g(b)-g(a)}g'(\xi)=0.$$

注记 1 在柯西中值定理中若取 $g(x)=x$, 则得到拉格朗日中值定理. 所以, 柯西中值定理又是拉格朗日中值定理的推广.

5.2.2 洛必达法则

如果 $x\to a(x\to\infty)$ 时, 函数 $f(x)$ 和 $g(x)$ 都趋于零, 或都趋于无穷大, 那么极限 $\lim\limits_{\substack{x\to a\\(x\to\infty)}}\frac{f(x)}{g(x)}$ 也可能存在, 也可能不存在. 通常把这类极限叫做未定式, 并分别简记为 $\frac{0}{0}$ 型和 $\frac{\infty}{\infty}$ 型. 这类极限不能直接使用 "商的极限等于极限之商" 计算法则. 本节根据柯西中值定理, 推导出未定式的一种简单有效的定值法——洛必达 (L'Hospital) 法则.

1. $\frac{0}{0}$ 型和 $\frac{\infty}{\infty}$ 型定值法

定理 2.2 假设

(1) 当 $x\to a$ 时, $f(x)\to 0$, $g(x)\to 0$;

(2) 在 a 点的某个邻域内 (点 a 可除外), $f'(x)$ 与 $g'(x)$ 都存在, 且 $g'(x)\neq 0$;

(3) $\lim\limits_{x\to a}\frac{f'(x)}{g'(x)}$ 存在或为无穷大,

则

$$\lim_{x\to a}\frac{f(x)}{g(x)}=\lim_{x\to a}\frac{f'(x)}{g'(x)}. \tag{2.2}$$

证 由于当 $x\to a$ 时, 函数 $\frac{f(x)}{g(x)}$ 的极限与它在 a 点是否有定义或取什么值是无关的, 所以与 $f(x)$ 和 $g(x)$ 在该点是否有定义或取什么值也是无关的. 于是, 我们若将 $f(x)$ 和 $g(x)$ 在 a 点处或补充定义或改变其值, 使 $f(a)=g(a)=0$, 这时

$f(x)$ 和 $g(x)$ 就都在 a 点的那个给定的邻域内连续. 在这个邻域内任取一点 x, 那么 $f(x)$ 和 $g(x)$ 在以 x 和 a 为端点的区间内满足柯西中值定理的条件, 从而有

$$\frac{f(x)}{g(x)}=\frac{f(x)-f(a)}{g(x)-g(a)}=\frac{f'(\xi)}{g'(\xi)},\quad \xi\text{在}x\text{与}a\text{之间},$$

所以

$$\lim_{x\to a}\frac{f(x)}{g(x)}=\lim_{x\to a}\frac{f'(\xi)}{g'(\xi)}=\lim_{x\to a}\frac{f'(x)}{g'(x)}.$$

定理证毕.

确定未定式值, 还有与上面定理类似的几个定理, 为简明起见, 我们不再一一叙述, 而把它们的主要条件和结论概述如下:

无论是 $x\to a$ 还是 $x\to\infty$, 只要 $\lim\limits_{\substack{x\to a\\(x\to\infty)}}\dfrac{f(x)}{g(x)}$ 是未定式 $\dfrac{0}{0}$ 型或 $\dfrac{\infty}{\infty}$ 型, 如果 $\lim\limits_{\substack{x\to a\\(x\to\infty)}}\dfrac{f'(x)}{g'(x)}$ 存在或为无穷大, 那么就有

$$\lim_{\substack{x\to a\\(x\to\infty)}}\frac{f(x)}{g(x)}=\lim_{\substack{x\to a\\(x\to\infty)}}\frac{f'(x)}{g'(x)}$$

成立.

这种由极限 $\lim\limits_{\substack{x\to a\\(x\to\infty)}}\dfrac{f'(x)}{g'(x)}$ 的值来确定未定式 $\lim\limits_{\substack{x\to a\\(x\to\infty)}}\dfrac{f(x)}{g(x)}$ 的值的方法, 叫做**洛必达法则**.

例 2.1 求 $\lim\limits_{x\to 0}\dfrac{x-\sin x}{x^3}$.

解 显然, 当 $x\to 0$ 时, $x-\sin x$ 与 x^3 都是无穷小量. 根据洛必达法则, 首先应该判断极限

$$\lim_{x\to 0}\frac{(x-\sin x)'}{(x^3)'}=\lim_{x\to 0}\frac{1-\cos x}{3x^2}$$

是否存在, 而上式右端又是 $\dfrac{0}{0}$ 型未定式, 对这个未定式又可使用洛必达法则, 得

$$\lim_{x\to 0}\frac{1-\cos x}{3x^2}=\lim_{x\to 0}\frac{\sin x}{6x}=\frac{1}{6},$$

这样两次使用洛必达法则, 就得到所求未定式的值是 $\dfrac{1}{6}$. 上述求解过程可简单写成

$$\lim_{x\to 0}\frac{x-\sin x}{x^3}=\lim_{x\to 0}\frac{1-\cos x}{3x^2}=\lim_{x\to 0}\frac{\sin x}{6x}=\frac{1}{6}.$$

例 2.2 求 $\lim\limits_{x\to+\infty}x\cdot\left(\dfrac{\pi}{2}-\arctan x\right)$.

解 $$\lim_{x\to+\infty} x\cdot\left(\frac{\pi}{2}-\arctan x\right)=\lim_{x\to+\infty}\frac{\frac{\pi}{2}-\arctan x}{\frac{1}{x}}=\lim_{x\to+\infty}\frac{-\frac{1}{1+x^2}}{-\frac{1}{x^2}}=\lim_{x\to+\infty}\frac{x^2}{1+x^2}=1.$$

例 2.3 求 $\lim\limits_{x\to+\infty}\frac{\ln x}{x^n}$, $n>0$.

解 $$\lim_{x\to+\infty}\frac{\ln x}{x^n}=\lim_{x\to+\infty}\frac{\frac{1}{x}}{nx^{n-1}}=\lim_{x\to+\infty}\frac{1}{nx^n}=0.$$

例 2.4 求 $\lim\limits_{x\to+\infty}\frac{x^n}{\mathrm{e}^{\lambda x}}$, n 为正整数, $\lambda>0$.

解 $$\lim_{x\to+\infty}\frac{x^n}{\mathrm{e}^{\lambda x}}=\lim_{x\to+\infty}\frac{nx^{n-1}}{\lambda\mathrm{e}^{\lambda x}}=\cdots=\lim_{x\to+\infty}\frac{n!}{\lambda^n\mathrm{e}^{\lambda x}}=0.$$

例 2.3 和例 2.4 说明, 当 $x\to+\infty$ 时, 幂函数 $x^n, n>0$ 是对数函数 $\ln x$ 的高阶无穷大, 指数函数 $\mathrm{e}^{\lambda x}$, $\lambda>0$ 是幂函数 x^n, $n>0$ 的高阶无穷大.

2. 其他类型的未定式

未定式除了 $\frac{0}{0}$ 型和 $\frac{\infty}{\infty}$ 型外, 还有 $0\cdot\infty$, $\infty-\infty$, 0^0, 1^∞ 和 ∞^0 型的未定式. 关于这些记法的含义, 大家在见到以下诸例之后, 无须说明就能一目了然. 这些未定式的定值也都可以化成基本型 $\frac{0}{0}$ 型和 $\frac{\infty}{\infty}$ 型来计算.

例 2.5 求 $\lim\limits_{x\to+0}x^\alpha\ln x$, $\alpha>0$.

解 这是 $0\cdot\infty$ 型, 由于

$$\lim_{x\to+0}x^a\ln x=\lim_{x\to+0}\frac{\ln x}{x^{-\alpha}},$$

右端是 $\frac{\infty}{\infty}$ 型, 所以应用洛必达法则, 得

$$\lim_{x\to+0}x^\alpha\ln x=\lim_{x\to+0}\frac{\ln x}{x^{-\alpha}}=\lim_{x\to+0}\frac{x^{-1}}{-\alpha x^{-\alpha-1}}=\lim_{x\to+0}\frac{-x^\alpha}{\alpha}=0.$$

例 2.6 求 $\lim\limits_{x\to0}\left(\frac{1}{\sin x}-\frac{1}{x}\right)$($\infty-\infty$ 型).

解 $$\lim_{x\to0}\left(\frac{1}{\sin x}-\frac{1}{x}\right)=\lim_{x\to0}\frac{x-\sin x}{x\sin x}$$

$$= \lim_{x \to 0} \frac{1 - \cos x}{\sin x + x \cos x}$$

$$= \lim_{x \to 0} \frac{\sin x}{2\cos x - x \sin x} = 0.$$

例 2.7　求 $\lim\limits_{x \to +0} x^x (0^0$ 型).

解　$\lim\limits_{x \to +0} x^x = \lim\limits_{x \to +0} \mathrm{e}^{x \ln x} = \mathrm{e}^{\lim\limits_{x \to +0} x \ln x} = \mathrm{e}^0 = 1.$

例 2.8　求 $\lim\limits_{x \to +\infty} \left(\frac{2}{\pi} \arctan x\right)^x (1^\infty$ 型).

解　由于

$$\lim_{x \to +\infty} \left(\frac{2}{\pi} \arctan x\right)^x = \lim_{x \to +\infty} \mathrm{e}^{\ln\left(\frac{2}{\pi} \arctan x\right)^x} = \mathrm{e}^{\lim\limits_{x \to +\infty} x \ln\left(\frac{2}{\pi} \arctan x\right)},$$

应用洛必达法则, 得

$$\lim_{x \to +\infty} x \ln\left(\frac{2}{\pi} \arctan x\right) = \lim_{x \to +\infty} \frac{\ln\left(\frac{2}{\pi} \arctan x\right)}{\frac{1}{x}}$$

$$= \lim_{x \to +\infty} \frac{\frac{1}{\arctan x} \frac{1}{1 + x^2}}{-\frac{1}{x^2}}$$

$$= -\lim_{x \to +\infty} \frac{1}{\arctan x} \cdot \frac{x^2}{1 + x^2}$$

$$= -\frac{2}{\pi}.$$

所以,

$$\lim_{x \to +\infty} \left(\frac{2}{\pi} \arctan x\right)^x = \mathrm{e}^{-\frac{2}{\pi}}.$$

例 2.9　求 $\lim\limits_{x \to +0} (\cot x)^{\frac{1}{\ln x}} (\infty^0$ 型).

解　由于

$$\lim_{x \to +0} (\cot x)^{\frac{1}{\ln x}} = \lim_{x \to +0} \mathrm{e}^{\frac{\ln \cot x}{\ln x}} = \mathrm{e}^{\lim\limits_{x \to +0} \frac{\ln \cot x}{\ln x}},$$

应用洛必达法则可得

$$\lim_{x \to +0} \frac{\ln \cot x}{\ln x} = \lim_{x \to +0} \frac{x}{-\cot x \cdot \sin^2 x} = \lim_{x \to +0} \frac{x}{-\cos x \cdot \sin x} = -1.$$

所以

$$\lim_{x\to+0}(\cot x)^{\frac{1}{\ln x}}=\frac{1}{\mathrm{e}}.$$

习 题 5.2

1. 用洛必达法则求下列极限:

(1) $\lim\limits_{x\to 0}\dfrac{\ln(1+x)}{x}$;

(2) $\lim\limits_{x\to 0}\dfrac{\mathrm{e}^x-\mathrm{e}^{-x}}{\sin x}$;

(3) $\lim\limits_{x\to 0}\dfrac{1-\cos^2 x}{x}$;

(4) $\lim\limits_{x\to+0}\dfrac{\ln\sin 5x}{\ln\sin 2x}$;

(5) $\lim\limits_{x\to\frac{\pi}{2}}\dfrac{\ln\sin x}{(\pi-2x)^2}$;

(6) $\lim\limits_{x\to 1}\dfrac{x^3-2x^2-x+2}{x^3-7x+6}$;

(7) $\lim\limits_{x\to+\infty}\dfrac{\ln\left(1+\dfrac{1}{x}\right)}{\operatorname{arc\,cot} x}$;

(8) $\lim\limits_{x\to\infty}\left(x\left(\mathrm{e}^{\frac{1}{x}}-1\right)\right)$;

(9) $\lim\limits_{x\to 0}x^2\mathrm{e}^{\frac{1}{x^2}}$;

(10) $\lim\limits_{x\to 1}\left(\dfrac{1}{\ln x}-\dfrac{x}{\ln x}\right)$;

(11) $\lim\limits_{x\to 0}\left(\dfrac{1}{\ln(1+x)}-\dfrac{1}{x}\right)$;

(12) $\lim\limits_{x\to+0}\dfrac{\ln x}{\ln\sin x}$;

(13) $\lim\limits_{x\to 0}\dfrac{x-\arcsin x}{\sin^3 x}$;

(14) $\lim\limits_{x\to 0}\dfrac{\mathrm{e}^x+\sin x-1}{\ln(1+x)}$;

(15) $\lim\limits_{x\to 0}\dfrac{\tan x-x}{x-\sin x}$;

(16) $\lim\limits_{x\to+0}(\sin x)^x$;

(17) $\lim\limits_{x\to+0}\left(\dfrac{1}{x}\right)^{\tan x}$;

(18) $\lim\limits_{x\to+0}x^{\frac{1}{1+\ln x}}$;

(19) $\lim\limits_{x\to\infty}\left(1+\dfrac{1}{x^2}\right)^x$.

2. 验证极限 $\lim\limits_{x\to\infty}\dfrac{x+\sin x}{x}$ 存在, 但不能用洛必达法则.

3. 设 $f(x)$ 具有二阶连续导数, 证明:

$$\lim_{h\to 0}\frac{\dfrac{f(a+h)-f(a)}{h}-f'(a)}{h}=\frac{1}{2}f''(a).$$

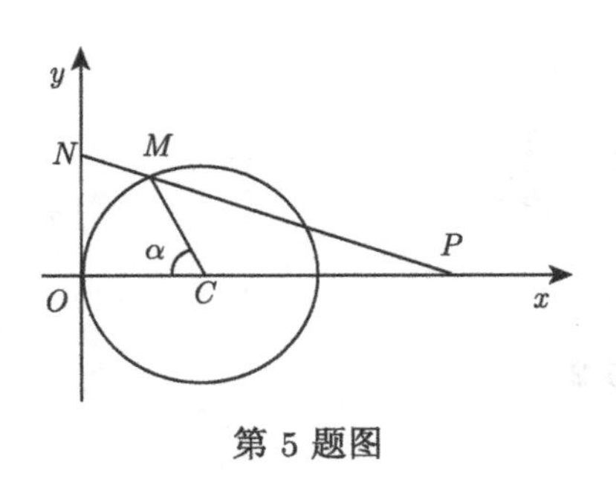

第 5 题图

4. 计算$\lim\limits_{x\to 0}\dfrac{f(\sin x)-1}{\ln f(x)}$, 其中 $f(x)$ 有连续导数, 并且 $f(0)=f'(0)=1$.

5. (伸直圆弧法) 如图, 在一单位圆上取一点 M, y 轴上取一点 N, 使得弧 $\overset{\frown}{OM}$ 的长度等于线段 ON 的长度, 连接点 M,N 并使其延长线与 x 轴交于 P. 证明当弧 $\overset{\frown}{OM}$ 对应的弧心角 $\alpha\to 0$ 时, 线段 OP 的长度的极限等于 3.

5.3　函数的极值及其求法

函数的最大值和最小值问题是在实践中经常遇到的问题, 而解决这类问题往往归结于求解函数的极值. 所谓函数的极值, 从几何直观上看, 就是其图像的 “峰值” 和 “谷值”. 求函数的极值, 对于人们认识函数的性态, 以及对求解函数的最大值和最小值都有着重要的意义.

定义 3.1　设函数 $u=f(M)$ 在点 M_0 的某个邻域 $N(M_0,\delta)$ 内有定义. 如果对任意 $M\in N(M_0,\delta)$, 当 $M\neq M_0$ 时, 总有

$$f(M)<f(M_0)\quad (\text{或} f(M)>f(M_0)),$$

则称函数 $f(M)$ 在点 M_0 有**极大值**(**或极小值**).

极大值、极小值统称为极值, 使函数取得极值的点称为极值点.

定义 3.2　设函数 $u=f(M)$ 在点 M_0 的某个邻域 $N(M_0,\delta)$ 内有定义. 如果 $f(M)$ 在 M_0 点存在偏导数, 并且偏导数为零, 则称 M_0 为函数的**驻点**.

定理 3.1 (必要条件)　设函数 $f(M)$ 在点 M 处存在偏导数, 并且 $f(M_0)$ 为函数的极值, 那么 M_0 是驻点.

证　证明分一元函数和多元函数两种情况. 一元函数的情况是费马引理, 在 5.1 节中已证明. 对于多元函数 $f(M)$, 考虑其中一个自变量 (记为 x) 变化, 其他自变量取值在 M_0 的情形. 记这样获得的一元函数为 $\overline{f}(x)$. 显然, $f_x(M_0)=\overline{f}'(x_0)$. 由于 $\overline{f}(x)$ 在 x_0 取极值, 由上面的讨论知 $\overline{f}'(x_0)=0$. 因此, $f_x(M_0)=0$.

注记 1　定理 3.1 说明, 若偏导数存在, 函数 $f(M)$ 的极值点必定是它的驻点. 但反过来, 函数的驻点却不一定是极值点, 例如, $f(x)=x^3$, 点 $x=0$ 是它的驻点, 但它却不是函数 $f(x)$ 的极值点.

5.3.1　一元函数的极值

现在就来讨论一元函数取得极值的充分条件. 对连续函数来说, 极大值和极小值的判别常常是比较简单的. 如果在 x_0 的某一邻域 $N(x_0,\delta)$ 内, 当 x 在 x_0 的左

侧时, $f(x)$ 单调增加 (减少), 而当 x 在 x_0 的右侧时, $f(x)$ 单调减少 (增加), 那么 x_0 作为 $f(x)$ 从递增 (减) 变为递减 (增) 的转折点, 当然就是 $f(x)$ 的极大 (小) 值点. 由于利用导数符号可以判定函数的单调性, 所以, 我们可以得到下面的定理.

定理 3.2 (第一充分条件) 设函数 $f(x)$ 在 x_0 的某邻域 $N(x_0,\delta)$ 内连续.

(1) 如果

$$f'(x)\begin{cases} >0, & x_0-\delta<x<x_0, \\ <0, & x_0<x<x_0+\delta, \end{cases}$$

那么 $f(x_0)$ 就是函数 $f(x)$ 的一个极大值.

(2) 如果

$$f'(x)\begin{cases} <0, & x_0-\delta<x<x_0, \\ >0, & x_0<x<x_0+\delta, \end{cases}$$

那么 $f(x_0)$ 就是函数 $f(x)$ 的一个极小值.

例 3.1 求出函数 $f(x)=x^3-3x^2-9x+5$ 的极值.

解 首先计算导数

$$f'(x)=3x^2-6x-9=3(x+1)(x-3),$$

由此得到驻点 $x_1=-1, x_2=3$. 确定驻点两侧的导数符号如下:

x	$(-\infty,-1)$	-1	$(-1,3)$	3	$(3,+\infty)$
$f'(x)$	$+$	0	$-$	0	$+$

所以 $f(-1)=10$ 是极大值, $f(3)=-22$ 是极小值.

例 3.2 求函数 $f(x)=1-(x-2)^{\frac{2}{3}}$ 的极值.

解 当 $x\neq 2$ 时,

$$f'(x)=-\frac{2}{3\sqrt[3]{x-2}};$$

当 $x=2$ 时, $f'(x)$ 不存在.

当 $x\neq 2$ 时, 在区间 $(-\infty,2)$ 和 $(2,+\infty)$ 上的各点处, 导数 $f'(x)$ 都存在, 且 $f'(x)\neq 0$, 即函数 $f(x)$ 在这两个区间内均可导, 但无驻点. 因此, 根据定理 3.1, $f(x)$ 在这两个区间内没有极值点.

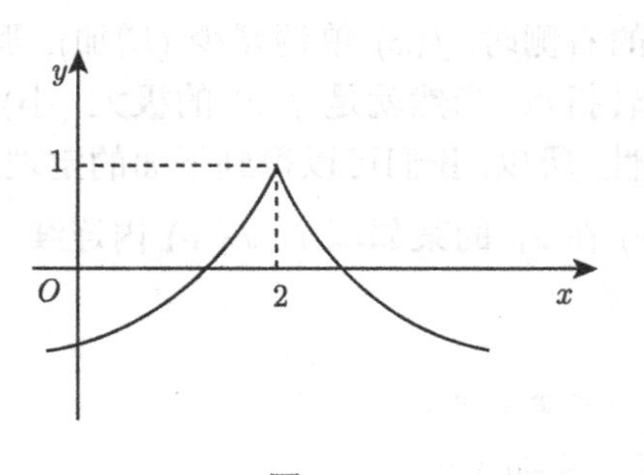

图 5-4

又由于在 $(-\infty,2)$ 内, $f'(x)>0$, 函数 $f(x)$ 单调增加; 在 $(2,+\infty)$ 内, $f'(x)<0$, 函数 $f(x)$ 单调减少. 当 $x=2$ 时, $f'(x)$ 不存在, 但函数 $f(x)$ 在该点连续. 于是, 根据定理 3.2 可知, $f(2)=1$ 是函数 $f(x)$ 的极大值, 函数图形如图 5-4 所示.

当函数 $f(x)$ 在驻点处的二阶导数存在且不为零时, 也可以利用下列定理来判定 $f(x)$ 在驻点处取得极大值还是极小值.

定理 3.3 (第二充分条件)　设函数 $f(x)$ 在点 x_0 处具有二阶导数且 $f'(x_0)=0, f''(x_0)\neq 0$, 那么

(1) 当 $f''(x_0)<0$ 时, 函数 $f(x)$ 在点 x_0 处取得极大值;

(2) 当 $f''(x_0)>0$ 时, 函数 $f(x)$ 在点 x_0 处取得极小值.

证　(1) 由于 $f''(x_0)<0$ 以及 $f'(x_0)=0$, 按二阶导数的定义有

$$f''(x_0)=\lim_{x\to x_0}\frac{f'(x)-f'(x_0)}{x-x_0}=\lim_{x\to x_0}\frac{f'(x)}{x-x_0}<0,$$

于是, 在 x_0 的足够小的邻域内, 有

$$\frac{f'(x)}{x-x_0}<0\quad (x\neq x_0),$$

因此, 当 $x<x_0$ 时, $f'(x)>0$; 当 $x>x_0$ 时, $f'(x)<0$. 这样, 由定理 3.2 知 $f(x_0)$ 必是一个极大值.

类似地, 可证明情形 (2).

定理 3.3 告诉我们, 如果函数 $f(x)$ 在驻点 x_0 处的二阶导数 $f''(x_0)\neq 0$, 那么该驻点 x_0 一定是极值点. 但是如果 $f''(x_0)=0$, 则 $f(x)$ 在点 x_0 处可能有极值, 也可能没有极值. 例如, $f_1(x)=-x^4, f_2(x)=x^4, f_3(x)=x^3$ 这三个函数在 $x=0$ 处就分别属于这些情况. 因此, 如果函数在驻点处的二阶导数为零, 那么仍需要利用定理 3.2 判定驻点是否是极值点.

例 3.3　求函数 $f(x)=(x^2-1)^3+1$ 的极值.

解　首先计算导数

$$f'(x)=6x(x^2-1)^2,$$

由此得驻点 $x_1=-1, x_2=0, x_3=1$. 再计算二阶导数

$$f''(x)=6(x^2-1)(5x^2-1).$$

下面对驻点逐个进行判断: 在 $x=0$ 处, 由于 $f''(0)=6>0$, 所以 $f(0)=0$ 为极小值; 在 $x_1=-1$ 与 $x_3=1$ 两点, 由于 $f''(-1)=f''(1)=0$, 所以不能用定理 3.3, 但由一阶导数得知, 在 $x_1=-1$ 附近, 且 $x\neq-1$ 时, 有 $f'(x)<0$, 所以, $f(-1)$ 不是极值. 在 $x_3=1$ 附近且 $x\neq 1$ 时, 有 $f'(x)>0$, 所以 $f(1)$ 也不是极值.

综上所述, 对于一元函数, 可导函数的极值点必在驻点之中. 对一般函数, 它的定义域只能分为可导点和不可导点两大类, 所以这时极值点必在驻点与不可导点之中.

5.3.2 二元函数的极值

多元函数的极值, 根据极值问题的形式一般分为两大类: 一类是对函数的自变量, 除了限制在函数的定义域内以外, 别无其他条件; 另一类是对自变量附加其他限制条件, 数学上通常把前者称为无条件极值, 后者称为条件极值. 这一段只讲述二元函数的无条件极值问题.

定理 3.1 表明, 可微函数的极值点必定是驻点. 反过来, 函数的驻点未必是极值点.

定理 3.4 (充分条件) 设函数 $z=f(x,y)$ 的所有二阶偏导数都在 (x_0,y_0) 的某个邻域内连续, 并且 $f_x(x_0,y_0)=f_y(x_0,y_0)=0$. 令

$$f_{xx}(x_0,y_0)=A,\quad f_{xy}(x_0,y_0)=B,\quad f_{yy}(x_0,y_0)=C,$$

则

(1) 当 $B^2-AC<0$ 时, $f(x,y)$ 有极值, 且若 $A<0$, $f(x_0,y_0)$ 为极大值; 若 $A>0$, $f(x_0,y_0)$ 为极小值;

(2) 当 $B^2-AC>0$ 时, $f(x,y)$ 无极值;

(3) 当 $B^2-AC=0$ 时, $f(x,y)$ 有无极值不确定.

我们略去这个定理的证明. 根据定理 3.4, 可以对具有二阶连续偏导数的函数 $z=f(x,y)$ 极值的求法总结如下:

第一步 求驻点, 即求一阶偏导数 $f_x(x,y),f_y(x,y)$ 等于零的点;

第二步 对于每一个驻点计算二阶偏导数的值 A,B 和 C;

第三步 定出 B^2-AC 的符号, 确定极值.

例 3.4 求函数 $f(x,y)=x^3-y^3+3x^2+3y^2-9x$ 的极值.

解 由方程组

$$\begin{cases} f_x(x,y)=3x^2+6x-9=0,\\ f_y(x,y)=-3y^2+6y=0 \end{cases}$$

解得驻点为 $(1,0),(1,2),(-3,0),(-3,2)$. 求函数的二阶偏导数得

$$f_{xx}(x,y)=6x+6,\quad f_{xy}(x,y)=0,\quad f_{yy}(x,y)=-6y+6.$$

在点 $(1,0)$ 处, $B^2-AC=-12\cdot 6<0$. 又 $A>0$, 所以, 函数在 $(1,0)$ 处取极小值 $f(1,0)=-5$;

在点 $(1,2)$ 处, $B^2-AC=-12\cdot(-6)>0$, 所以, $f(1,2)$ 不是极值;

在点 $(-3,0)$ 处, $B^2-AC=12\cdot 6>0$, 所以, $f(-3,0)$ 不是极值;

在点 $(-3,2)$ 处, $B^2-AC=-(-12)\cdot(-6)<0$. 又 $A<0$, 所以函数在 $(-3,2)$ 处取极大值 $f(-3,2)=31$.

习 题 5.3

1. 求下列函数的极值:

(1) $y=2x^3-3x^2$;

(2) $y=x-\ln(1+x)$;

(3) $y=\dfrac{x^3+x}{x^4-x^2+1}$;

(4) $y=(x-5)^2\cdot\sqrt[3]{(x+1)^2}$;

(5) $y=\dfrac{x}{\ln x}$;

(6) $y=\cos x+\sin x, -\dfrac{\pi}{2}\leqslant x\leqslant\dfrac{\pi}{2}$;

(7) $y=\left(1+x+\dfrac{x^2}{2!}+\dfrac{x^3}{3!}+\cdots+\dfrac{x^n}{n!}\right)\mathrm{e}^{-x}$.

2. 函数 $y=x^3+Ax^2+3x+B$ 中的系数满足什么条件时, 它没有极值.

3. 设函数 $f(x)=(x-x_0)\varphi(x)$, 其中 $\varphi(x)$ 连续. 若 $\varphi(x_0)\neq 0$, 证明 $f(x)$ 在 $x=x_0$ 处无极值.

4. 在数 $1,\sqrt{2},\sqrt[3]{3},\sqrt[4]{4},\cdots,\sqrt[n]{n},\cdots$ 中求出最大的一个.

5. 求下列函数的极值:

(1) $z=x^3+y^3-3xy$; (2) $z=\mathrm{e}^{2x}(x+y^2+2y)$;

(3) $u=x+\dfrac{y^2}{4x}+\dfrac{z^2}{y}+\dfrac{2}{z}, x>0, y>0, z>0$.

6. 求下列方程所确定的隐函数 $z=z(x,y)$ 的极值:

(1) $x^2+y^2+z^2-2x+2y-4z-10=0$;

(2) $2x^2+2y^2+z^2+8xz-z+8=0$.

7. 证明函数 $z=(1+\mathrm{e}^y)\cos x-y\mathrm{e}^y$ 有无穷个极大值, 但无极小值.

5.4 最大值与最小值问题

在工农业生产、工程技术及科学实验中, 常常遇到这样一类问题: 在一定条件下, 怎样使 “产品最多”“用料最省”“成本最低”“效率最高” 等, 这类问题在数学上有时可归结为求某一函数的最大值或最小值. 很明显, 若 $f(M)$ 是有界闭区域 D 上的函数, 而且有最大值, 那么这个最大值必在函数的极大值与边界点中取到. 由前一节, 函数极值又必在驻点与偏导数不存在的点的函数值中取到, 所以, 最大值也必在该函数的驻点、偏导数不存在点以及边界点的函数值之中取到. 同样, 函数的最小值也必然在上面这些点中取到. 于是, 比较函数在驻点、偏导数不存在点和边界点的值, 它们之中最大的就是所要求的函数的最大值, 它们之中最小的就是所要求的函数的最小值. 由于多元函数定义域的边界点较为复杂, 为了讨论的深入, 本节将分一元函数和多元函数两种情况讨论.

5.4.1 一元函数的最大值与最小值问题

例 4.1 求函数 $f(x)=2x^3+3x^2-12x+14$ 在区间 $[-3,4]$ 上的最大值和最小值.

解 因为函数 $f(x)$ 在 $[-3,4]$ 上连续, 所以必有最大值和最小值. 由于

$$f'(x)=6x^2+6x-12=6(x+2)(x-1),$$

从而得到驻点 $x_1=-2, x_2=1$. 而 $f'(x)$ 在 $(-3,4)$ 处处存在, 所以 $f(x)$ 在 $[-3,4]$ 内没有不可导的点, 不难计算 $f(x)$ 在区间端点和驻点的函数值, 依次为

$$f(-3)=23,\quad f(4)=142,\quad f(-2)=34,\quad f(1)=7.$$

比较这四个函数值, 便知道 $f(x)$ 在 $[-3,4]$ 上的最大值是 $f(4)=142$, 最小值是 $f(1)=7$.

例 4.2 如图 5-5, A 点为海上一水雷艇, 直线 OB 为海岸线, 水雷艇到海岸距离 $AO=9$ 千米, B 为岸上一个兵营, 兵营到 O 点距离 $BO=15$ 千米. 现在水雷艇要派人到兵营送信. 已知划小舟每小时走 4 千米, 沿海岸步行每小时走 5 千米. 问送信者在何处登岸才能把信以最短的时间送到兵营.

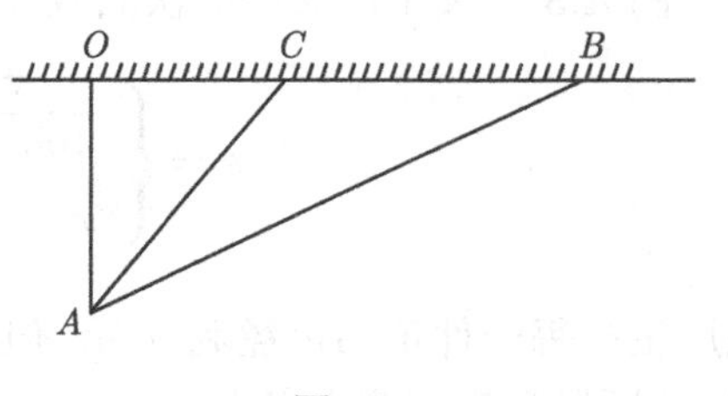

图 5-5

解 设送信者在 C 点登岸, $CO=x$ 千米. 那么, 送信所需时间是

$$t(x)=\frac{\sqrt{81+x^2}}{4}+\frac{15-x}{5},\quad 0\leqslant x\leqslant 15.$$

这样, 问题就归结为, x 在 $[0,15]$ 内取何值时函数 t 的值最小.

先求 $t(x)$ 的导数, 得

$$t'(x)=\frac{x}{4\sqrt{81+x^2}}-\frac{1}{5}.$$

这表明 $t(x)$ 于 $(0,15)$ 内可导, 并且只有一个驻点 $x=12$. 由于

$$t(0)=\frac{21}{4},\quad t(12)=\frac{87}{20},\quad t(15)=\frac{\sqrt{306}}{4},$$

其中以 $t(12)=\dfrac{87}{20}$ 为最小, 所以, 送信者应在离 O 点 12 千米处登岸, 其送信所用时间为最少.

特别值得指出的是, 如果函数 $f(x)$ 在一个区间 (有限或无限, 开或闭) 内可导, 且有唯一的极值点 x_0, 那么当 $f(x_0)$ 是极大 (小) 值时, $f(x_0)$ 必是在整个区间上的最大 (小) 值. 事实上, 这时函数的图形必然是只有一"峰"或一"谷", 因此当 $f(x_0)$ 是极大 (小) 值时, $f(x_0)$ 就是 $f(x)$ 在该区间上的最大 (小) 值 (图 5-6). 这一点对于多元函数也适用.

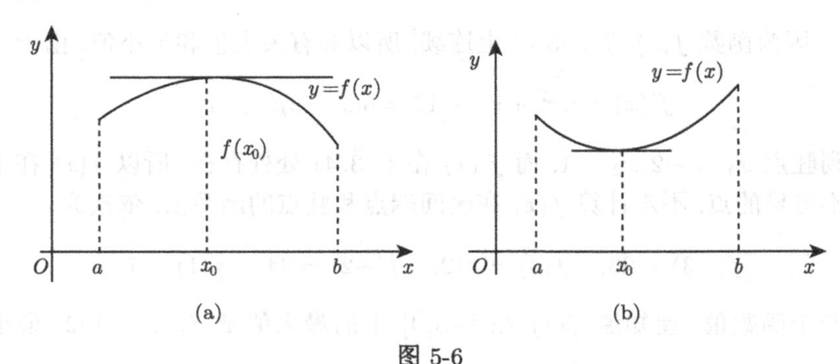

图 5-6

例 4.3　某工厂某产品次品数 s 依赖于全部日产量 x,

$$s=\begin{cases}\dfrac{x}{108-x}, & 0<x\leqslant 107,\\ x, & x>107.\end{cases}$$

该厂生产每一件正品可盈利 a 元, 但生产一件次品就损失 $\dfrac{a}{3}$ 元. 问为获得最大盈利, 该厂日产量应该为多少?

解　设该厂日产量为 x 件, 则每天的盈利为

$$y=a(x-s)-\frac{a}{3}\cdot s.$$

根据题意容易知道, 每天日产量最多也不能超过 107 件. 因此

$$y=\frac{4}{3}a+ax-\frac{144a}{108-x},\quad 0\leqslant x\leqslant 107.$$

这样问题就变成求函数 y 在 $[0,107]$ 上的最大值.

由于

$$y'=a-\frac{144a}{(108-x)^2},$$

其在 $(0,107)$ 内只有一个驻点 $x=96$. 计算 y 的二阶导数可知$y''(96)=-\dfrac{a}{6}<0$. 所

以 y 当 $x=96$ 时取极大值, 它也是最大值. 因此, 每天日产量为 96 件时该厂获得最大盈利.

在实际应用问题中, 往往根据问题的性质就可以断定可导函数 $f(x)$ 确有最大值 (最小值), 而且一定在定义区间内部取到. 这时, 如果 x_0 是函数 $f(x)$ 在定义区间内部的唯一驻点, 那么不必讨论 $f(x_0)$ 是否为极值, 就可断定 $f(x_0)$ 是最大值 (最小值).

例 4.4 工兵为了破坏敌人公路, 在路面下埋炸药包进行爆破. 实践表明, 爆破部分呈倒圆锥体, 而锥面母线长就是炸药包的爆破半径. 试问爆破半径为 R 的炸药包, 埋在路面下多深, 才能使爆破体积最大?

解 如图 5-7, 设 h 为炸药包被埋的深度, 那么爆破体积为

$$V=\frac{1}{3}\pi r^2h=\frac{1}{3}\pi(R^2-h^2)h,\quad 0\leqslant h\leqslant R.$$

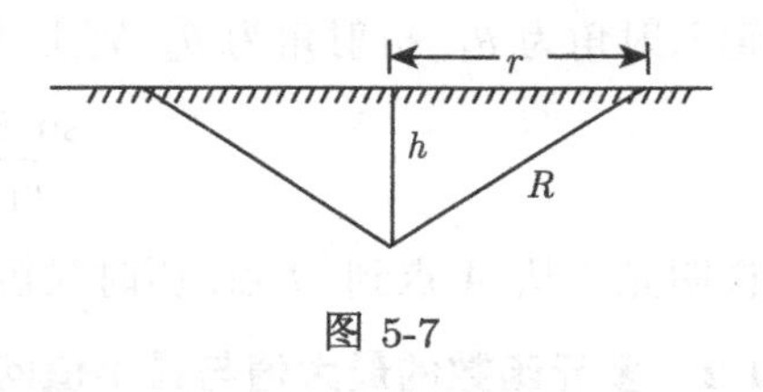

图 5-7

根据问题的实际意义, 显然 h 应取值在 $(0,R)$ 内, 而且 V 在 $(0,R)$ 内一定会有最大值. 计算导数

$$V'=\frac{1}{3}\pi R^2-\pi h^2,$$

得到 $(0,R)$ 内只有一个驻点 $h=\frac{\sqrt{3}}{3}R$. 所以, 当炸药埋没深度为 $h=\frac{\sqrt{3}}{3}R$ 时, 其爆破体积最大.

例 4.5 光在甲种介质中传播速度是 v_1, 而在乙种介质中的速度是 v_2, A 为甲介质中的一点, B 为乙介质中的一点, 问光从 A 到 B 沿着怎样的路径, 才能使光传播的时间最短?

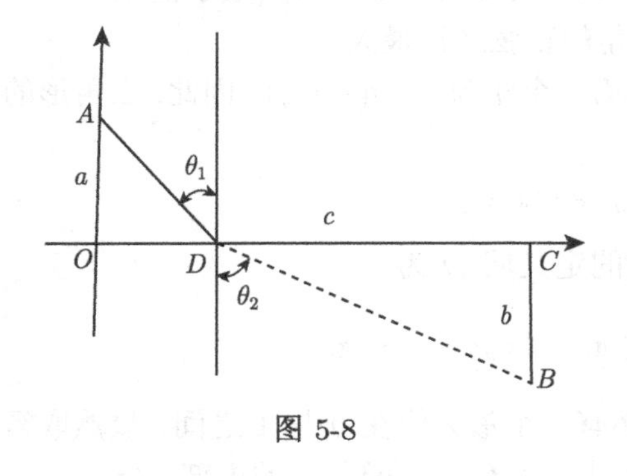

图 5-8

解 如图 5-8, 直线 OC 表示两种介质的分界面. 设 A 点到分界面的距离 $AO=a$, B 点到分界面的距离 $BC=b$, 点 O 与点 C 距离为 c. 取 O 点为坐标原点, 取 O 到 C 的方向作为 x 轴的正向.

假设光线传播的路径为折线 ADB. 记 D 点坐标为 x, 那么, 光由 A 点到 B 点所用时间

$$t(x)=\frac{\sqrt{a^2+x^2}}{v_1}+\frac{\sqrt{b^2+(c-x)^2}}{v_2},\quad x\in(-\infty,+\infty).$$

当 $x \to \infty$ 时, $t \to +\infty$. 根据问题的实际意义, $t(x)$ 一定有最小值. 所以, $t(x)$ 必在 $(-\infty, +\infty)$ 内取到最小值. 计算导数

$$t'(x) = \frac{x}{v_1\sqrt{a^2+x^2}} - \frac{c-x}{v_2\sqrt{b^2+(c-x)^2}}.$$

这表明 $t(x)$ 于 $(-\infty, +\infty)$ 内处处可导. 因此, 函数在 $(-\infty, +\infty)$ 的最小值必在它驻点的函数值中取到. 若记 x_0 为 $t(x)$ 的最小值点, 那么 x_0 必满足 $t'(x) = 0$, 即

$$\frac{\dfrac{x_0}{\sqrt{a^2+x_0^2}}}{v_1} = \frac{\dfrac{c-x_0}{\sqrt{b^2+(c-x_0)^2}}}{v_2}.$$

若记入射角为 θ_1, 折射角为 θ_2, 则上式关系正是

$$\frac{\sin\theta_1}{v_1} = \frac{\sin\theta_2}{v_2}.$$

这说明光线从 A 点到 B 点, 历时最短的路径是服从折射定律的.

5.4.2 多元函数的最大值与最小值问题

对于多元函数, 我们也可以通过将函数在闭区域 D 内的所有极值 (假定函数在 D 内只有有限个极值点) 和函数在 D 的边界上最大 (最小) 值相互比较的方法求函数的最大 (最小) 值. 但这种方法, 由于要求出 $f(x,y)$ 在 D 的边界上的最大 (最小) 值, 以及为了确定 D 内的极值, 还需要计算二阶偏导数, 所以计算量比较大, 往往相当复杂.

与一元函数类似, 在通常遇到的实际问题中, 如果根据问题的实际意义能判断 $f(M)$ 在区域 D 内一定能取得最大 (最小) 值, 而且函数在 D 内只有一个驻点, 那么可以肯定该驻点处的函数值就是函数 $f(M)$ 在 D 上的最大值 (最小值).

例 4.6 试做一个三角形, 使其三内角的正弦之积最大.

解 设三角形的两个内角为 x, y, 则第三个角为 $\pi-(x+y)$. 因此, 三角形的三个内角的正弦之积为

$$u = \sin x \cdot \sin y \cdot \sin(x+y).$$

这样问题变成求 u 的最大值. 注意自变量的定义域 D 为

$$0 \leqslant x \leqslant \pi, \quad 0 \leqslant y \leqslant \pi, \quad 0 \leqslant x+y \leqslant \pi,$$

而且 u 的值恒为正数, 又不得超过 1, 它必有一个最大值在 0 与 1 之间. 显然取得最大值的点不能在区域 (三角形)D 的边界上, 它必在三角形 D 的内部. 令

$$u_x = \cos x \sin y \sin(x+y) + \sin x \sin y \cos(x+y) = 0,$$

$$u_y = \sin x \cos y \sin(x+y) + \sin x \sin y \cos(x+y) = 0,$$

即

$$\sin y \cdot \sin(2x+y) = 0, \quad \sin x \cdot \sin(x+2y) = 0.$$

但 $\sin x \neq 0, \sin y \neq 0$, 因此,

$$\sin(2x+y) = 0, \quad \sin(x+2y) = 0.$$

由此推知

$$2x + y = \pi, \quad x + 2y = \pi.$$

所以,

$$x = y = \frac{\pi}{3}.$$

说明函数在 D 内只有唯一的驻点 $x = y = \frac{\pi}{3}$. 因此, 可以断定, 当 u 取得最大值时, 三角形应该是正三角形.

5.4.3 条件极值

下面讨论求函数 $u = f(x, y, z)$ 在条件

$$\varphi(x, y, z) = 0 \tag{4.1}$$

之下的极值问题.

从理论上讲, 从 (4.1) 式中解出 $z = g(x, y)$, 代入给定的函数, 得

$$u = f(x, y, g(x, y)).$$

再利用前段所讲的无条件极值的求法, 求出上述二元函数的极值即可. 但在实际应用中, 用 (4.1) 式和从给定的函数中去消去 z 是非常困难的. 为此, 法国数学家拉格朗日给出这种情况下如何求极值的方法, 即所谓拉格朗日乘数法.

现在简单介绍拉格朗日乘数法的解题思路. 引进辅助函数

$$F(x, y, z, \lambda) = f(x, y, z) + \lambda \varphi(x, y, z).$$

求函数 $F(x, y, z, \lambda)$ 的驻点, 它满足方程组

$$\begin{cases} \dfrac{\partial F}{\partial x} = f_x(x, y, z) + \lambda \varphi_x(x, y, z) = 0, \\ \dfrac{\partial F}{\partial y} = f_y(x, y, z) + \lambda \varphi_y(x, y, z) = 0, \\ \dfrac{\partial F}{\partial z} = f_z(x, y, z) + \lambda \varphi_z(x, y, z) = 0, \\ \dfrac{\partial F}{\partial \lambda} = \varphi(x, y, z) = 0. \end{cases}$$

由此解出

$$x=x_0,\quad y=y_0,\quad z=z_0,\quad \lambda=\lambda_0,$$

得到函数 $u=f(x,y,z)$ 可能的极值点坐标. 最后讨论 $f(x_0,y_0,z_0)$ 是否是 $f(x,y,z)$ 的极值. 在实际问题中, 往往根据问题本身的性质来判定.

这一方法的可行性, 在数学上已得到了证明, 这里我们不陈述它. 下面举例来进一步说明拉格朗日乘数法.

例 4.7　求表面积为 a^2 的长方体的最大体积.

解　设长方体的三个棱长为 x, y, z, 则问题变成了在条件

$$\varphi(x,y,z)=2xy+2yz+2zx-a^2=0$$

之下, 求函数

$$V=xyz,\quad x>0,\quad y>0,\quad z>0$$

的最大值. 构造辅助函数

$$F(x,y,z,\lambda)=xyz+\lambda(2xy+2yz+2zx-a^2),$$

求其对 x, y, z 的偏导数, 并使之为零, 得到

$$\begin{cases} yz+2\lambda(y+z)=0,\\ xz+2\lambda(x+z)=0,\\ xy+2\lambda(y+x)=0,\\ 2xy+2yz+2xz=a^2, \end{cases} \tag{4.2}$$

其中 $x>0,y>0,x>0$. 由 (4.2) 式即得

$$\frac{x}{y}=\frac{x+z}{y+z},\quad \frac{y}{z}=\frac{x+y}{x+z}.$$

解得

$$x=y=z.$$

将此代入方程组 (4.2) 的最后一个方程, 得

$$x=y=z=\frac{\sqrt{6}}{6}a.$$

这是唯一可能的极值点. 由问题的实际意义可知, 最大值一定存在, 所以这个唯一可能的极值点必定是最大值点. 也就是说, 表面积为 a^2 的长方体中, 棱长为 $\dfrac{\sqrt{6}}{6}a$ 的正方体体积最大, 它等于 $\dfrac{\sqrt{6}}{36}a^3$.

注记 1 二元函数极值的必要条件 (驻点原理) 和拉格朗日乘数法, 对三元以及三元以上的函数仍适用.

习 题 5.4

1. 求下列函数的最大值、最小值:

(1) $y=\dfrac{x-1}{x+1},\ 0\leqslant x\leqslant 4$;

(2) $y=\sqrt{100-x^2},\ -6\leqslant x\leqslant 8$;

(3) $y=\sin 2x-x,\ -\dfrac{\pi}{2}\leqslant x\leqslant\dfrac{\pi}{2}$;

(4) $y=x+\sqrt{1-x},\ -5\leqslant x\leqslant 1$.

2. 证明不等式:

(1) $2x^3-6x^2-18x+22\leqslant 0,\ 1\leqslant x\leqslant 4$;

(2) $\dfrac{3}{5}\leqslant\dfrac{1-x+x^2}{1+x-x^2}\leqslant 1,\ 0\leqslant x\leqslant 1$.

3. 有 A, B 两工厂位于直线状铁路的同侧, 如图所示. 今要在铁路旁设置一货物转运站 M, 再从转运站分别筑公路到 A, B 两工厂. 问转运站应设于何处才能使公路长之和为最短?

4. 有一杠杆, 支点在它的一端. 在距支点 0.1 米处挂一重为 49 千克的物体, 加力于杠杆的另一端使杆保持水平, 如图所示. 如果杠杆本身每米长的重量为 5 千克, 求最省力的杆长.

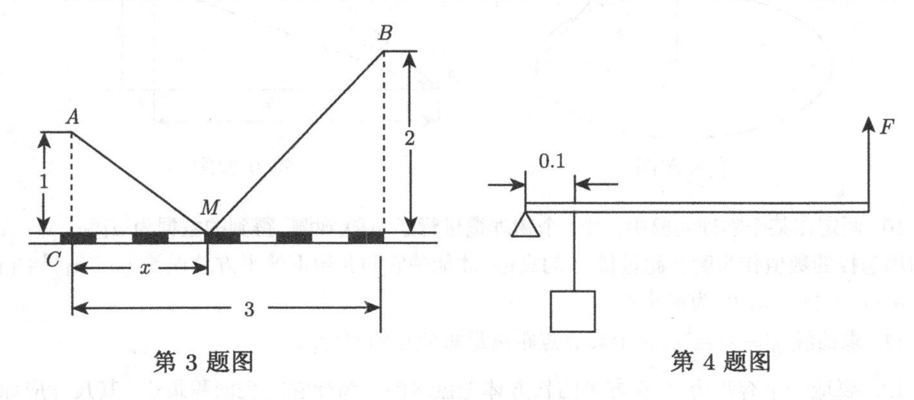

第 3 题图　　　　第 4 题图

5. 如图所示, 侧壁倾斜的等腰水槽用三块等宽的木板钉成, 问侧壁之间的夹角 α 等于何值时, 斜槽有最大的容积?

6. 如图, 甲船位于乙船以东 75 千米处, 以每小时 12 千米的速度向西行驶. 乙船以每小时 6 千米的速度向北行驶. 问经过几小时两船相距最近?

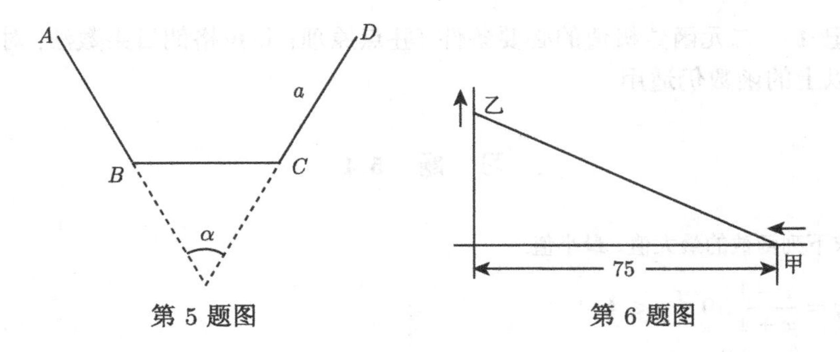

第 5 题图　　第 6 题图

7. 要造一个圆柱形蓄水池 (无盖), 蓄水量一定. 如果侧面的单位面积造价是底面的单位面积造价的三倍. 问底半径与高成怎样的比例, 才能使蓄水池的造价最低?

8. 如图所示, 要在一半径为 R 的圆形广场中心挂一灯, 问要挂多高, 才能使广场周围的路上照得最亮 (灯光的亮度与光线投射角的余弦成正比, 与距离的平方成反比, 而投射角是经过灯所作垂直于地面的直线与光线所夹的角) ?

9. 如图所示, 电影院幕布高为 3 米, 幕布底边距观众眼睛水平线高为 2 米. 问观众在距幕布多远的地方看电影视角 θ 最大?

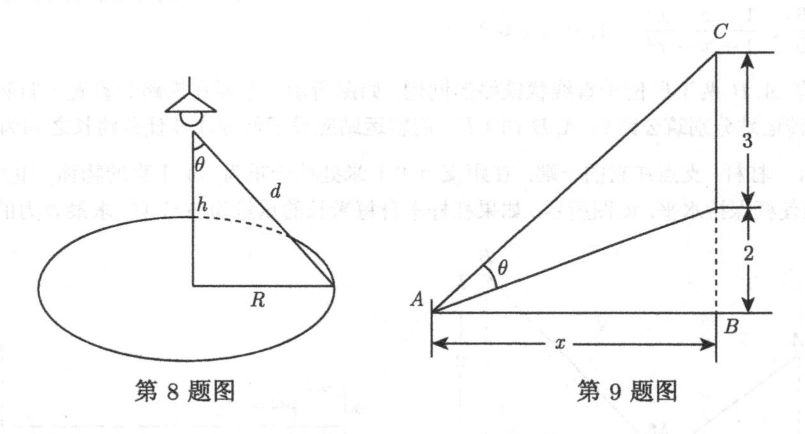

第 8 题图　　第 9 题图

10. 假定在某个物理实验中, 对一个物理量进行了 n 次观测, 得到的数据为 $a_1, a_1, \cdots, a_n$. 试问用怎样的数值作为所要测量量 x 的真值, 才能使它与各数据的平方总误差 $(x-a_1)^2+(x-a_2)^2+\cdots+(x-a_n)^2$ 为最小?

11. 求曲线 $y=\dfrac{1}{\sqrt{x^2+1}}$ 上离原点距离最短的点的坐标.

12. 要造一个容积为 4 立方米的长方体无盖水池. 为使它的表面积最小, 其尺寸应如何确定?

13. 将周长为 $2p$ 的矩形绕它的一边旋转而构成一个圆柱体. 问矩形的边长各为多少时, 才可使圆柱体的体积为最大?

14. 某工厂生产甲、乙两种产品, 其成本为甲每个 1 元, 乙每个 1.2 元. 若甲乙每种产品的售价为 x 元、y 元, 且这两种产品平均每月销量 (单位: 万个) 为 $N_{甲}=y-x$, $N_{乙}=3+x-2y$.

问: 甲、乙的售价各为多少, 才能使每月获利最大?

15. 两条河流的形状和位置近似于抛物线 $y=x^2$ 与直线 $x-y-2=0$. 要在它们之间连接一条长度为最短的直线水库, 问应在怎样的点处连接?

16. 在球面 $x^2+y^2+z^2=1$ 上求一点, 使它到点 (1, 2, 3) 的距离最远.

17. 在已知周长为 $2l$ 的所有三角形中, 求出面积最大的三角形.

18. 将一个正数 A 任意分解为四个正数, 求这四个数之积的最大值.

5.5 一元函数图形的描绘

5.5.1 曲线的凸凹与拐点

本节讨论一元函数. 图 5-9 与图 5-10 曲线弯曲的方向明显不同, 分别表示曲线的凸与凹的情形.

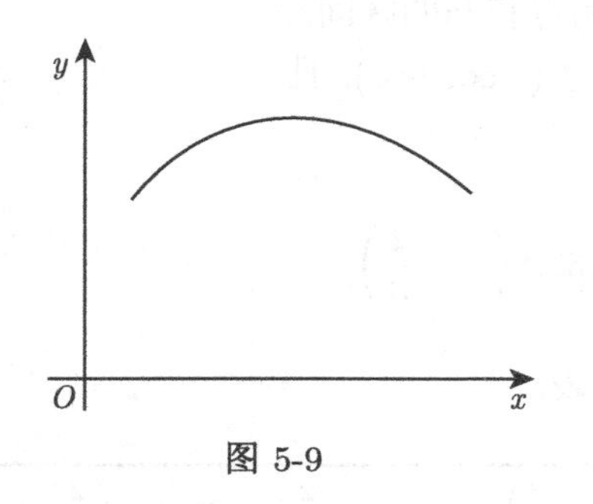

图 5-9

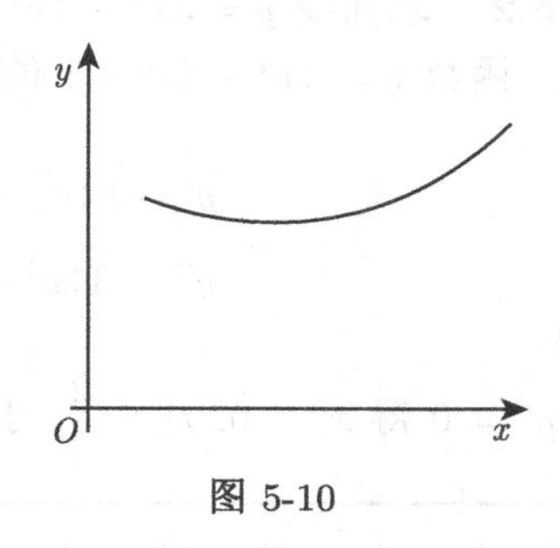

图 5-10

有时一个曲线 $y=f(x)$ 既有凸的部分, 又有凹的部分 (图 5-11), 曲线的凸凹部分的分界点叫做曲线的**拐点**.

若一个点在曲线 $y=f(x)$ 上沿着 x 增加的方向移动, 那么在一点处切线与 Ox 轴正向所成的角度 α 也在变, 因而切线斜率 $\tan\alpha$ 也在变. 由图 5-11 看出, 在曲线凸的部分上 $\tan\alpha$ 在减小; 在曲线凹的部分上, $\tan\alpha$ 在增加. 注意到 $\tan\alpha=f'(x)$, 因此, 在凸的部分 $f'(x)$ 减小, 在凹的部分 $f'(x)$ 增加. 而 $f'(x)$ 的减小区间, 就是它的导数是负的区间, 也就是 $f''(x)<0$ 的区间. 同理, $f'(x)$ 的增加区间也就是 $f''(x)>0$ 的区间. 我们得到如下的结论:

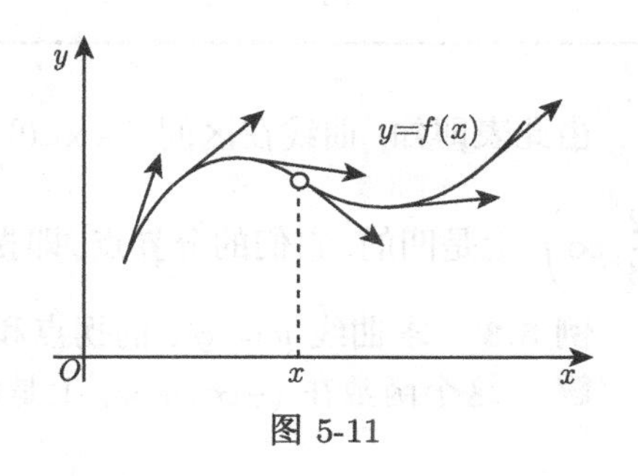

图 5-11

设 $f(x)$ 在 $[a,b]$ 上连续, 在 (a,b) 内具有一阶和二阶导数, 那么

(1) 若在 (a,b) 内总有 $f''(x)<0$, 则 $f(x)$ 在 $[a,b]$ 上的图形是凸的;

(2) 若在 (a,b) 内总有 $f''(x)>0$, 则 $f(x)$ 在 $[a,b]$ 上的图形是凹的.

例 5.1 判断曲线 $y=\ln x$ 的凸凹性.

解 因为

$$y'=\frac{1}{x},\quad y''=-\frac{1}{x^2}<0,$$

所以在 $(0,+\infty)$ 内, 曲线 $y=\ln x$ 是凸的.

根据拐点的定义和曲线凸凹性判定法可知, 为了求一条曲线 $y=f(x)$ 的拐点, 先要求出使 $f''(x)$ 等于零或使它不存在的点 x_0, 再讨论 $f''(x)$ 在 x_0 左右邻近两侧的符号: 如果 $f''(x_0-\delta)$ 和 $f''(x_0+\delta)$ 异号, 则 $(x_0,f(x_0))$ 必是曲线 $y=f(x)$ 的拐点; 如果 $f''(x_0-\delta)$ 和 $f''(x_0+\delta)$ 同号, 则 $(x_0,f(x_0))$ 不是拐点.

例 5.2 求曲线 $y=3x^4-4x^3+1$ 的拐点和凸凹区间.

解 函数 $y=3x^4-4x^3+1$ 的定义域为 $(-\infty,+\infty)$, 且

$$\begin{aligned}y'&=12x^3-12x^2,\\ y''&=36x^2-24x=36x\left(x-\frac{2}{3}\right).\end{aligned}$$

解方程 $y''=0$ 得 $x_1=0$, $x_2=\dfrac{2}{3}$. 于是有下表.

x	$(-\infty,0)$	0	$\left(0,\frac{2}{3}\right)$	$\frac{2}{3}$	$\left(\frac{2}{3},+\infty\right)$
f''	+	0	−	0	+
f	凹	1	凸	$\frac{11}{27}$	凹

由此表即知, 曲线在区间 $(-\infty,0]$ 上是凹的, 在区间 $\left[0,\dfrac{2}{3}\right]$ 上是凸的, 在区间 $\left[\dfrac{2}{3},\infty\right)$ 上是凹的, 它们的分界点, 即拐点依次为点 (0,1) 和 $\left(\dfrac{2}{3},\dfrac{11}{27}\right)$.

例 5.3 求曲线 $y=\sqrt[3]{x}$ 的拐点和凸凹区间.

解 这个函数在 $(-\infty,+\infty)$ 上是连续的, 当 $x\neq 0$ 时,

$$y'=\frac{1}{3\sqrt[3]{x^2}},\quad y''=-\frac{2}{9x\sqrt[3]{x^2}};$$

当 $x=0$ 时, y',y'' 都不存在, 故二阶导数在 $(-\infty,+\infty)$ 内不连续且不具有零点. 但 $x=0$ 是 y'' 不存在的点, 而在 $(-\infty,0)$ 内, $y''>0$, 故该曲线在 $(-\infty,0)$ 上是凹的;

在 $(0,+\infty)$ 内, $y''<0$, 故该曲线在上 $(0,+\infty)$ 是凸的. 而当 $x=0$ 时, $y=0$, 从而点 $(0,0)$ 是这曲线的一个拐点.

5.5.2 水平渐近线和铅直渐近线

所谓函数曲线的渐近线, 是这样的直线: 当一个点沿着曲线趋于无穷远时, 点到这个直线的距离趋近于零. 更详细地说, 对于函数 $y=f(x)$, 如果

$$\lim_{x\to\infty} f(x)=c, \quad c\text{为常数},$$

则说直线 $y=c$ 是函数 $y=f(x)$ 的图形的水平渐近线; 如果

$$\lim_{x\to x_0} f(x)=\infty,$$

则说直线 $x=x_0$ 是函数 $y=f(x)$ 的图形的铅直渐近线. 例如, 直线 $y=1$ 和 $x=0$ 分别是函数 $y=1+\dfrac{1}{x}$, $x>0$ 的图像的水平渐近线和铅直渐近线 (图 5-12).

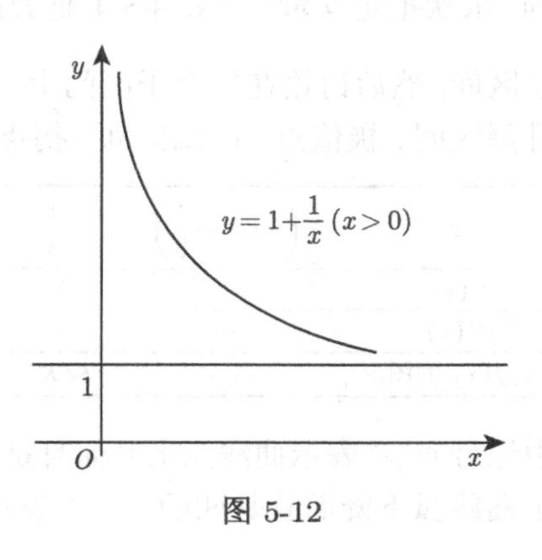

图 5-12

5.5.3 函数图形的描绘

在学过微分学之后, 我们可以用一阶导数确定图形的升降区间、“峰顶” 和 “谷底” 的位置, 再利用二阶导数确定图形的凸凹区间和拐点. 于是, 我们只要描出为数不多的有特征的点, 就能把图形的性态较准确地描绘出来. 利用导数描绘函数图形的一般步骤如下:

第一步 确定函数 $y=f(x)$ 的定义域, 并求出函数的一阶导数 $f'(x)$ 和二阶导数 $f''(x)$;

第二步 求出方程 $f'(x)=0$ 和 $f''(x)=0$ 在函数定义域内的全部实根和函数的间断点以及导数不存在的点, 用这些点作为分点把函数的定义域分成几个部分区间;

第三步 确定在这些部分区间内 $f'(x)$ 和 $f''(x)$ 的符号, 并由此确定函数图形的升降和凸凹、极值点和拐点;

第四步 确定函数图形的水平、铅直渐近线;

第五步 算出方程 $f'(x)=0$ 和 $f''(x)=0$ 的根所对应的函数值, 定出图形上相应的点, 连接这些点作出函数 $y=f(x)$ 的草图.

例 5.4 作出函数 $f(x)=x^3-x^2-x+1$ 的草图.

解　所给函数的定义域为 $(-\infty,+\infty)$, 其一阶、二阶导数为

$$f'(x)=3x^2-2x-1=(3x+1)(x-1),$$
$$f''(x)=6x-2=2(3x-1).$$

由此求出驻点$x_1=-\dfrac{1}{3}$, $x_2=1$ 和 $f''(x)=0$ 的根 $x=\dfrac{1}{3}$. 将点 $-\dfrac{1}{3},\dfrac{1}{3},1$ 由小到大排列, 依次把定义域 $(-\infty,+\infty)$ 划分成$\left(-\infty-\dfrac{1}{3}\right]$, $\left[-\dfrac{1}{3},\dfrac{1}{3}\right]$, $\left[\dfrac{1}{3},1\right]$, $[1,+\infty)$ 四个子区间, 然后讨论在每个子区间上一阶导数和二阶导数的符号, 以确定函数图形的升降区间、极值点、凸凹区间、拐点. 所得有关结果列表如下:

x	$\left(-\infty,-\frac{1}{3}\right)$	$-\frac{1}{3}$	$\left(-\frac{1}{3},\frac{1}{3}\right)$	$\frac{1}{3}$	$\left(\frac{1}{3},1\right)$	1	$(1,\infty)$
$f'(x)$	+	0	−	−	−	0	+
$f''(x)$	−	−	−	0	+	+	+
$f=f(x)$ 的图形	∩↗	极大	∩↘	拐点	∪↘	极小	∪↗

其中记号 ∩↗ 表示曲线弧上升而且是凸的, ∩↘ 表示曲线弧下降而且是凸的, ∪↘ 表示曲线弧下降而且是凹的, ∪↗ 表示曲线弧上升而且是凹的.

再计算 $x=-\dfrac{1}{3}$, $x=\dfrac{1}{3}$, $x=1$ 处的函数值:

$$f\left(-\frac{1}{3}\right)=\frac{32}{27},\quad f\left(\frac{1}{3}\right)=\frac{16}{27},\quad f(1)=0,$$

从而得到函数 $y=x^3-x^2-x+1$ 图形上的三个点: $\left(-\dfrac{1}{3},\dfrac{32}{27}\right)$, $\left(\dfrac{1}{3},\dfrac{16}{27}\right)$, $(1,0)$. 最后适当补充一些点, 如函数图形与坐标轴的交点等, 就可画出所给函数的图形, 如图 5-13 所示.

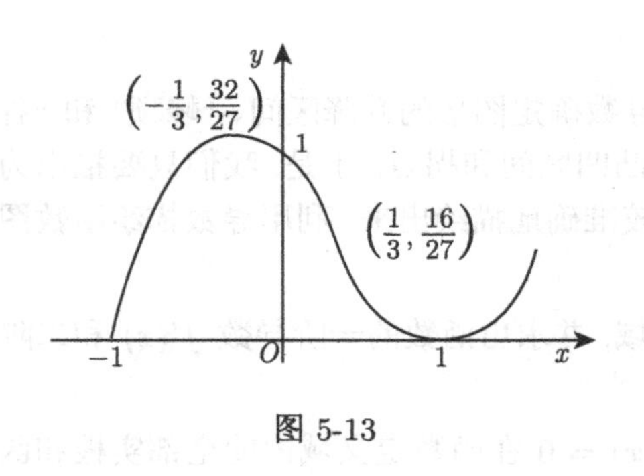

图 5-13

例 5.5　描绘函数 $y=1+\dfrac{36x}{(x+3)^2}$ 的图形.

解　所给函数 $y=f(x)$ 的定义域为 $(-\infty,-3),(-3,+\infty)$.

$$y'=\frac{36(3-x)}{(x+3)^3},\quad y''=\frac{72(x-6)}{(x+3)^4},$$

驻点为 $x=3$, $f''(x)=0$ 的根为 $x=6$. 这样, $x=-3,x=3,x=6$ 把定义域划分成四个子区间: $(-\infty,-3)$, $(-3,3]$, $[3,6]$, $[6,+\infty)$, 计算在各子区间内 $f'(x)$ 及 $f''(x)$ 的符号, 确定相应曲线弧的升降和凸凹, 以及极值点和拐点, 便得下表:

x	$(-\infty,-3)$	$(-3,3)$	3	$(3,6)$	6	$(6,+\infty)$
$f'(x)$	$-$	$+$	0	$-$	$-$	$-$
$f''(x)$	$-$	$-$	$-$	$-$	0	$+$
$f=f(x)$ 的图形	∩↘	∩↗	极大	∩↘	拐点	∪↘

由于 $\lim\limits_{x\to\infty} f(x)=1$, $\lim\limits_{x\to-3} f(x)=-\infty$, 所以图形有一条水平渐近线 $y=1$ 和一条铅直渐近线 $x=-3$.

算出 $x=3, x=6$ 处的函数值

$$f(3)=4,\quad f(6)=\frac{11}{3},$$

从而得到图形上的两个点 $M_1(3,4), M_2\left(6,\dfrac{11}{3}\right)$.

又由于 $f(0)=1$, $f(-21+12\sqrt{3})=0$, $f(-21-12\sqrt{3})=0$, 得图形上三个点 $M_3(0,1)$, $M_4(-21+12\sqrt{3},0)$, $M_5(-21-12\sqrt{3},0)$. 这样可画出函数 $y=1+\dfrac{36x}{(x+3)^2}$ 的图形如图 5-14 所示.

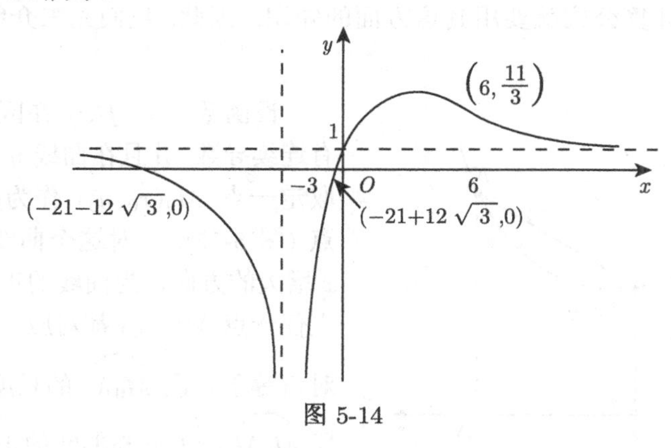

图 5-14

习 题 5.5

1. 求下列函数的拐点及凸凹区间:

(1) $y=x^3-5x^2+3x+5$;

(2) $y=\ln(x^2+1)$;

(3) $y=\dfrac{x^3}{x^2+a^2}$;

(4) $y=\dfrac{a}{x}\ln\dfrac{x}{a}, a>0$;

(5) $y=x^4(12\ln x-7)$.

2. 证明函数 $y=x\arctan x$ 的图形是凹的.

3. 求函数 $f(x)=x^3-2x^2+x-1$ 在 [0, 2] 上的极值、最大值、最小值及拐点.

4. 试确定曲线 $y=ax^3+bx^2+cx+d$ 中的系数, 使 $x=-2$ 为驻点, $(1,-10)$ 为拐点, 且通过点 $(-2,44)$.

5. 求下列曲线的水平渐近线和铅直渐近线:

(1) $y=\dfrac{x^3}{(x+2)^3}$; (2) $y=\dfrac{1}{x^2-4x+5}$.

6. 描绘下列函数的图形:

(1) $y=\dfrac{1}{5}(x^4-6x^2+8x+7)$; (2) $y=\dfrac{\ln x}{x}$;

(3) $y=\dfrac{x}{x^2+1}$; (4) $y=\mathrm{e}^{-(x-1)^2}$.

5.6 曲率与曲率圆

5.6.1 弧微分

弧的概念和弧的微分公式, 在今后的学习中经常会遇到. 下面将要定义的曲率及推导曲率的计算公式就要用到这方面的知识. 因此, 我们先来介绍弧及其微分公式.

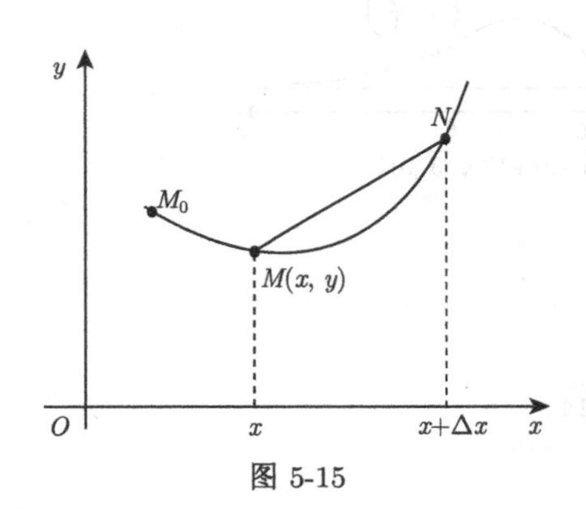

图 5-15

设函数 $y=f(x)$ 在区间 (a,b) 内具有连续导数, 并且在曲线 $y=f(x)$ 上任意取定一点 $M_0(x_0,y_0)$ 作为度量弧长的基点 (图 5-15), 并对这个曲线赋予方向: 按 x 增大的方向作为曲线的正向. 于是, 曲线上任一点 $M(x,y)$ 都对应一个数 s, s 的绝对值等于弧段 $\overset{\frown}{M_0M}$ 的长度, 而当有向弧段 $\overset{\frown}{M_0M}$ 的方向与曲线的正向一致时 s 取正号, 相反时 s 取负号. 我们把 s 叫做弧段 $\overset{\frown}{M_0M}$ 的弧 (不叫弧长, 以示区别). 显然, 弧 s 是 x 的单调增加函数, 记为 $s=s(x)$.

现在我们来推出弧 $s=s(x)$ 的微分公式. 设 x, $x+\Delta x$ 为 (a,b) 内两个邻近点, 它们在曲线 $y=f(x)$ 上的对应点为 M 和 N, 并设对应于 x 的增量为 Δx, 弧 s 的增量为 Δs, 那么 $\Delta s=\overset{\frown}{M_0N}-\overset{\frown}{M_0M}=\overset{\frown}{MN}$. 于是,

$$\left(\frac{\Delta s}{\Delta x}\right)^2=\left(\frac{\overset{\frown}{MN}}{|MN|}\right)^2\left(\frac{|MN|}{\Delta x}\right)^2$$

$$= \left(\frac{\widehat{MN}}{|MN|}\right)^2 \frac{(\Delta x)^2 + (\Delta y)^2}{(\Delta x)^2}$$

$$= \left(\frac{\widehat{MN}}{|MN|}\right)^2 \left(1 + \left(\frac{\Delta y}{\Delta x}\right)^2\right).$$

从而

$$\frac{\Delta s}{\Delta x} = \pm\sqrt{\left(\frac{\widehat{MN}}{|MN|}\right)^2 \frac{(\Delta x)^2 + (\Delta y)^2}{(\Delta x)^2}}.$$

注意到 $\lim\limits_{\Delta x \to 0}\left|\frac{\widehat{MN}}{|MN|}\right| = 1$, 又 $\lim\limits_{\Delta x \to 0}\frac{\Delta y}{\Delta x} = y'$, 在上式中令 $\Delta x \to 0$ 取极限, 得到

$$\frac{\mathrm{d}s}{\mathrm{d}x} = \pm\sqrt{1 + y'^2}. \tag{6.1}$$

由于 $s(x)$ 是 x 的单调增加函数, 上式右端符号只能取正号. 于是有

$$\frac{\mathrm{d}s}{\mathrm{d}x} = \sqrt{1 + y'^2},$$

即

$$\mathrm{d}s = \sqrt{1 + y'^2}\mathrm{d}x,$$

这就是弧微分公式.

5.6.2 曲率及其计算公式

曲线的形状决定于它在各点的弯曲程度. 对于曲线的弯曲程度, 人们在直观上早有感觉, 常有弯大 (急), 弯小 (慢) 等一类说法. 这些都是人们对曲线弯曲程度的粗糙描述. 对于它的科学的数量化的描述, 不但是人们的愿望, 也是实际应用的需要.

对于给定的曲线上一个弧段 $\widehat{AB}$ 的弯曲程度, 通常是由如下两个因素决定的: 一是在 A 点和 B 点的切线方向的变化; 二是弧段 $\widehat{AB}$ 的长度.

例如, 图 5-16 所示, 弧段 $\widehat{AB}$ 比弧段 $\widehat{BC}$ 弯曲得厉害, 切线转角 $\Delta\alpha(\widehat{AB})$ 比 $\Delta\alpha(\widehat{BC})$ 大; 又如, 图 5-17 所示, 两段曲线弧 $\widehat{MN}$ 和 $\widehat{M_1N_1}$, 尽管它们的切线转角 $\Delta\alpha$ 相同, 然而弯曲程度并不相同, 曲线弧短的比曲线弧长的弯曲得厉害.

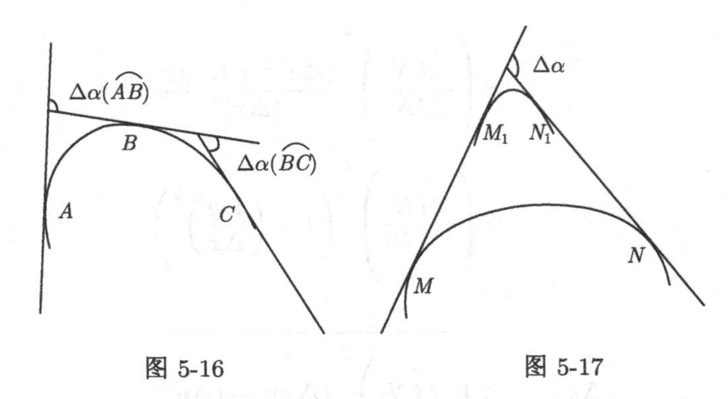

图 5-16　　　　图 5-17

因此, 可以看出, 曲线弯曲程度与切线方向改变的大小成正比, 与改变这个方向所经过的弧段长度成反比.

设曲线 C 具有连续转动的切线, M 和 N 是曲线上两个点 (图 5-18). 假如曲线在点 M 和 N 的切线倾角分别为 α 和 $\alpha+\Delta\alpha$, 那么, 当点从 M 沿曲线移动到 N 时, 角度改变了 $\Delta\alpha$, 而改变这个角度所经过的弧段长度则是弧长 $\Delta s=\widehat{MN}$. 根据前面的分析, 我们自然就用比值 $\left|\dfrac{\Delta\alpha}{\Delta s}\right|$, 即单位弧段上切线转角的大小来刻画弧段 $\widehat{MN}$ 的平均弯曲程度, 称为弧段 $\widehat{MN}$ 的平均曲率, 记作 $\overline{K}$, 即

$$\overline{K}=\left|\frac{\Delta\alpha}{\Delta s}\right|.$$

类似于用平均速度 (当 $\Delta t\to 0$ 时) 的极限来定义瞬时速度的方法, 当 $\Delta s\to 0(N\to M)$ 时, 上述平均曲率的极限, 即 M 点的切线倾角 α 对弧 s 的变化率称为曲线 C 在点 M 处的曲率, 记作 K, 即

$$K=\lim_{\Delta s\to 0}\left|\frac{\Delta\alpha}{\Delta s}\right|.$$

当 $\lim\limits_{\Delta s\to 0}\dfrac{\Delta\alpha}{\Delta s}=\dfrac{\mathrm{d}\alpha}{\mathrm{d}s}$ 存在时, 上式可表示为

$$K=\left|\frac{\mathrm{d}\alpha}{\mathrm{d}s}\right|.$$

注记 1　从曲率的定义可知, 直线的曲率处处等于零.

注记 2　半径为R的圆上各点的曲率都等于半径的倒数$\dfrac{1}{R}$. 事实上, 由图 5-19 易知 $\widehat{MN}=\Delta s=R\Delta\alpha$. 因此, 圆上任意一点 M 处曲率

$$K=\lim_{\Delta s\to 0}\left|\frac{\Delta\alpha}{\Delta s}\right|=\frac{1}{R}.$$

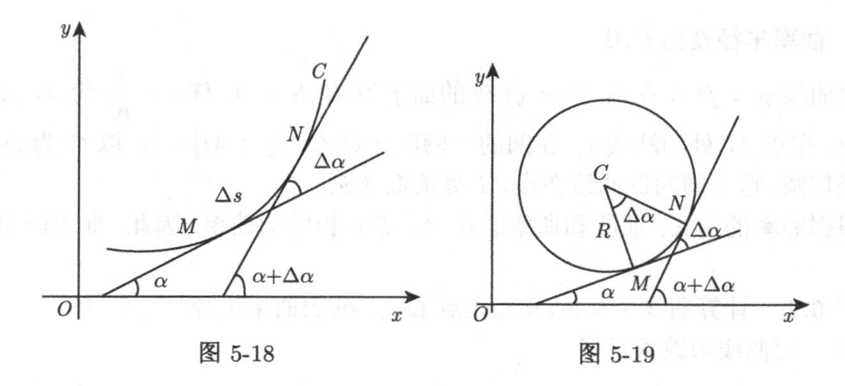

图 5-18　　　　图 5-19

下面导出计算曲率的一般公式. 设曲线的方程为 $y=f(x)$, 且 $f(x)$ 具有二阶导数. 因为

$$\tan\alpha=f'(x),$$

即

$$\alpha=\arctan f'(x),$$

所以

$$\mathrm{d}\alpha=\frac{f''(x)}{1+f'^2(x)}\mathrm{d}x.$$

根据弧微分公式,

$$\mathrm{d}s=\sqrt{1+f'^2(x)}\mathrm{d}x,$$

故

$$K=\left|\frac{\mathrm{d}\alpha}{\mathrm{d}s}\right|=\frac{|f''(x)|}{(1+f'^2(x))^{3/2}}. \tag{6.2}$$

若曲线由参数方程

$$x=\varphi(t),\quad y=\psi(t)$$

给出, 则利用由参数方程所确定的函数的求导法, 求出 y'_x 和 y''_x, 代入 K 的表达式得

$$K=\frac{|\varphi'\psi''-\varphi''\psi'|}{(\varphi'^2+\psi'^2)^{3/2}}. \tag{6.3}$$

例 6.1　计算抛物线 $y=x^2$ 上一点 (x_0,x_0^2) 的曲率.

解　$y'=2x$, $y''=2$. 当 $x=x_0$ 时, 有 $y'=2x_0$, $y''=2$, 代入 (6.2) 式, 得

$$K=\frac{2}{(1+4x_0^2)^{3/2}}.$$

由此, 又进一步看出, 抛物线在顶点 (0,0) 处的曲率 $K_0=2$ 最大.

5.6.3 曲率半径及曲率圆

设曲线 $y=f(x)$ 在点 $M(x,y)$ 处的曲率为 $K, K\neq 0$. 称$\rho=\dfrac{1}{K}$ 为 M 点的曲率半径. 在点 M 处的法线上, 在凹的一侧取一点 C, 使 $|CM|=\rho$. 以 C 为心, 以 ρ 为半径作圆, 这个圆叫做曲线在点 M 处的曲率圆.

根据曲率的定义, 曲线和曲率圆在 M 点有相同的曲率, 因此, 曲率圆也叫密切圆.

例 6.2 计算曲线 $y=\ln\sec x$ 在点 (x,y) 处的曲率半径.

解 对曲线函数求导得

$$y'=\cos x\cdot\sec x\tan x=\tan x,\quad y''=\sec^2 x.$$

将上述表达式代入曲率公式, 得到

$$K=\frac{|y''|}{(1+y'^2)^{3/2}}=\frac{\sec^2 x}{|\sec^3 x|}=|\cos x|.$$

因此, 曲率半径为 $\rho=|\sec x|$.

习 题 5.6

1. 求双曲线 $xy=4$ 在点 $M(2,2)$ 处的曲率.
2. 求曲线 $y=\ln(x+\sqrt{1+x^2})$ 在坐标原点处的曲率.
3. 曲线 $y=\sin x,\ 0<x<\pi$ 上哪一点处的曲率最大?
4. 求曲线 $x=a\cos^3 t,\ y=a\sin^3 t$ 在 $t=t_0$ 处的曲率和曲率半径.
5. 曲线 $y=\ln x$ 上哪一点的曲率最大?

5.7 偏导数的几何应用

5.7.1 空间曲线的切线与法平面

设有空间曲线

$$\varGamma:\quad x=\varphi(t), y=\psi(t), z=\omega(t). \tag{7.1}$$

假定上式中的三个函数都可导. 考虑 $\varGamma$ 上的某一定点 $P_0(x_0,y_0,z_0)=(\varphi(t_0),\psi(t_0),\omega(t_0))$, 在它的附近任取 $\varGamma$ 上的点 $P_1(x_0+\Delta x,y_0+\Delta y,z_0+\Delta z)=(\varphi(t_0+\Delta t),\psi(t_0+\Delta t),\omega(t_0+\Delta t))$, 那么, 根据解析几何理论知道, 割线 P_0P_1 的方程为

$$\frac{x-x_0}{(x_0+\Delta x)-x_0}=\frac{y-y_0}{(y_0+\Delta y)-y_0}=\frac{z-z_0}{(z_0+\Delta z)-z_0}$$

或

$$\frac{x-x_0}{\Delta x}=\frac{y-y_0}{\Delta y}=\frac{z-z_0}{\Delta z}.$$

将分母都除以 Δt, 则

$$\frac{x-x_0}{\frac{\Delta x}{\Delta t}}=\frac{y-y_0}{\frac{\Delta y}{\Delta t}}=\frac{z-z_0}{\frac{\Delta z}{\Delta t}}.$$

令 $\Delta t\to 0$, 则点 P_1 将沿着曲线趋于点 P_0, 这时相应的上述割线 P_0P_1 越来越接近曲线过 P_0 点的切线 P_0T(图 5-20)

$$\frac{x-x_0}{\varphi'(t_0)}=\frac{y-y_0}{\psi'(t_0)}=\frac{z-z_0}{\omega'(t_0)},\tag{7.2}$$

或简写为

$$\frac{x-x_0}{x_0'}=\frac{y-y_0}{y_0'}=\frac{z-z_0}{z_0'},$$

其中假定 $\varphi'(t_0),\psi'(t_0),\omega'(t_0)$ 不能同时为零, 若个别为零, 则应按直线的点向式方程的说明来理解. 称向量 $T=\{\varphi'(t_0),\psi'(t_0),\omega'(t_0)\}$ 为曲线 Γ 在 P_0 处的切向量.

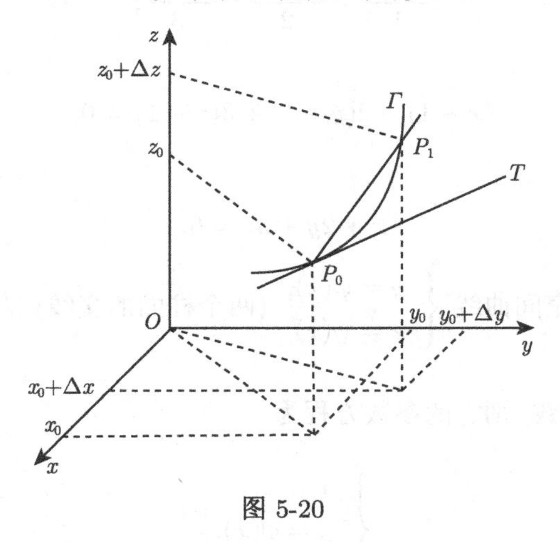

图 5-20

如用 $\mathrm{d}t$ 遍乘 (7.2) 式的分母, 则 (7.2) 式又可写为

$$\frac{x-x_0}{\mathrm{d}x}=\frac{y-y_0}{\mathrm{d}y}=\frac{z-z_0}{\mathrm{d}z},$$

从而切线的方向数为 $\mathrm{d}x, \mathrm{d}y, \mathrm{d}z$, 其方向余弦为

$$\cos\alpha=\frac{\mathrm{d}x}{\pm\sqrt{(\mathrm{d}x)^2+(\mathrm{d}y)^2+(\mathrm{d}z)^2}},$$

$$\cos\beta=\frac{\mathrm{d}y}{\pm\sqrt{(\mathrm{d}x)^2+(\mathrm{d}y)^2+(\mathrm{d}z)^2}},$$

$$\cos\gamma=\frac{\mathrm{d}z}{\pm\sqrt{(\mathrm{d}x)^2+(\mathrm{d}y)^2+(\mathrm{d}z)^2}}.$$

经过 P_0 点与切线 P_0T 垂直的平面叫做曲线 Γ 在 P_0 点的法平面.

由空间解析几何知, 法平面方程可写为

$$x_0'(x-x_0)+y_0'(y-y_0)+z_0'(z-z_0)=0. \tag{7.3}$$

例 7.1 求曲线 $x=t$, $y=t^2$, $z=t^3$ 在点 (1, 1, 1) 处的切线及法平面方程.

解 因为 $x_t'=1$, $y_t'=2t$, $z_t'=3t^2$, 而点 (1, 1, 1) 所对应的参数 $t=1$, 所以,

$$x_0'=1,\quad y_0'=2,\quad z_0'=3.$$

于是, 所求的切线方程为

$$\frac{x-1}{1}=\frac{y-1}{2}=\frac{z-1}{3};$$

法平面方程为

$$(x-1)+2(y-1)+3(z-1)=0,$$

即

$$x+2y+3z=6.$$

例 7.2 试求空间曲线 $\begin{cases} y=\varphi(x), \\ z=\psi(x) \end{cases}$ (两个柱面的交线) 的切线方程和法平面方程.

解 取 x 为参数, 则它的参数方程为

$$\begin{cases} x=x, \\ y=\varphi(x), \\ z=\psi(x). \end{cases}$$

因此, 当 $\varphi(x),\psi(x)$ 都在 $x=x_0$ 处可导时, 由 (7.2) 式和 (7.3) 式得所求的切线方程和法平面方程分别为

$$\frac{x-x_0}{1}=\frac{y-y_0}{\varphi'(x_0)}=\frac{z-z_0}{\psi'(x_0)}$$

和

$$(x-x_0)+\varphi'(x_0)(y-y_0)+\psi'(x_0)(z-z_0)=0.$$

5.7.2 曲面的切平面与法线

设有一曲面

$$\Sigma: \quad F(x,y,z)=0, \tag{7.4}$$

$M_0(x_0,y_0,z_0)$ 是曲面 Σ 上的一点, 并设 $F(x,y,z)$ 在点 M_0 有连续偏导数且偏导数不同时为零. 在曲面 Σ 上, 通过点 M_0 任意引一条曲线 Γ(图 5-21). 假设其方程式为

$$x=\varphi(t), \quad y=\psi(t), \quad z=\omega(t), \tag{7.5}$$

点 M_0 所对应的参数 $t=t_0$, 即 $(x_0,y_0,z_0)=(\varphi(t_0),\psi(t_0),\omega(t_0))$. 因为 Γ 是在曲面 Σ 上, 所以

$$F(\varphi(t),\psi(t),\omega(t))=0.$$

由于 $F(x,y,z)$ 在 M_0 处有连续偏导数, 因此, 按链锁规则, 在 M_0 处, 有

$$F_x\varphi'(t)+F_y\psi'(t)+F_z\omega'(t)=0.$$

这样,

$$\boldsymbol{n}_0\cdot\boldsymbol{T}_0=0, \tag{7.6}$$

其中 $\boldsymbol{T}_0=\{\varphi'(t_0),\psi'(t_0),\omega'(t_0)\}$, $\boldsymbol{n}_0=\{F_x(x_0,y_0,z_0),F_y(x_0,y_0,z_0),F_z(x_0,y_0,z_0)\}$.

我们知道 $\boldsymbol{T}_0$ 是曲线 Γ 在 M_0 处的切向量. 因此, (7.6) 式表明曲线 Γ 在 M_0 处的切向量和向量 $\boldsymbol{n}_0$ 垂直. 由曲线 Γ 的任意性知道, 过 M_0 的所有曲线的切向量都与 $\boldsymbol{n}_0$ 垂直, 换句话说, 在曲面上, 通过点 M_0 的一切曲线的切线都在同一平面上. 这个平面叫做曲面上在点 M_0 处的切平面, 它的法向量恰好是 $\boldsymbol{n}_0$. 因此, 切平面方程为

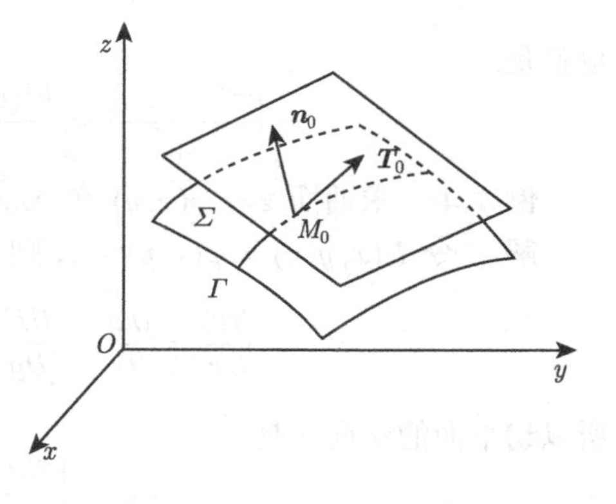

图 5-21

$$F_x(x_0,y_0,z_0)(x-x_0)+F_y(x_0,y_0,z_0)(y-y_0)+F_z(x_0,y_0,z_0)(z-z_0)=0. \tag{7.7}$$

通过点 $M_0(x_0,y_0,z_0)$ 而垂直于切平面 (7.7) 的直线叫做曲面 M_0 点处的法线, 其方向向量就是 $\boldsymbol{n}_0$. 因此, 法线方程是

$$\frac{x-x_0}{F_x(x_0,y_0,z_0)}=\frac{y-y_0}{F_y(x_0,y_0,z_0)}=\frac{z-z_0}{F_z(x_0,y_0,z_0)}. \tag{7.8}$$

例 7.3　求椭球面 $\dfrac{x^2}{a^2}+\dfrac{y^2}{b^2}+\dfrac{z^2}{c^2}=1$ 上一点 $P_0(x_0,y_0,z_0)$ 处的切平面方程和法线方程.

解　令

$$F(x,y,z)=\frac{x^2}{a^2}+\frac{y^2}{b^2}+\frac{z^2}{c^2}-1,$$

则

$$\left.\frac{\partial F}{\partial x}\right|_{P_0}=\frac{2x_0}{a^2},\quad \left.\frac{\partial F}{\partial y}\right|_{P_0}=\frac{2y_0}{b^2},\quad \left.\frac{\partial F}{\partial z}\right|_{P_0}=\frac{2z_0}{c^2}.$$

根据公式 (7.7), 椭球面在 P_0 处的切平面方程是

$$\frac{2x_0}{a^2}(x-x_0)+\frac{2y_0}{b^2}(y-y_0)+\frac{2z_0}{c^2}(z-z_0)=0.$$

注意 $\dfrac{x^2}{a^2}+\dfrac{y^2}{b^2}+\dfrac{z^2}{c^2}=1$. 于是, 将上式整理后就成为

$$\frac{x_0x}{a^2}+\frac{y_0y}{b^2}+\frac{z_0z}{c^2}=1.$$

又由公式 (7.8) 即得法线方程为

$$\frac{x-x_0}{\dfrac{2x_0}{a^2}}=\frac{y-y_0}{\dfrac{2y_0}{b^2}}=\frac{z-z_0}{\dfrac{2z_0}{c^2}},$$

也就是,

$$\frac{a^2(x-x_0)}{x_0}=\frac{b^2(y-y_0)}{y_0}=\frac{c^2(z-z_0)}{z_0}.$$

例 7.4　求曲面 $z=\varphi(x,y)$ 在 $M_0(x_0,y_0,z_0)$ 处的切平面和法线方程.

解　令 $F(x,y,z)=\varphi(x,y)-z$, 则

$$\frac{\partial F}{\partial x}=\frac{\partial \varphi}{\partial x},\quad \frac{\partial F}{\partial y}=\frac{\partial \varphi}{\partial y},\quad \frac{\partial F}{\partial z}=-1.$$

所以切平面的法向量是

$$\boldsymbol{n}_0=\left\{\frac{\partial \varphi}{\partial x},\frac{\partial \varphi}{\partial y},-1\right\}_{M_0}.$$

故切平面方程是

$$z-z_0=(x-x_0)\varphi_x(x_0,y_0)+(y-y_0)\varphi_y(x_0,y_0). \tag{7.9}$$

由 (7.8) 式知, 法线方程是

$$\frac{x-x_0}{\varphi_x(x_0,y_0)}=\frac{y-y_0}{\varphi_y(x_0,y_0)}=\frac{z-z_0}{-1}.$$

例 7.5 求旋转抛物面 $z=x^2+y^2-1$ 在点 (2,1,4) 处的切平面及法线方程.

解 令 $f(x,y)=x^2+y^2-1$, 则 $f_x=2x, f_y=2y$. 于是, $f_x(2,1)=4, f_y(2,1)=2$. 所以, 由 (7.9) 式得所给曲面在 (2,1,4) 处的切平面方程为

$$4(x-2)+2(y-1)-(z-4)=0,$$

即 $4x+2y-z-6=0$. 法线方程为

$$\frac{x-2}{4}=\frac{y-1}{2}=\frac{z-4}{-1}.$$

习 题 5.7

1. 求下列曲线在指定点处的切线及法平面方程:

(1) $x=t-\sin t, y=1-\cos t, z=4\sin\dfrac{t}{2}$, 在 $t=\dfrac{\pi}{2}$ 处;

(2) $x=2\sin^2 t, y=4\sin t\cos t, z=6\cos^2 t$, 在 $t=\dfrac{\pi}{4}$ 处;

(3) $x=\dfrac{t}{1+t}, y=\dfrac{1+t}{t}, z=t^2$, 在 $t=1$ 处.

2. 求下列曲面在指定点处的切平面及法线方程:

(1) $x^2+2y^2+3z^2=6$, 在点 $M(1,1,1)$ 处;

(2) $z=\arctan\dfrac{y}{x}$, 在点 $M\left(1,1,\dfrac{\pi}{4}\right)$ 处.

3. 在曲面 $2z=x^2+y^2$ 上求一点, 使该点处的法线垂直于平面 $x-y+z=1$.

4. 求椭球面 $x^2+2y^2+z^2=1$ 上平行于平面 $x-y+2z=0$ 的切平面方程.

5. 在曲面 $x^2+y^2-z^2-2x=0$ 上求点, 使过这些点的切平面与某个坐标面平行.

6. 求曲面 $2x^3-ye^x-\ln(z+1)=0$ 在点 $(1, 2e^{-1}, 0)$ 处的切平面, 并求出与直线 $\dfrac{x+1}{1}=\dfrac{y-2}{2}=\dfrac{z}{3}$ 的交点.

7. 证明: 曲面 $xyz=m^3$ 的切平面与各坐标面构成的四面体的体积为常数.

8. 试证曲面 $\sqrt{x}+\sqrt{y}+\sqrt{z}=\sqrt{a}, a>0$ 上任何点处的切平面在各坐标轴上的截距之和等于 a.

9. 求旋转椭球面 $3x^2+y^2+z^2=16$ 上点 $(-1,-2,3)$ 处的切平面与 xOy 面夹角的余弦.

10. 在椭球面 $\dfrac{x^2}{4}+\dfrac{y^2}{9}+\dfrac{z^2}{16}=1, x>0, y>0, z>0$ 上求一点 M, 使在 M 点处的切平面和三个坐标平面围成的四面体的体积最小.

5.8 泰 勒 公 式

对于一些复杂的函数, 为了便于使用, 人们常常希望用一些简单函数来逼近它.

由于多项式结构简单, 容易计算, 而且便于从理论上进行分析, 所以用多项式来逼近其他复杂的函数, 是很理想的.

我们在介绍微分时, 对函数 $f(x)$ 已经得到, 当 $x \to x_0$ 时,

$$f(x) = f(x_0) + f'(x_0)(x - x_0) + o(x - x_0).$$

若记

$$P_1(x) = f(x_0) + f'(x_0)(x - x_0),$$

$P_1(x)$ 便是 $x - x_0$ 的一次多项式, 当 $|x - x_0|$ 很小时, 就有

$$f(x) \approx P_1(x).$$

这说明, 可用 $x - x_0$ 的一次多项式 $P_1(x)$ 来逼近 $f(x)$ 在 x_0 附近的值, 并且在 x_0 点满足

$$f(x_0) = P_1(x_0), \quad f'(x_0) = P_1'(x_0).$$

但是, 这种逼近, 其精度并不高, $f(x)$ 与 $P_1(x)$ 的差仅仅是 $x - x_0$ 的高阶无穷小（当 $x \to x_0$ 时）. 那么能否用 $x - x_0$ 的高次多项式来逼近 $f(x)$ 在 x_0 附近的值, 并使得逼近的精度达到满意的程度呢? 本节就讨论这一问题.

用多项式逼近一给定的函数, 有各种不同的方式. 现在, 我们提出如下的要求: 寻求 n 次多项式

$$P_n(x) = a_0 + a_1(x - x_0) + \cdots + a_n(x - x_0)^n \tag{8.1}$$

来逼近给定的函数 $f(x)$ 在 x_0 附近的值, 使得

$$f^{(k)}(x_0) = P_n^{(k)}(x_0), \quad k = 0, 1, \cdots, n. \tag{8.2}$$

首先我们来考察多项式 (8.1) 的系数 $a_k, k = 0, 1, \cdots, n$ 应满足什么样的条件. 为此, 将 $P_n(x)$ 的各阶导数在 x_0 点的值代入 (8.2) 式, 便得

$$f^{(k)}(x_0) = k!a_k, \quad k = 0, 1, \cdots, n. \tag{8.3}$$

由此得到, $P_n(x)$ 的系数应该满足

$$a_k = \frac{1}{k!} f^{(k)}(x_0), \quad k = 0, 1, \cdots, n.$$

从而 $P_n(x)$ 的形式应该是

$$P_n(x) = \sum_{k=0}^{n} \frac{f^{(k)}(x_0)}{k!}(x - x_0)^k. \tag{8.4}$$

其次, 若记 $P_n(x)$ 逼近 $f(x)$ 的误差为 $R_n(x)$, 则

$$\begin{aligned} f(x) =& P_n(x) + R_n(x) \\ =& \sum_{k=0}^{n} \frac{f^{(k)}(x_0)}{k!}(x-x_0)^k + R_n(x). \end{aligned} \tag{8.5}$$

于是, 关于误差 $R_n(x)$ 的估计有下面的定理.

定理 8.1 设函数 $f(x)$ 在 x_0 的某个邻域内具有直到 n 阶的导数, 并且 $f^{(n)}(x)$ 在 x_0 点是连续的. 则

$$R_n(x) = o((x-x_0)^n), \quad x \to x_0. \tag{8.6}$$

证 由假设, $R_n(x) = f(x) - P_n(x)$ 在 x_0 的给定邻域内具有直到 n 阶的导数, 满足

$$R_n(x_0) = R_n'(x_0) = \cdots = R_n^{(n)}(x_0) = 0,$$

并且 $R_n^{(n)}(x)$ 在 x_0 点也是连续的. 因此, 当 $x \to x_0$ 时, $\frac{R_n(x)}{(x-x_0)^n}$ 是 $\dfrac{0}{0}$ 型未定式. 反复应用洛必达法则, 得到

$$\lim_{x\to x_0} \frac{R_n(x)}{(x-x_0)^n} = \lim_{x\to x_0} \frac{R_n'(x)}{n(x-x_0)^{n-1}} = \cdots = \lim_{x\to x_0} \frac{R_n^{(n)}(x)}{n!} = 0.$$

这就说明, 当 $x \to x_0$ 时, $R_n(x)$ 是 $(x-x_0)^n$ 的高阶无穷小, 即

$$R_n(x) = o((x-x_0)^n), \quad x \to x_0.$$

利用定理 8.1 可以把 (8.5) 式写成

$$f(x) = \sum_{k=0}^{n} \frac{f^{(k)}(x_0)}{k!}(x-x_0)^k + o((x-x_0)^n), \quad x \to x_0. \tag{8.7}$$

(8.7) 式成立的条件是: $f(x)$ 在点 x_0 附近有直到 n 阶的导数, 并且 $f^{(n)}(x)$ 在 x_0 处连续. 称 (8.7) 式为函数 $f(x)$ 在 x_0 点的 n 阶**泰勒公式**, 并把 (8.4) 式叫做 $f(x)$ 在 x_0 点的 n 次**泰勒多项式**, $R_n(x) = o((x-x_0)^n)$ 叫做**佩亚诺**(Peano)**型余项**.

如果 $x_0 = 0$, (8.7) 式就变成

$$f(x) = f(0) + f'(0)x + \frac{f''(0)}{2!}x^2 + \cdots + \frac{f^{(n)}(0)}{n!}x^n + o(x^n), \quad x \to 0. \tag{8.8}$$

上式又叫做**麦克劳林**(Maclaurin)**公式**.

例 8.1 写出函数 $f(x) = \mathrm{e}^x$ 的 n 阶麦克劳林公式.

解　因为

$$f'(x)=f''(x)=\cdots=f^{(n)}(x)=\mathrm{e}^x,$$

所以

$$f(0)=f'(0)=f''(0)=\cdots=f^{(n)}(0)=1.$$

于是就得到 $f(x)=\mathrm{e}^x$ 的麦克劳林公式是:

$$\mathrm{e}^x=1+x+\frac{1}{2!}x^2+\cdots+\frac{1}{n!}x^n+o(x^n),\quad x\to 0.$$

例 8.2　写出 $f(x)=\sin x$ 的麦克劳林公式.

解　因为

$$f^{(k)}(x)=\sin\left(x+\frac{k\pi}{2}\right),$$

所以

$$f(0)=0,\quad f'(0)=1,\quad f''(0)=0,$$

$$f'''(0)=-1,\quad \cdots,\quad f^{(2n)}(0)=0,\ f^{(2n+1)}(0)=(-1)^n,\cdots.$$

因此, $f(x)=\sin x$ 的麦克劳林公式是

$$\sin x=x-\frac{1}{3!}x^3+\frac{1}{5!}x^5-\cdots+(-1)^n\frac{x^{2n+1}}{(2n+1)!}+o(x^{2n+2}),\quad x\to 0.$$

类似地, 有

$$\cos x=1-\frac{x^2}{2!}+\frac{x^4}{4!}-\cdots+(-1)^n\frac{x^{2n}}{(2n)!}+o(x^{2n+1}),\quad x\to 0.$$

例 8.3　写出 $f(x)=\ln(1+x)$ 的 n 阶麦克劳林公式.

解　因为

$$f^{(k)}(x)=(-1)^{k-1}(k-1)!(1+x)^{-k},$$

所以,

$$f(0)=0,\quad f'(0)=1,\quad f''(0)=-1,\quad f'''(0)=2!,\quad \cdots,\quad f^{(n)}(0)=(-1)^{n-1}(n-1)!.$$

从而 $f(x)=\ln(1+x)$ 的麦克劳林公式是

$$\ln(1+x)=x-\frac{x^2}{2}+\frac{x^3}{3}-\cdots+(-1)^{n-1}\frac{x^n}{n}+o(x^n),\quad x\to 0.$$

利用泰勒公式计算函数极限, 有时是很方便的, 下边举例说明.

例 8.4　求极限 $\lim\limits_{x\to 0}\dfrac{\cos x-\mathrm{e}^{-\frac{x^2}{2}}}{x^4}$.

解 由例 8.1 和例 8.2,

$$\mathrm{e}^{-\frac{x^2}{2}} = 1 + \left(-\frac{x^2}{2}\right) + \frac{1}{2!}\left(-\frac{x^2}{2}\right)^2 + o\left(\left(\frac{x^2}{2}\right)^2\right)$$
$$= 1 - \frac{x^2}{2} + \frac{x^4}{8} + o(x^4), \quad x \to 0;$$

$$\cos x = 1 - \frac{x^2}{2!} + \frac{x^4}{4!} + o(x^5), \quad x \to 0.$$

因此,

$$\cos x - \mathrm{e}^{-\frac{x^2}{2}} = -\frac{x^4}{12} + o(x^4), \quad x \to 0.$$

于是,

$$\lim_{x\to 0} \frac{\cos x - \mathrm{e}^{-\frac{x^2}{2}}}{x^4} = \lim_{x\to 0}\left(-\frac{1}{12} + \frac{o(x^4)}{x^4}\right) = -\frac{1}{12}.$$

求这类函数的极限, 如果直接利用洛必达法则, 计算比较复杂, 而利用泰勒公式把所求极限的函数展成多项式, 就变得简单易求了.

我们可以用多元多项式逼近给定的多元函数 $f(M)$. 与一元函数类似，这种逼近成立的条件是要求 $f(M)$ 在 M_0 点附近具有直到 n 阶的连续偏导数. 由于这个逼近公式比较复杂，这里就不讨论了.

习 题 5.8

1. 当 $x_0 = -1$ 时，求函数 $f(x) = \frac{1}{x}$ 的 n 阶泰勒公式.
2. 写出函数 $f(x) = \cos 2x$ 的 n 阶麦克劳林公式.
3. 写出函数 $f(x) = \tan x$ 的二阶麦克劳林公式.
4. 写出函数 $f(x) = \arcsin x$ 的三阶麦克劳林公式.
5. 用泰勒公式求极限:

(1) $\lim\limits_{x\to 0} \dfrac{\mathrm{e}^{x^3} - 1 - x^3}{\sin^6 2x}$; (2) $\lim\limits_{x\to 0} \dfrac{x(\mathrm{e}^x + 1) - 2(\mathrm{e}^x - 1)}{x^3}$;

(3) $\lim\limits_{x\to 0} \dfrac{\mathrm{e}^{\sin x} - 1}{x}$; (4) $\lim\limits_{x\to 0} \dfrac{\sin 2x - \ln(1 + 2x) - 2x^2}{x^3}$.

习题答案

习 题 1.1

2. xOy 面: $(-1,2,0)$, yOz 面: $(0,2,3)$, zOx 面: $(-1,0,3)$;
   x 轴: $(-1,0,0)$, y 轴: $(0,2,0)$, z 轴: $(0,0,3)$.
3. xOy 面: $(a,b,-c)$, yOz 面: $(-a,b,c)$, zOx 面: $(a,-b,c)$;
   x 轴: $(a,-b,-c)$, y 轴: $(-a,b,-c)$, z 轴: $(-a,-b,c)$, 原点: $(-a,-b,-c)$.
4. x 轴: $\sqrt{y^2+z^2}$, y 轴: $\sqrt{x^2+z^2}$, z 轴: $\sqrt{y^2+x^2}$;
   xOy 面: $|z|$, yOz 面: $|x|$, zOx 面: $|y|$.
6. $M(0,1,-2)$.

习 题 1.2

1. (1) $\boldsymbol{a},\boldsymbol{b}$ 同方向; (2) $\boldsymbol{a},\boldsymbol{b}$ 反方向; (3) $\boldsymbol{a},\boldsymbol{b}$ 垂直.
2. $5\boldsymbol{a}-11\boldsymbol{b}+7\boldsymbol{c}$.
5. $\overrightarrow{D_iA}=-\boldsymbol{c}-\dfrac{i}{5}\boldsymbol{a}, i=1,2,3,4$.

习 题 1.3

1. $\overrightarrow{OM_1}=\{0,1,2\}$, $\overrightarrow{M_1M_2}=\{1,-2,-2\}$, $-2\overrightarrow{M_1M_2}=\{-2,4,4\}$, $\left|\overrightarrow{OM_1}\right|=\sqrt{5}$, $\left|\overrightarrow{M_1M_2}\right|=3$.
2. (1) $\{8,5,-1\}$; (2) $\{9,-4,-2\}$.
3. $\left|\overrightarrow{M_1M_2}\right|=2$; 方向余弦: $-\dfrac{1}{2},-\dfrac{\sqrt{2}}{2},\dfrac{1}{2}$; 方向角: $\dfrac{2\pi}{3},\dfrac{3\pi}{4},\dfrac{\pi}{3}$.
4. (1) 与 x 轴垂直; (2) 与 y 轴平行; (3) 与 z 轴平行.
5. $|\boldsymbol{a}|=\sqrt{3}$; $|\boldsymbol{b}|=3$; $\boldsymbol{a}=\sqrt{3}\boldsymbol{a}^0$; $\boldsymbol{b}=3\boldsymbol{b}^0$.
6. $\pm\left\{\dfrac{2}{3},\dfrac{2}{3},-\dfrac{1}{3}\right\}$.
7. (1) $\{1,-1,\sqrt{2}\}$, $\{1,-1,-\sqrt{2}\}$;
   (2) $\dfrac{2\sqrt{3}}{3}\{1,1,1\}$, $-\dfrac{2\sqrt{3}}{3}\{1,1,1\}$;
   (3) $\{0,0,-2\}$, $\{\sqrt{2},\sqrt{2},0\}$.

习 题 1.4

1. (1) ×; (2) ×.

2. -19.

3. -18, $\{10,2,14\}$.

4. 1, $\{1,1,3\}$, $\dfrac{\sqrt{3}}{6}$, $\sqrt{\dfrac{11}{12}}$.

5. (1) -4; (2) $\boldsymbol{a}^0=\dfrac{1}{3\sqrt{2}}\{1,1,-4\}$; $\boldsymbol{b}^0=\left\{\dfrac{2}{3},-\dfrac{2}{3},\dfrac{1}{3}\right\}$; (3) $\pm\dfrac{1}{\sqrt{146}}\{7,9,4\}$.

6. $600g$(焦耳).

8. $\alpha=15$, $\beta=\dfrac{1}{5}$.

9. (1) $\dfrac{\sqrt{22}}{11}$; (2) $\dfrac{3}{2}\sqrt{2}$.

10. $\dfrac{15}{2}$.

12. $-\dfrac{3}{2}$.

13. (1) $\{0,-8,-24\}$; (2) 2.

习　题　1.5

1. (1) yOz 平面; (2) 垂直于 y 轴的平面; (3) 平行于 z 轴的平面;
(4) 过 z 轴的平面; (5) 平行于 x 轴的平面.

2. (1) $x+y+z=6$; (2) $15x+17y+7z-101=0$; (3) $3x-2y-7=0$;
(4) $3x-y-z=6$; (5) $3x-2z=0$; (6) $2x+5y+3z=0$;
(7) $y=1$; (8) $x-7y+5z-20=0$; (9) $x+2y+3z-7=0$;
(10) $6x-3y-2z+6=0$.

3. $\dfrac{x}{3}-\dfrac{y}{2}-z=1$ 或 $\dfrac{x}{3}+\dfrac{y}{6}-\dfrac{z}{9}=1$.

4. $(1,-1,3)$.

5. $\cos a=\dfrac{2}{3},\cos\beta=-\dfrac{2}{3},\cos\gamma=\dfrac{1}{3}$.

6. (1) $\dfrac{\pi}{3}$; (2) $\arccos\dfrac{16}{21}$.

7. 1.

8. $(0,0,2)$ 或 $\left(0,0,\dfrac{4}{5}\right)$.

习　题　1.6

1. (1) $\dfrac{x-4}{2}=y+1=\dfrac{z-3}{5}$; (2) $\dfrac{x-1}{-3}=\dfrac{y-2}{1}=\dfrac{z+1}{2}$;
(3) $\dfrac{x-1}{3}=\dfrac{y-2}{2}=\dfrac{z+1}{4}$; (4) $\dfrac{x-1}{9}=\dfrac{y}{6}=\dfrac{z-2}{-7}$.

2. $\dfrac{x-1}{-2}=y-1=\dfrac{z-1}{3}$; $\begin{cases} x=1-2t, \\ y=1+t, \\ z=1+3t. \end{cases}$

3. (1) $16x-14y-11z-65=0$; (2) $x-y+z-1=0$;

(3) $x-y-3z+4=0$; (4) $22x-19y-18z-27=0$.

4. (1) 平行; (2) 垂直; (3) 直线在平面上.

5. $\cos\theta=0$.

7. $\theta=\arcsin\sqrt{\dfrac{7}{15}}$, $(0,5,4)$.

8. $\dfrac{x-1}{-6}=\dfrac{y-1}{3}=\dfrac{z-2}{-5}$.

9. $\dfrac{\sqrt{6}}{2}$.

10. $(3,-1,0)$.

11. $\left(\dfrac{4}{3},-\dfrac{1}{3},\dfrac{5}{3}\right)$.

12. $\begin{cases} 2x-z+1=0, \\ y+1=0, \end{cases}$ $d=\sqrt{5}$.

13. $\dfrac{4}{\sqrt{26}}$.

14. 交点 $\left(-\dfrac{5}{13},\dfrac{8}{13},\dfrac{1}{13}\right)$, 平面方程 $x+2y+2z=1$.

15. $\begin{cases} 2x+3y-5z-17=0, \\ 4x-y+z=1. \end{cases}$

习　题　1.7

1. (1) $(x+1)^2+(y-2)^2+(z-3)^2=16$;

(2) $(x-1)^2+(y-3)^2+(z+2)^2=14$;

(3) $(x-3)^2+(y+1)^2+(z-1)^2=84$.

2. (1) 椭圆柱面; (2) 双曲柱面; (3) 抛物柱面;

(4) 两相交平面; (5) 圆柱面; (6) 抛物柱面.

3. (1) $\begin{cases} 2x^2-2x+y^2=8, \\ z=0; \end{cases}$ (2) $\begin{cases} \dfrac{x^2}{32}+\dfrac{y^2}{24}=1, \\ z=0; \end{cases}$

(3) $\begin{cases} x^2+y^2+x+y=1, \\ z=0; \end{cases}$ (4) $\begin{cases} x^2+y^2=\dfrac{3a^2}{4}, \\ z=0. \end{cases}$

4. 母线平行 x 轴的柱面, $2y^2+5z^2=1$; 母线平行 z 轴的柱面, $5x^2-3y^2=1$.

5. (1) xOy 平面上的椭圆 $\dfrac{x^2}{4}+\dfrac{y^2}{9}=1$ 绕 x 轴旋转一周得到的旋转椭球面;

(2) xOy 平面上的双曲线 $x^2-\dfrac{y^2}{4}=1$ 绕 y 轴旋转一周得到的单叶双曲面;

(3) xOy 平面上的双曲线 $x^2-y^2=1$ 绕 x 轴旋转一周得到的双叶双曲面;

(4) yOz 平面上的抛物线 $z=y^2$ 绕 z 轴旋转一周得到的旋转抛物面;

(5) xOy 平面上的直线 $y=x$ 绕 x 轴旋转一周得到的圆锥面;

(6) xOz 平面上的直线 $z=x+a$ 绕 z 轴旋转一周得到的圆锥面.

6. (1) $x=y^2+z^2$;

(2) $x^2+y^2+z^2=4$;

(3) 绕 x 轴: $4x^2-9(y^2+z^2)=36$; 绕 y 轴: $4(x^2+z^2)-9y^2=36$.

7. (1) $\begin{cases} y^2=4-2z, \\ x=2, \end{cases}$ 抛物线;

(2) $\begin{cases} x^2=2z, \\ y=0, \end{cases}$ 抛物线;

(3) $\begin{cases} x^2-y^2=2, \\ z=1, \end{cases}$ 双曲线;

(4) $\begin{cases} x=\pm y, \\ z=0, \end{cases}$ 两相交直线.

9. (1) 双曲柱面; (2) 椭圆柱面; (3) 抛物柱面;

(4) 单叶双曲面; (5) 双叶双曲面; (6) 椭圆抛物面;

(7) 双曲抛物面; (8) 圆锥面; (9) 旋转抛物面;

(10) y 轴; (11) 原点; (12) 旋转抛物面.

10. (1) 椭圆; (2) 双曲线; (3) 抛物线; (4) 双曲线.

11. $\dfrac{x^2}{b^2-c^2}+\dfrac{y^2}{b^2-c^2}+\dfrac{z^2}{b^2}=1$, 旋转椭球面.

习 题 2.1

1.(1) $\{x|x\neq 1\}$, 即 $(-\infty,1)\cup(1,+\infty)$;

(2) $\left\{x\middle|x\geqslant -\dfrac{2}{3}\right\}$, 即 $\left[-\dfrac{2}{3},+\infty\right)$;

(3) $\{x|-1\leqslant x\leqslant 2\}$, 即 $[-1,2]$, 有界函数;

(4) $\{x|x\neq 0$ 且 $-1\leqslant x\leqslant 1\}$, 即 $[-1,0)\cup(0,1]$;

(5) $\{x|-2<x<2\}$, 即 $(-2,2)$;

(6) $\{x|x\neq 1$ 且 $x\neq 2\}$, 即 $(-\infty,1)\cup(1,2)\cup(2,+\infty)$;

(7) $\{(x,y)\,|2x+3y\leqslant 6\}$;

(8) $\{(x,y)\,|-1\leqslant x\leqslant 1,y\geqslant 1\}\cup\{(x,y)\,|-1\leqslant x\leqslant 1,y\leqslant -1\}$;

(9) $\{(x,y)\,|x\geqslant\sqrt{y}\}$;

(10) $\{(x,y)\,|0<x^2+y^2<1,y^2\leqslant 4x\}$;

(11) $\{(x,y)\,|x>0,x>2y\}\cup\{(x,y)\,|x<0,x<2y\}$;

(12) $\{(x,y,z)\,|x^2+y^2\geqslant z^2,x^2+y^2\neq 0\}$, 有界函数.

2. (1) $f(4)=-\dfrac{19}{3}$; (2) $f\left(\dfrac{\pi}{6}\right)=\dfrac{1}{2},f\left(\dfrac{\pi}{4}\right)=\dfrac{\sqrt{2}}{2},f(-2)=0$.

3. (1) 既非奇函数又非偶函数; (2) 偶函数; (3) 奇函数; (4) 既非奇函数又非偶函数.

7. (1) 单调减少; (2) 单调增加; (3) 单调增加.

9. (1) 周期函数, $\omega=2\pi$; (2) 周期函数, $\omega=\dfrac{\pi}{2}$; (3) 周期函数, $\omega=2$; (4) 不是周期函数.

10. (1) $y=\dfrac{x}{2}-\dfrac{3}{2}$, 定义域为 $(-\infty,+\infty)$;

(2) $y=\sqrt{x+1}$, 定义域为 $[-1,+\infty)$;

(3) $y=\sqrt[3]{1-x^3}$, 定义域为 $(-\infty,+\infty)$;

(4) $y=\dfrac{1-x}{1+x}$, 定义域为 $(-\infty,-1)\cup(-1,+\infty)$.

11. (1) $x=a+a\cos t,y=a\sin t,0\leqslant t\leqslant 2\pi$,
或 $x=2a\cos^2\theta,y=2a\sin\theta\cos\theta,-\dfrac{\pi}{2}\leqslant\theta\leqslant\dfrac{\pi}{2}$;

(2) $x=\dfrac{t^2}{2},y=t$;

(3) $x=a\cos t,y=b\sin t,0\leqslant t\leqslant 2\pi$.

习　题　2.2

1. (1) $\{x|2\leqslant x\leqslant 4\}$, 即 $x\in[2,4]$;

(2) $\{x|-2<x<2\}$, 即 $x\in(-2,2)$;

(3) $\{x|x\geqslant 0\}$, 即 $x\in[0,+\infty)$;

(4) $\left\{x\middle|k\pi\leqslant x\leqslant k\pi+\dfrac{\pi}{2}\right\},k=0,\pm1,\pm2,\cdots$.

2. (1) $\{x|-1\leqslant x\leqslant 1\}$, 即 $x\in[-1,1]$;

(2) $[2n\pi,(2n+1)\pi],n=0,\pm1,\cdots$;

(3) $\{x|-a\leqslant x\leqslant 1-a\}$, 即 $x\in[-a,1-a]$;

(4) 若 $0<a\leqslant\dfrac{1}{2}$, 则定义域为 $\{x|a\leqslant x\leqslant 1-a\}$, 即 $x\in[a,1-a]$;

若 $a>\dfrac{1}{2}$, 则函数无处有定义.

3. (1) $\{x|0 \leqslant x \leqslant 1\}$, 即 $x \in[0,1]$; (2) $\{x|2 \leqslant x \leqslant 4\}$, 即 $x \in [2,4]$.

5. 2^{3x}; 2^{x^3}.

6. 7.

7. (1) 向左平移 a 个单位;

(2) 向上平移 a 个单位;

(3) 以 x 轴为对称轴, 将 x 轴下方图像翻转至 x 轴上方.

8. (1) $y = u^{10}, u = 2x-5$; (2) $y = 2^u, u = \cos x$;

(3) $y = \log u, u = \tan v, v = \dfrac{x}{2}$; (4) $y = \arcsin u, u = 3^v, v = -x^2$.

9. (1) $y = \arcsin\sqrt{\log x}$;

(2) $y = \begin{cases} \ln(x+1), & x \geqslant 0, \\ 2\ln(-x), & x < 0; \end{cases}$

(3) $y = \begin{cases} 2(x^2-1), & -1 \leqslant x \leqslant 1, \\ 0, & x < -1 \text{或} x > 1. \end{cases}$

习 题 2.3

1. (1) 0; (2) 2; (3) 2; (4) 0; (5) 不存在; (6) 不存在 $(+\infty)$; (7) 不存在.

2. $\lim\limits_{x\to+0}\varphi(x) = \lim\limits_{x\to-0}\varphi(x) = 1$, $\lim\limits_{x\to+0}\psi(x) = 1$, $\lim\limits_{x\to-0}\psi(x) = -1$, $\lim\limits_{x\to0}\psi(x)$ 不存在.

3. 2.

5. (1) 0; (2) 0; (3) 略.

6. (1) 0; (2) 0; (3) 略.

7. (1) 1; (2) -1.

习 题 2.4

1. (1) 2; (2) $2x$; (3) 1; (4) $\dfrac{1}{3}$; (5) $-\dfrac{3}{2}$; (6) -2 ; (7) $\dfrac{1}{72}$; (8) 2; (9) $\dfrac{2}{3}$;

(10) 0, $m > n$; $+\infty$, $m < n$; $\dfrac{a_0}{b_0}$, $m = n$.

3. (1) 2; (2) $\dfrac{\alpha}{\beta}$; (3) 0; (4) 2; (5) 2; (6) $\dfrac{\pi}{2}$; (7) $\dfrac{1}{2}$; (8) 0; (9) 2;

(10) 0; (11) 0; (12) 0.

习 题 2.5

1. (1) 0; (2) 2; (3) 1; (4) $\dfrac{1}{3}$; (5) 1.

2. (1) $\dfrac{1}{5}$; (2) $\dfrac{1}{2}$; (3) 2; (4) a; (5) $\dfrac{\sin x}{x}$.

3. (1) 0; (2) 0; (3) 0; (4) 0.

4. $\dfrac{1}{6n^2}(n-1)(2n-1)$, 极限为 $\dfrac{1}{3}$.

5. (1) e^{-1}; (2) e^2; (3) e^{-k}; (4) e; (5) e^6; (6) e^2; (7) e^{-5}; (8) e^{-4}; (9) e.

习 题 2.6

1. (1), (2), (3), (4) 为无穷小, (5), (6) 为无穷大.
2. x^2-x^3.
4. 无界但不是无穷大.
5. (1) 2; (2) n; (3) 4; (4) 2.
7. (1) 0; (2) 0; (3) 15; (4) 3; (5) $+\infty$; (6) $+\infty$; (7) ∞.

习 题 3.1

1. (1) $f(x)$ 在 $[0,2]$ 上连续;
(2) $f(x)$ 在除去 $x=0$ 点以外的整个数轴上连续;
(3) $f(x)$ 在除去 $x=-1$ 点以外的整个数轴上连续;
(4) $f(x)$ 在除去 $x=3$ 点以外的整个数轴上连续.
2. (1) $x=0$ 为可去间断点, 定义 $f(0)=1$;
(2) $x=0$ 为可去间断点, 定义 $f(0)=0, x=1$ 为第二类间断点;
(3) $x=1$ 为可去间断点, 定义 $f(1)=-2, x=2$ 为第二类间断点;
(4) $x=0$ 为可去间断点, 定义 $f(0)=1; x=k\pi+\dfrac{\pi}{2}$ 为可去间断点, 定义 $f\left(k\pi+\dfrac{\pi}{2}\right)=0$; $x=k\pi,\ k\neq 0$ 为第二类间断点;
(5) $\{(x,y)|x^2+y^2=1\}$ 是第二类间断点集;
(6) $\{(x,y)|x=y\}$ 是第二类间断点集.

习 题 3.2

1. (1) 1; (2) 1; (3) -2; (4) 0; (5) 1; (6) 0; (7) 0.
2. (1) 1; (2) 1; (3) $\cos e$; (4) 0; (5) e^3; (6) 0; (7) $\dfrac{1}{4}$; (8) 1; (9) 1; (10) $\ln 2$; (11) e^2; (12) $\dfrac{1}{2}$.

习 题 4.1

1. (1) a; (2) a; (3) a; (4) $-a$; (5) $2a$.
3. $g(a)$.

习 题 4.2

1. (1) $4x^3$; (2) $\dfrac{2}{3}x^{-\frac{1}{3}}$; (3) $-\dfrac{1}{2}x^{-\frac{3}{2}}$; (4) $\dfrac{1}{6}x^{-\frac{5}{6}}$.
2. $k=12$.
3. (2) $-\dfrac{\sqrt{3}}{2}$; (3) $\dfrac{\sqrt{3}}{2}x+y-\dfrac{1}{2}-\dfrac{\sqrt{3}}{6}\pi=0$.
4. 12(米/秒).

习 题 4.3

1. (1) $\dfrac{\partial z}{\partial x}=3x^2-3y, \dfrac{\partial z}{\partial y}=3y^2-3x$; (2) $\dfrac{\partial z}{\partial x}=\dfrac{2y}{(x+y)^2}, \dfrac{\partial z}{\partial y}=\dfrac{-2x}{(x+y)^2}$.

2. arctan4.

4. (1) $\frac{1}{2\sqrt{x}}+\mathrm{e}^x$; (2) $\frac{1}{3}x^{-\frac{2}{3}}-\frac{1}{2}x^{-\frac{3}{2}}-\frac{3}{x^4}$; (3) $8x-4$; (4) $\frac{3}{x}+\frac{2}{x^2}$;

(5) $\cos x-3\sec^2 x$; (6) $\frac{3}{5}x^{-\frac{2}{5}}+\ln 5\cdot 5^{x+1}$; (7) $10x^9+\ln 10\cdot 10^x$;

(8) $\frac{1}{2x\ln a}+\ln a\cdot a^x$; (9) $\sec^2 x-\csc^2 x$; (10) $\frac{1-x}{\mathrm{e}^x}$;

(11) $-\frac{1}{x^2}-\sec x-x\sin x\sec^2 x$; (12) $\ln x+1$; (13) $-\frac{1+2x}{(1+x+x^2)^2}$;

(14) $\frac{-2}{x(1+\ln x)^2}$; (15) $\frac{2}{(x-1)^2}$; (16) $\frac{\cos x+1-\tan^2 x}{(1+\sec x)^2}$; (17) $\sqrt{x}\left(\frac{\sin x}{2x}+\cos x\right)$;

(18) $\tan x+x\sec^2 x+\csc^2 x$; (19) $\cos 2x+1$; (20) $\frac{-2\sec^2 x}{(1+\tan x)^2}$.

5. 切线方程 $2x-y+2=0$, 法线方程 $x+2y-4=0$.

6. $v_0=3$(米/秒), 1.5 秒后向下移动.

7. (1) $\frac{\sqrt{2}}{4}\left(1+\frac{\pi}{2}\right)$; (2) $-\frac{1}{18}$.

8. (1) $-\frac{1}{2}x^{-\frac{3}{2}}+\frac{1}{1+x^2}$; (2) $\frac{1}{\sqrt{x}(1+x^2)}-\frac{\arctan x}{2x\sqrt{x}}$; (3) $2\mathrm{e}^x-\frac{1}{1+x^2}$;

(4) $\arcsin x+\frac{x}{\sqrt{1-x^2}}$; (5) $x\arctan x$; (6) $\frac{\arccos x}{2\sqrt{x}}-\frac{\sqrt{x}}{\sqrt{1-x^2}}$;

(7) $\frac{1}{\sqrt{1-x^2}(\arccos x)^2}$; (8) $\mathrm{e}^x\arcsin x+\frac{\mathrm{e}^x}{\sqrt{1-x^2}}$; (9) $\frac{2}{\sqrt{1-x^2}(1+\arccos x)^2}$;

(10) $\frac{\arctan x}{\sqrt{1-x^2}}+\frac{\arcsin x}{1+x^2}$; (11) $\frac{\pi}{2\sqrt{1-x^2}(\arccos x)^2}$.

习　题　4.4

1. 当 $\Delta x=1$ 时, $\Delta y=18, \mathrm{d}y=11$; 当 $\Delta x=0.1$ 时, $\Delta y=1.161, \mathrm{d}y=1.1$; 当 $\Delta x=0.01$ 时, $\Delta y=0.110601, \mathrm{d}y=0.11$.

2. (1) $2\sqrt{x}+C$; (2) $\ln(1+x)+C$; (3) $\arcsin x+C$; (4) $\arctan x+C$;

(5) $\tan x+C$; (6) $\frac{3^x\mathrm{e}^x}{\ln 3+1}+C$.

3. (1) $\left(-\frac{1}{x^2}+\frac{\sqrt{x}}{x}\right)\mathrm{d}x$; (2) $\left(\frac{1}{\sqrt{x-x^3}}-\frac{\arcsin x}{2\sqrt{x^3}}\right)\mathrm{d}x$; (3) $\ln x\mathrm{d}x$;

(4) $-\csc x\cot x\mathrm{d}x+\sec^2 y\mathrm{d}y$; (5) $\left(y\mathrm{e}^{xy}+\frac{1}{x}\right)\mathrm{d}x+\left(x\mathrm{e}^{xy}+\frac{1}{y}\right)\mathrm{d}y$;

(6) $yzx^{yz-1}\mathrm{d}x+zx^{yz}\ln x\mathrm{d}y+yx^{yz}\ln x\mathrm{d}z$.

4. (1)$\Delta f-\mathrm{d}f=8$; (2) $\Delta f-\mathrm{d}f=0.062$.

5. 50.00467.

6. $-\frac{9}{2}\sqrt{3}$.

7. $\frac{98}{13}$.

习　题　4.5

1. (1) $3f^2(x)f'(x)$; (2) $3x^2f'(x^3)$; (3) $\frac{2\ln x f'(\ln^2 x)}{x}$;

(4) $(\sin x+x\cos x)f'(x\sin x)$; (5) $2(1+\mathrm{e}^x)f(x+\mathrm{e}^x)f'(x+\mathrm{e}^x)$;

(6) $\frac{x\sec^2 x-\tan x}{x^2}f'\left(\frac{\tan x}{x}\right)$.

2. (1)$10\left(x+2\sqrt{x}\right)^9\left(1+x^{-\frac{1}{2}}\right)$; (2) $\frac{2\sqrt{x}+1}{4\sqrt{x}\sqrt{x+\sqrt{x}}}$; (3) $\frac{-1}{x^2\sqrt{x^2+1}}$;

(4) $4\left(x+\sin^2 x\right)^3(1+\sin 2x)$; (5) $n\sin^{n-1}x\cos(n+1)x$;

(6) $2\tan(x^2+2\sqrt{x}+1)\sec^2(x^2+2\sqrt{x}+1)(2x+x^{-\frac{1}{2}})$;

(7) $-\sin(x\sqrt{x}+\sin x)\left(\frac{3}{2}\sqrt{x}+\cos x\right)$; (8) $\frac{1}{\sqrt{x^2+a^2}}$;

(9) $\frac{4x\sqrt{x}+1}{2(x^2\sqrt{x}+x)\ln(x^2+\sqrt{x})}$; (10) $\frac{\sqrt{\sec x}\tan x}{2(1+\sec x)}$;

(11) $\frac{1-\sqrt{x}}{\sqrt{x\left(1-2\sqrt{x}-x\right)\cdot\left(2\sqrt{x}-x\right)}}$; (12) $\arcsin\frac{x}{2}$; (13) $\frac{\mathrm{e}^{\arctan x}}{1+x^2}$;

(14) $a^{\sqrt{x}\tan\sqrt{x}}\left(\frac{\tan\sqrt{x}}{2\sqrt{x}}+\frac{\sec^2\sqrt{x}}{2}\right)\ln a$;

(15) $x^{2\sqrt{x}}\left(\frac{\ln x+2}{\sqrt{x}}\right)$; (16) $x^{\frac{1}{x}}\left(\frac{1-\ln x}{x^2}\right)$; (17) $(\sin x)^x\left(\ln\sin x+x\cot x\right)$;

(18) $\arctan x$; (19) $\frac{-\sin 2x}{\sqrt{1+\cos^4 x}}$; (20) $\frac{1-x}{2(x^3+1)}+\frac{1}{x^2-x+1}$;

(21) $\frac{1}{(1+x^2)\sqrt{1-x^2}}$; (22) $\frac{1-x}{\sqrt{(2-x)(1+x)}}$.

3. (1)$\frac{f'(1)}{2}$; (2)$f'(1)$.

4. $\frac{bv}{\sqrt{a^2+b^2}}$.

5. 0.64(厘米/分).

6. (1) $\mathrm{e}^x(\sin x+\cos x+2x\cos x)$; (2) $\frac{1}{\sqrt{2x+x^2}}$.

7. (1) $\frac{\mathrm{e}^{x+y}-y}{x-\mathrm{e}^{x+y}}$; (2) $\frac{y^2-xy\ln y}{x^2-xy\ln x}$; (3) $\frac{x\cos x-y-xy\mathrm{e}^{xy}}{x^2\mathrm{e}^{xy}+x\ln x}$; (4) $\frac{x+y}{x-y}$.

8. (1) $\left(1+\frac{1}{x}\right)^x\left(\ln\left(1+\frac{1}{x}\right)-\frac{1}{1+x}\right)$;

(2) $\sqrt{\frac{x-5}{\sqrt[5]{x^2+2}}}\left(\frac{1}{2(x-5)}-\frac{x}{5\left(x^2+2\right)}\right)$;

(3) $(\tan 2x)^{\sin x}\left(\cos x\ln\tan 2x+\sec x\cdot\sec 2x\right)$;

(4) $\frac{1}{2}\sqrt{x\sin x\sqrt{1-\mathrm{e}^{x}}}\left(\frac{1}{x}+\cot x-\frac{\mathrm{e}^{x}}{2\left(1-\mathrm{e}^{x}\right)}\right)$.

9. (1) $\frac{1}{(t+1)\cos t}$; (2) $\frac{t}{2}$; (3) $-2\tan 2t\cdot\tan t$.

10. (1) 切线方程: $4x+3y-12=0$, 法线方程: $3x-4y+6=0$;

(2) 切线方程: $x+2y-4=0$, 法线方程: $2x-y-3=0$;

(3) 切线方程: $x+2y-3=0$, 法线方程: $2x-y-1=0$.

12. 加长约 2.33 厘米.

13. (1) 0.87476; (2) −0.6156; (3) 30°47″; (4) 9.9867.

习　题　4.6

1. (1) $\frac{\partial z}{\partial x}=\frac{2x\ln(x+y)}{y^{2}}+\frac{x^{2}}{(x+y)y^{2}}$, $\frac{\partial z}{\partial y}=-\frac{2x^{2}}{y^{3}}\ln(x+y)+\frac{x^{2}}{(x+y)y^{2}}$;

(2) $\frac{\partial u}{\partial r}=3r^{2}\sin\theta\cdot\cos\theta(\cos\theta-\sin\theta)$,

$\frac{\partial u}{\partial\theta}=-2r^{3}\sin\theta\cos\theta\left(\sin\theta+\cos\theta\right)+r^{3}\left(\sin^{3}\theta+\cos^{3}\theta\right)$;

(3) $\frac{\mathrm{d}u}{\mathrm{d}t}=\frac{t}{\sqrt{y}}\cot\frac{x}{\sqrt{y}}\cdot\left(6\sqrt{y}-\frac{x}{2y^{2}}\right)$;

(4) $\frac{\partial z}{\partial x}=yx^{y-1}$, $\frac{\mathrm{d}z}{\mathrm{d}x}=x^{\varphi(x)}\left(\varphi'(x)\ln x+\frac{\varphi(x)}{x}\right)$;

(5) $\frac{\mathrm{d}u}{\mathrm{d}x}=\mathrm{e}^{ax}\sin x$.

3. (1) $\frac{\partial u}{\partial x}=2xf_{1}'+y\mathrm{e}^{xy}f_{2}'$, $\frac{\partial u}{\partial y}=2yf_{1}'+x\mathrm{e}^{xy}f_{2}'$;

(2) $\frac{\partial u}{\partial x}=f_{1}'+yf_{2}'+yzf_{3}'$, $\frac{\partial u}{\partial y}=xf_{2}'+xzf_{3}'$, $\frac{\partial u}{\partial z}=xyf_{3}'$.

4. (1) $\frac{\partial z}{\partial x}=\frac{y}{x^{2}}\sin\frac{x}{y}\sin\frac{y}{x}+\frac{1}{y}\cos\frac{y}{x}\cos\frac{x}{y}$, $\frac{\partial z}{\partial y}=\frac{-x}{y^{2}}\cos\frac{x}{y}\cos\frac{y}{x}-\frac{1}{x}\sin\frac{x}{y}\sin\frac{y}{x}$;

(2) $\frac{\partial z}{\partial x}=\frac{\mathrm{e}^{xy}(y\mathrm{e}^{x}+y\mathrm{e}^{y}-\mathrm{e}^{x})}{(\mathrm{e}^{x}+\mathrm{e}^{y})^{2}}$, $\frac{\partial z}{\partial y}=\frac{\mathrm{e}^{xy}(x\mathrm{e}^{x}+x\mathrm{e}^{y}-\mathrm{e}^{y})}{(\mathrm{e}^{x}+\mathrm{e}^{y})^{2}}$.

5. (1) $\frac{\partial z}{\partial x}=-\frac{z^{2}-xz}{x^{2}}$; (2) $\frac{\partial z}{\partial y}=\frac{xz-2\sqrt{xyz}}{\sqrt{xyz}-xy}$.

7. $\frac{\partial u}{\partial x}=\frac{2y^{2}z^{2}(z^{2}+3xyz-3x^{2})}{2z-3xy}$.

习　题　4.7

1. (1) $-2\sin x-x\cos x$; (2) $4-\frac{1}{x^{2}}$; (3) $-\frac{a^{2}}{(a^{2}-x^{2})^{\frac{3}{2}}}$; (4) $2x\mathrm{e}^{x^{2}}(3+2x^{2})$;

(5) $-2\mathrm{e}^{-t}\cos t$; (6) $2\arctan x+\frac{2x}{1+x^{2}}$; (7) $\frac{\mathrm{e}^{x}(x^{2}-2x+2)}{x^{3}}$;

(8) $x^x\left((\ln x+1)^2+\dfrac{1}{x}\right)$.

2. (1) $2f'\left(x^2\right)+4x^2f''(x^2)$; (2) $f''(\sin x)\cos^2x-f'(\sin x)\sin x$;

(3) $\dfrac{f''(x)f(x)-(f'(x))^2}{(f(x))^2}$.

5. (1) $e^x(x+n)$; (2) $(\ln a)^n a^x$; (3) $(-1)^n\dfrac{(n-2)!}{x^{n-1}}, n\geqslant 2$;

(4) $2^{n+1}\sin\left(2x+(n-1)\dfrac{\pi}{2}\right)$; (5) $(-1)^{n+1}(n-1)!\left(\dfrac{1}{(x+1)^n}+\dfrac{1}{(x-1)^n}\right)$;

(6) $\dfrac{2(-1)^{n-1}n!}{(1+x)^{n+1}}$.

6. (1) $-16xy$; (2) $-\dfrac{2x}{(x^2+y)^2}$; (3) $\dfrac{xy}{(2xy+y^2)^{\frac{3}{2}}}$; (4) 0.

7. (1) $\dfrac{1}{t^3}$; (2) $\dfrac{-2e^{-t}}{(\sin t+\cos t)^3}$; (3) $\dfrac{1}{f''(t)}$.

8. (1) $\dfrac{\sin(x+y)}{(\cos(x+y)-1)^3}$; (2) $\dfrac{-2(y^2+1)}{y^5}$; (3) $\dfrac{e^{2y}(2-xe^y)}{(1-xe^y)^3}$; (4) $\dfrac{-4\sin y}{(2-\cos y)^3}$;

(5) $\dfrac{\partial^2 z}{\partial x^2}=\dfrac{z(2y^2e^z-2xy^3-y^2ze^z)}{(e^z-xy)^3}$; (6) $\dfrac{\partial^2 z}{\partial x\partial y}=\dfrac{z(z^4-2xyz^2-x^2y^2)}{(z^2-xy)^3}$.

9. (1) $\dfrac{\partial^2 z}{\partial x^2}=2f'+4x^2f''$, $\dfrac{\partial^2 z}{\partial x\partial y}=4xyf''$, $\dfrac{\partial^2 z}{\partial y^2}=2f'+4y^2f''$;

(2) $\dfrac{\partial^2 z}{\partial x^2}=f''_{11}+\dfrac{2}{y}f''_{12}+\dfrac{1}{y^2}f''_{22}$, $\dfrac{\partial^2 z}{\partial x\partial y}=-\dfrac{x}{y^2}\left(f''_{12}+\dfrac{1}{y}f''_{22}\right)-\dfrac{f'_2}{y^2}$,

$\dfrac{\partial^2 z}{\partial y^2}=\dfrac{2x}{y^3}f'_2+\dfrac{x^2}{y^4}f''_{22}$.

习　题　5.1

6. a.

7. 单调减少.

8. (1) 在 $(-\infty,-1]$, $[3,+\infty)$ 内单调增加, 在 $[-1, 3]$ 上单调减少;

(2) 在 $(0, 2]$ 内单调减少, 在 $[2,+\infty)$ 内单调增加;

(3) 在 $(-\infty,+\infty)$ 内处处单调增加.

习　题　5.2

1. (1) 1; (2) 2; (3) 0; (4) 1; (5) $-\dfrac{1}{8}$; (6) $\dfrac{1}{2}$; (7) 1; (8) 1; (9) ∞;

(10) -1; (11) $\dfrac{1}{2}$; (12) 1; (13) $-\dfrac{1}{6}$; (14) 2; (15) 2; (16) 1; (17) 1;

(18) e; (19) 1.

4. 1.

习 题 5.3

1. (1) 极大值 $y(0)=0$; 极小值 $y(1)=-1$.

(2) 极小值 $y(0)=0$.

(3) 极大值 $y(1)=2$; 极小值 $y(-1)=-2$.

(4) 极大值 $y\left(\frac{1}{2}\right)=\frac{81}{8}\sqrt[3]{18}$; 极小值 $y(-1)=0$, $y(5)=0$.

(5) 极小值 $y(\mathrm{e})=\mathrm{e}$.

(6) 极大值 $y\left(\frac{\pi}{4}\right)=\sqrt{2}$.

(7) n 为奇数, 当 $x=0$ 时有极大值 $y(0)=1$; n 为偶数, 无极值.

2. $-3<A<3$.

4. $\sqrt[3]{3}$.

5. (1) $z(1,1)=-1$ 为极小值;

(2) $z\left(\frac{1}{2},-1\right)=-\frac{\mathrm{e}}{2}$ 为极小值;

(3) $u\left(\frac{1}{2},1,1\right)=4$ 为极小值.

6. (1) $z(1,-1)=6$ 为极大值, $z(1,-1)=-2$ 为极小值;

(2) $z\left(\frac{16}{7},0\right)=-\frac{8}{7}$ 为极大值, $z(-2,0)=1$ 为极小值.

习 题 5.4

1. (1) 最大值 $y(4)=\frac{3}{5}$, 最小值 $y(0)=-1$;

(2) 最大值 $y(0)=10$, 最小值 $y(8)=6$;

(3) 最大值 $y\left(-\frac{\pi}{2}\right)=\frac{\pi}{2}$, 最小值 $y\left(\frac{\pi}{2}\right)=-\frac{\pi}{2}$;

(4) 最大值 $y\left(\frac{3}{4}\right)=1.25$, 最小值 $y(-5)=-5+\sqrt{6}$.

3. 距 C 点 1 千米处.

4. 杆长为 1.4 米.

5. $\alpha=60^\circ$.

6. 5 小时.

7. $h:r=1:3$.

8. 高 $H=\frac{R}{\sqrt{2}}$.

9. $\sqrt{10}$ 米.

10. $\frac{a_1+a_2+\cdots+a_n}{n}$.

11. (0, 1).

12. 长、宽 2 米, 高 1 米.

13. 两边长分别为 $\dfrac{2p}{3}$ 及 $\dfrac{p}{3}$, 且绕短边旋转体积最大.

14. $P_{甲}=2$元, $P_{乙}=2.1$元.

15. 抛物线上点 $\left(\dfrac{1}{2},\dfrac{1}{4}\right)$, 直线上点 $\left(\dfrac{11}{8},-\dfrac{5}{8}\right)$, $d=\dfrac{7\sqrt{2}}{8}$.

16. $\left(-\dfrac{\sqrt{14}}{14},-\dfrac{\sqrt{14}}{7},-\dfrac{3\sqrt{14}}{14}\right)$.

17. 边长为 $\dfrac{2}{3}l$ 的等边三角形, 最大面积为 $\dfrac{\sqrt{3}}{9}l^2$.

18. $\left(\dfrac{A}{4}\right)^4$.

习 题 5.5

1. (1) 拐点 $\left(\dfrac{5}{3},\dfrac{20}{27}\right)$, 在 $\left(-\infty,\dfrac{5}{3}\right]$ 内是凸的, 在 $\left[\dfrac{5}{3},+\infty\right)$ 内是凹的;

(2) 拐点 $(-1,\ln 2)$, $(1,\ln 2)$, 在 $(-\infty,-1]$, $[1,+\infty)$ 内是凸的, 在 $[-1,1]$ 上是凹的;

(3) 拐点$(0,0)$, $\left(\sqrt{3}a,\dfrac{3\sqrt{3}a}{4}\right)$, $\left(-\sqrt{3}a,\dfrac{-3\sqrt{3}a}{4}\right)$, 在 $[-\sqrt{3}a,0]$, $[\sqrt{3}a,+\infty)$ 内是凸的, 在 $(-\infty,-\sqrt{3}a]$, $[-\sqrt{3}a,\sqrt{3}a]$ 上是凹的;

(4) 拐点 $\left(a\mathrm{e}^{\frac{3}{2}},\dfrac{3}{2}\mathrm{e}^{-\frac{3}{2}}\right)$, 在 $(0,a\mathrm{e}^{\frac{3}{2}}]$ 内是凸的, 在 $[a\mathrm{e}^{\frac{3}{2}},+\infty)$ 内是凹的;

(5) 拐点 $(1,-7)$, 在 $(0,1]$ 内是凸的, 在 $[1,+\infty)$ 内是凹的.

3. 极大值 $f\left(\dfrac{1}{3}\right)=-\dfrac{23}{27}$, 极小值 $f(1)=-1$, 最大值为 $f(2)=1$, 最小值为 $f(0)=f(1)=-1$, 拐点为 $\left(\dfrac{2}{3},-\dfrac{25}{27}\right)$.

4. $a=1$, $b=-3$, $c=-24$, $d=16$.

5. (1) 水平渐近线 $y=1$, 铅直渐近线 $x=-2$; (2) 水平渐近线 $y=0$, 无铅直渐近线.

习 题 5.6

1. $\dfrac{\sqrt{2}}{4}$.

2. 0.

3. $\left(\dfrac{\pi}{2},1\right)$.

4. $\left|\dfrac{2}{3a\sin 2t_0}\right|$, $\left|\dfrac{3a\sin 2t_0}{2}\right|$.

5. $\left(\dfrac{\sqrt{2}}{2},-\dfrac{\ln 2}{2}\right)$.

习　题　5.7

1. (1) 切线方程: $\dfrac{x-\left(\dfrac{\pi}{2}-1\right)}{1}=\dfrac{y-1}{1}=\dfrac{z-2\sqrt{2}}{\sqrt{2}}$, 法平面方程: $x+y+\sqrt{2}z=\dfrac{\pi}{2}+4$;

(2) 切线方程: $\begin{cases}\dfrac{x-1}{1}=\dfrac{z-3}{-3},\\ y=2,\end{cases}$ 法平面方程: $x-3z+8=0$;

(3) 切线方程: $\dfrac{x-\dfrac{1}{2}}{1}=\dfrac{y-2}{-4}=\dfrac{z-1}{8}$, 法平面方程: $2x-8y+16z-1=0$.

2. (1) 切平面方程: $x+2y+3z=6$, 法线方程: $\dfrac{x-1}{1}=\dfrac{y-1}{2}=\dfrac{z-1}{3}$;

(2) 切平面方程: $x-y+2z-\dfrac{\pi}{2}=0$, 法线方程: $\dfrac{x-1}{1}=\dfrac{y-1}{-1}=\dfrac{z-\dfrac{\pi}{4}}{2}$.

3. $(-1,1,1)$.

4. $x-y+2z=\pm\sqrt{\dfrac{11}{2}}$.

5. 在点 $(1,\pm1,0)$ 处的切平面平行于 xOz 面, 在点 $(0,0,0)$ 与 $(2,0,0)$ 处的切平面平行于 yOz 面, 不存在平行 xOy 面的切平面.

6. 切平面方程: $6x-y-3z-4=0$, 交点 $\left(-\dfrac{17}{5},-\dfrac{14}{5},-\dfrac{36}{5}\right)$.

9. $\cos\gamma=\dfrac{3}{\sqrt{22}}$.

10. $\left(\dfrac{2}{3}\sqrt{3},\sqrt{3},\dfrac{4}{3}\sqrt{3}\right)$

习　题　5.8

1. $\dfrac{1}{x}=-1-(x+1)-(x+1)^2-\cdots-(x+1)^n+o((x+1)^n),\ x\to-1$.

2. $\cos 2x=1-\dfrac{2^2x^2}{2!}+\dfrac{2^4x^4}{4!}-\cdots+(-1)^n\dfrac{2^{2n}x^{2n}}{(2n)!}+o(x^{2n+1}),\ x\to0$.

3. $\tan x=x+o(x^2),\ x\to0$.

4. $\arcsin x=x+\dfrac{x^3}{6}+o(x^3),\ x\to0$.

5. (1) $\dfrac{1}{128}$; (2) $\dfrac{1}{6}$; (3) 1; (4) -4.

附录　高等数学知识点与哲学概念对照表

课程模块	教学内容	哲学规律 (矛盾的表现形式)	哲学范畴	思维形式
空间解析几何与向量代数	空间解析几何	普遍性和特殊性、一般与个别	内容和形式	形象与抽象
	向量代数	普遍性和特殊性、绝对与相对		形象与抽象 正向与逆向 逻辑与直觉
极限与连续	极限	有限与无限、变与不变、任意与确定	内容和形式 现象和本质 原因和结果	形象与抽象 逻辑与直觉
	连续			
微分学	基本概念	量变与质变、抽象与具体、近似与精确、直与曲、有限与无限、局部与整体	现象和本质 原因和结果	形象与抽象 求同与求异 收敛与发散
	计算公式	普遍性和特殊性、直与曲 近似与精确、共性和个性	可能性和现实性	正向与逆向
	微分学应用	普遍性和特殊性、抽象与具体、近似与精确、隐式与显式	内容和形式 现象和本质	求同与求异 正向与逆向 逻辑与直觉
积分学	基本概念	局部与整体、普遍性和特殊性、共性和个性	内容和形式	形象与抽象
	不定积分			正向与逆向
	定积分	普遍性和特殊性局部与整体、变与不变、微分和积分		正向与逆向 形象与抽象
	线积分	普遍性和特殊性、直与曲、隐式与显式、微分和积分	现象和本质	正向与逆向 求同与求异
	面积分	局部与整体、平与曲、普遍性和特殊性、隐式与显式、微分与积分	原因和结果	正向与逆向
	体积分	局部与整体、微分与积分	原因和结果	
	积分间关系与场论初步	普遍性和特殊性、共性和个性	现象和本质 原因和结果	
常微分方程	常微分方程	普遍性和特殊性、部分与整体	内容和形式	求同与求异 正向与逆向
无穷级数	数项级数	绝对与相对		
	幂级数	一般和个别		
	傅里叶级数	普遍性和特殊性		逻辑与直觉